工程施工技术与应用

郝才满 王金川 李 喆 ◎主编

北京工业大学出版社

图书在版编目（CIP）数据

工程施工技术与应用 / 郝才满，王金川，李喆主编． — 北京 ： 北京工业大学出版社，2022.12
ISBN 978-7-5639-8363-6

Ⅰ．①工… Ⅱ．①郝… ②王… ③李… Ⅲ．①建筑施工 Ⅳ.①TU7

中国版本图书馆CIP数据核字（2022）第083672号

工程施工技术与应用
GONGCHENG SHIGONG JISHU YU YINGYONG

主　　编：郝才满　王金川　李　喆
责任编辑：贺　帆
出版发行：北京工业大学出版社
　　　　　（北京市朝阳区平乐园100号　邮编：100124）
　　　　　010-67391722（传真）bgdcbs@sina.com
经销单位：全国各地新华书店
承印单位：北京四海锦诚印刷技术有限公司
开　　本：787毫米×1092毫米　　1/16
印　　张：17
字　　数：390千字
版　　次：2024年7月第1版
印　　次：2024年7月第1次印刷
书　　号：ISBN 978-7-5639-8363-6
定　　价：58.00 元

前　　言

　　"施工技术"是建筑工程施工中以各工种工程施工的技术为研究对象，根据其特点和规模，结合施工地点的地质水文条件、气候条件、机械设备和材料供应等客观条件，运用先进技术，研究建筑工程主要工种的施工工艺原理和施工方法、混凝土结构工程、装饰工程、工程施工管理、安全文明施工质量标准与安全技术措施的课程。通过对施工技术内容的应用研究，人们最终可以选择经济、合理的施工方案，以保证工程按质按期地完成，做到技术和经济的统一。

　　本书以现行建筑工程施工技术标准规范为依据进行编写，且编入了建筑工程施工领域的最新工艺及发展趋势，充分体现了一个"新"字，不仅具有原理性、基础性，还具有先进性和现代性。

　　本书以工程施工技术的原理为基础，重点阐述工程施工技术的相关学科基础理论知识，内容涵盖了施工组织概论、地基与基础工程施工、钢结构施工、混凝土结构工程、装饰工程、工程施工管理、安全文明施工管理和建筑施工专项安全管理等专业知识。总体来说，本书主要通过言简意赅的语言、丰富全面的知识点以及清晰系统的结构，对工程施工技术与应用进行了全面且深入的分析与研究，充分体现了科学性、发展性、实用性、针对性等显著特点。

　　本书既可作为高等院校土建类相关专业的教材，也可作为土建工程施工人员、技术人员和管理人员学习、培训的参考书。在编写本书过程中，编者参阅了国内同行的多部著作，部分高等院校老师提出了很多宝贵意见供我们参考，在此对他们表示衷心的感谢！

　　本书编写过程中，虽经推敲核证，但限于编者的专业水平和实践经验，难免有不足之处，敬请广大读者指正。

目　录

第一章 施工组织概论

第一节 工程建设项目与施工组织原则

一、工程建设项目

（一）工程建设项目的概述

工程建设项目也称为建设项目，指按一个总体设计组织施工，建成后具有完整的系统，可以独立地形成生产能力或者使用价值的建设工程。一般以一个企业、事业单位或独立工程作为一个建设项目，如一所学校、一家医院等。

（二）工程建设项目的分类方法

工程建设项目有以下六种分类方法。

1. 按建设的性质划分

按建设的性质不同，工程建设项目分为新建项目、扩建项目、改建项目、迁建项目和恢复项目。

新建项目指根据国民经济和社会发展的近远期规划，按照规定的程序立项，从无到有的建设项目。

扩建项目指现有企业为扩大原有产品的生产能力或效益，以及为增加新品种的生产能力而增建的主要生产车间、工程项目或行政事业单位增建业务用房等。

改建项目指为了提高生产效益，改进产品质量或改变产品方向，对原有设备和工艺流程进行技术改造的项目，或为提高综合生产能力增加一些附属和辅助车间或非生产性工程。

迁建项目指现有企业、事业单位由于改变生产布局、环境保护、安全生产以及其他特殊需要等，搬迁到其他地方进行建设的项目。

恢复项目指对由于自然、战争或其他人为灾害等原因而遭到毁坏的固定资产进行重建的项目。

2. 按建设的经济用途划分

按建设的经济用途不同，工程建设项目分为生产性基本建设项目和非生产性基本建设项目。

基本建设是形成固定资产的生产活动。固定资产指在其有效使用期内重复使用而不改变实物形态的主要劳动资料，它是人们生产和活动的必要物质条件。基本建设是一个物质资料生产的动态过程，也就是将一定的物资、材料、机器设备通过购置、建造和安装等活动转化为固定资产，形成新的生产能力或使用效益的建设工作。

基本建设项目是国民经济的组成部分，包括建设项目的投资决策、建设布局、技术决策、环境保护、工艺流程的确定、设备选型、生产准备以及对工程建设项目的规划、勘察、设计和施工等活动。

生产性基本建设指用于物质生产和直接为物质生产服务项目的建设，包括工业建设、建筑业、地质资源勘探建设和农林水利建设。

非生产性基本建设指用于人们物质和文化生活项目的建设，包括住宅、学校、医院、幼儿园、影剧院、国家行政机关和金融保险业的建设等。

3. 按投资额构成划分

按投资额构成不同，工程建设项目分为建筑安装工程投资、设备工器具投资和其他基本建设投资。

4. 按建设规模和总投资的大小划分

按建设规模和总投资的大小不同，工程建设项目分为大型、中型和小型建设项目。

5. 按建设阶段划分

按建设阶段不同，工程建设项目分为预备项目、筹建项目、施工项目、建成投资项目和收尾项目。

6. 按行业性质和特点划分

按行业性质和特点不同，工程建设项目分为竞争性项目与基础性项目、公益性项目等。

（三）工程建设项目的组成

工程建设项目按大小顺序依次为：单项工程、单位工程、分部工程、分项工程、检验批。一个工程建设项目可划分为若干个单项工程，一个单项工程可划分为若干个单位工程，一个单位工程可划分为若干个分部工程，一个分部工程可划分为若干个分项工程，一个分项工程可划分为若干个检验批。

1. 单项工程

单项工程指在一个建设项目中具有独立的设计条件，建成后能够独立发挥生产能力或工程效益的工程。它是工程建设项目的组成部分，如学校的教学楼、医院的门诊楼等。一个单项工程可划分为若干个单位工程。

2. 单位工程

单位工程是单项工程的组成部分。单位工程指具备单独设计条件、可独立组织施工，能形成独立使用功能但完工后不能单独发挥生产能力或投资效益的工程，如建筑工程、装饰工程。一个单位工程可划分为若干个分部工程。

3. 分部工程

分部工程是单位工程的组成部分。分部工程按专业性质和建筑部位划分。例如，建筑工程划分为地基与基础、主体结构、建筑装饰装修、屋面、建筑给水排水及采暖、建筑电气、智能建筑、通风与空调、电梯、建筑节能共 10 个分部工程。

当分部工程较大或较复杂时，可按施工程序、专业系统及类别等划分为若干个子分部工程。例如，主体结构可划分为混凝土结构、砌体结构、钢结构、钢管混凝土结构、型钢混凝土结构、铝合金结构、木结构等。一个分部工程可分为若干个分项工程。

4. 分项工程

分项工程是分部工程的组成部分。分项工程按主要工种、材料、施工工艺、设备类别划分。例如，混凝土结构工程按主要工种划分为模板工程、钢筋工程、混凝土工程等分项工程；按施工工艺又分为预应力、现浇结构、装配式结构等分项工程。砌体结构按使用材料不同可划分为砖砌体、混凝土小型空心砌块砌体、石砌体、填充墙砌体、配筋砖砌体等分项工程。分项工程由一个或若干个检验批组成。

5. 检验批

检验批指按相同的生产条件或按规定的方式汇总起来供检验用的，由一定数量样本组成的检验体。检验批可根据施工质量控制和专业验收需要按楼层、施工段、变形缝等划分。

二、施工组织的原则

（一）严格执行基本建设程序

基本建设程序是从大量工程实践中总结出来的客观规律，各个阶段有着不可分割的联系，但不同阶段有不同的内容，既不能相互代替，也不能相互颠倒错乱。只有严格执行基本建设程序，基本建设才能顺利进行。

（二）严格遵守工期定额、合同规定的工程竣工和交付使用的期限

施工工期是建筑企业重要的核算指标之一。工期的长短直接影响建筑企业的经济效益，并关系到国民经济新增生产能力动用计划的完成和经济效益的发挥。对于总工期较长的大型建设项目，应根据生产或使用的需要，安排分期分批建设、投产或交付使用，以期早日发挥建设投资的经济效益。

（三）合理安排施工程序和顺序

建筑施工有其本身的客观规律，其安排应符合施工工艺，满足技术要求。合理安排施工程序和顺序，有利于组织施工，保证各项工作相互促进、紧密连接，充分利用空间和时间，缩短工期。

（四）采用流水施工和网络计划技术组织施工

采用流水施工和网络计划技术组织施工，可使拟建工程充分利用时间和空间，以保证施工连续、均衡、有节奏地进行。还可以利用网络计划技术进行施工进度计划的优化、控制和调整，达到缩短工期和节约成本的目的。

（五）尽量采用先进施工技术，科学确定施工方案

先进的施工技术是提高劳动生产效率、改善工程质量、加快施工进度、降低工程成本的主要途径。在选择施工方案时，要积极采用新材料、新设备、新工艺和新技术，确保施工安全与质量。

（六）工厂预制与现场预制相结合

贯彻工厂预制与现场预制相结合的策略，提高建筑产品工业化程度。

（七）恰当安排冬期和雨期施工项目

根据工程项目和项目所在地的具体情况，对必须在冬期和雨期施工的项目，应采取季节性施工措施，保证施工顺利进行，以增加全年的施工天数，提高施工的连续性和均衡性。

（八）充分利用机械设备

机械化施工可加快工程进度，减轻劳动强度，提高劳动生产效率。为此，在选择施工机械时，应充分发挥机械的效能，各型机械相结合，扩大机械化施工范围，提高机械化程度。

（九）减少暂设工程和临时性设施，合理布置施工现场

在规划施工总平面图和现场组织施工时，应合理布置施工现场，节约施工用地；尽量利用原有建筑及设施，以减少临时设施；尽量利用当地资源，以节约成本。

第二节　基本建设程序与施工程序

一、基本建设程序

基本建设程序是建设项目从筹划建设到建成投产必须遵循的工作环节及其先后顺序。它是经过大量工程实践总结出来的工程建设的客观规律，反映了工程建设各个阶段之间的内在联系，是从事建设工作的各有关部门和人员都必须遵守的程序。

我国工程基本建设主要有以下阶段：项目建议书阶段、可行性研究阶段、初步设计阶段、技术设计阶段、施工图设计阶段、建设准备阶段、施工阶段、竣工验收阶段和后评价阶段。

（一）项目建议书阶段

项目建议书又称为项目立项申请书或立项申请报告，是由建设单位根据国民经济的发展、国家和地方中长期规划、产业政策、生产力布局、国内外市场和项目所在地的内外部条件，就某一具体新建、扩建项目提出的项目建议文件，从宏观上论述项目设立的必要性和可能性，是对拟建项目提出的框架性的总体设想。

项目建议书主要包括以下内容：

（1）项目建设的必要性和依据；

（2）产品方案、拟建规模和建设地点的初步设想；

（3）资源情况、建设条件、协作关系等的初步分析；

（4）投资估算和资金筹措设想；

（5）经济效益、社会效益和环境效益的初步估计。

项目建议书编制完成后应报送有关部门进行审批，批准后才能进入可行性研究阶段。

（二）可行性研究阶段

可行性研究是对项目在技术上是否可行和经济上是否合理所进行的科学分析和论证。

1. 可行性研究报告的编制

可行性研究报告的编制由符合本项目的等级和专业范围的规划、设计、工程咨询单位承担。

可行性研究报告的主要内容根据项目的性质不同而有所不同，但一般包括以下几点：

（1）项目的背景和依据；

（2）需求预测、建设规模、产品方案、市场预测和确定依据；

（3）技术工艺、主要设备和建设标准；

（4）资源、原料、动力、运输、供水及公用设施情况；

（5）建设条件、建设地点、项目分布方案、占地面积等；

（6）项目设计方案及协作配套条件；

（7）环境保护、规划、抗震、防洪等方面的要求及相应措施；

（8）建设工期和实施进度要求；

（9）生产组织、劳动定员和人员培训；

（10）投资估算和资金筹措方案；

（11）财务评价和国民经济评价；

（12）经济效益、社会效益和环境效益评价。

2. 可行性研究报告的论证

报告编制完成后，项目建设单位应委托有相应资质的单位进行评估和论证。

3. 可行性研究报告的审批

建设单位将可行性研究报告及其他手续文件上报项目审批部门审批。

可行性研究报告经审批后，不得随意修改和变更，如需更改，须经原批准单位同意并重新审批。只有可行性研究报告得到批准，项目才能正式立项。

（三）初步设计阶段

初步设计是根据批准的可行性研究报告和准确的设计基础资料，对设计对象进行通盘研究，阐明在指定的地点、时间和投资控制数内，拟建工程在技术上的可能性和经济上的合理性。通过对设计对象做出的基本技术规定，可以编制项目的总概算。

初步设计文件经批准后，总平面布置、主要工艺过程、主要设备、建筑面积、建筑结构、总概算等不得随意修改和变更。经过审批的初步设计是设计部门进行施工图设计的重要依据。

（四）技术设计阶段

对于一些结构复杂、技术要求高、施工难度大的工程，在初步设计的基础上，还应进行技术设计。

技术设计阶段是为了进一步确定初步设计中所采用的工艺流程和建筑、结构上的主要技术问题，校正设备选择、建设规模及一些技术经济指标，而对一些技术复杂或有特殊要求的建设项目所增加的一个设计阶段。技术设计应根据批准的初步设计文件编制，其内容根据工程的特点而定，深度应能满足设计方案中重大技术问题、有关科学试验和设备制造方面的要求。

技术设计阶段应在初步设计总概算的基础上编制出修正总概算。技术设计文件要报主管部门批准。

（五）施工图设计阶段

施工图设计是根据批准的初步设计的要求，结合项目现场实际情况，完整地表现建筑物外形、内部空间分布、结构体系、构造状况、建筑群的组成和周围环境的配合，以及各种运输、通信、管道系统和建筑设备的设计。在工艺方面，应具体确定各种设备的型号、规格及各种非标准设备的制造加工过程。

施工图设计完成后，建设单位应当将施工图报送建设行政主管部门，由建设行政主管部门委托有关审查机构，进行结构安全和强制性标准、规范执行情况等内容的审查。施工图一经审查批准，不得擅自进行修改。在施工图设计阶段，还应编制施工图预算。

（六）建设准备阶段

建设准备阶段主要内容包括：组建项目部、征地、拆迁、"三通一平"（水通、电通、路通及场地平整）；组织材料、设备订货；办理建设工程质量监督手续；委托工程监理；准备必要的图纸；组织施工招投标，确定施工单位；办理施工许可证等。按规定做好施工准备，具备开工条件后，建设单位可申请开工。

（七）施工阶段

工程项目经批准开工建设，项目即进入了施工阶段。项目开工时间指项目设计文件中规定的任何一项永久性工程第一次正式破土开槽开始施工的日期。

施工阶段的施工安装活动应按照工程设计要求、施工合同条款及施工组织设计，在保证工程质量、工期、成本、安全及环保等目标的前提下进行。

（八）竣工验收阶段

工程竣工验收指建设工程依照国家有关法律、法规及工程建设规范、标准的规定完成工程设计文件要求和合同约定的各项内容，建设单位取得政府有关主管部门（或其委托机构）出具的工程施工质量、消防、规划、环保、城建等验收文件或准许使用文件后，组织工程竣工验收并编制完成工程竣工验收报告。竣工验收是投资成果转入生产或使用的标志，也是全面考核基本建设成果、检验设计和工程质量的重要环节。

工程项目竣工验收、交付使用，应达到下列要求：

（1）项目已按设计要求完成，能满足生产使用要求；

（2）主要工艺设备配套设施经负荷联动试车合格，形成生产能力，能够生产出设计文件所规定的产品；

（3）生产准备工作能适应投产需要；

（4）环保设施、劳动安全卫生设施、消防设施已按设计要求与主体工程同时建成使用。

（九）后评价阶段

国家对一些重大建设项目在竣工验收若干年后应进行一种系统而客观的分析评价，以确定项目的目标、目的、效果和效益的实现程度。后评价主要是为了总结项目建设成功和失败的经验教训，供以后项目决策借鉴。

二、施工程序

建筑工程施工程序是拟建项目在整个施工阶段中必须遵循的先后顺序。施工程序反映了整个施工阶段所遵循的客观规律，一般包括以下阶段。

（一）承接施工任务

施工单位承接施工任务的方式一般有两种：投标或议标。不论采用哪种方式承接任务，施工单位都要检查施工项目是否有批准的正式文件，是否列入年度基本建设计划，资金是否已经落实等。

（二）签订施工合同

通过投标或议标获得施工任务后，施工单位和建设单位根据法律、法规和相应的规范、标准签订施工合同。施工合同应规定承包的内容、要求、工期、质量、造价及材料供应等，明确合同双方应承担的权利和义务。施工合同双方法人代表签字后具有法律效力，必须共同遵守。

（三）做好施工准备，提出开工报告

签订施工合同后，施工单位全面展开施工准备工作。首先调查收集资料，进行现场勘察，熟悉图纸，编制施工组织设计，然后根据批准后的施工组织设计，施工单位与建设单位密切配合，落实各项施工准备工作，具备开工条件后，提出开工报告，申请开工。

（四）组织施工

施工单位按照施工图和施工组织设计开始施工。一方面，应从施工现场全局出发，加强各单位、各部门的配合与协作，协调解决各方面的问题，使施工活动顺利开展；另一方面，应加强技术、质量、安全、进度等各项管理，严格执行技术标准和规范，保证工程质量。

（五）竣工验收，交付生产使用

竣工验收是施工的最后阶段。在竣工验收前，先由监理单位组织进行预验收，检查各分部分项工程的施工质量，各项交工验收的工程档案资料是否符合要求。若存在问题，则按要求限期整改。在此基础上，由建设单位组织正式竣工验收，经有关部门验收合格后，办理验收手续，交付使用。

第三节　施工准备工作

施工准备工作指施工前为了保证整个工程能够按计划顺序施工，事先必须做好的各项工作。不管是整个建设项目、单项工程，还是其中的任何一个单位工程、分部工程、分项工程，在开工前都必须进行施工准备。施工准备工作应该有组织、有计划、有步骤、分阶段地贯穿于整个工程建设的始终。认真细致地做好施工准备工作，对充分发挥各方面的积极因素、合理利用资源、加快施工速度、提高工程质量、确保施工安全、降低工程成本及获得较好经济效益都起着重要作用。

一、施工准备工作的分类

（一）按施工准备工作的范围不同分类

按工程项目施工准备工作的范围不同，施工准备工作一般可分为全场性施工准备、单位工程施工条件准备和分部分项工程作业条件准备三种。

1. 全场性施工准备

全场性施工准备是以一个建筑工地为对象而进行的各项施工准备。其特点是施工准备工作的目的、内容都是为全场性施工服务的，施工准备不仅要为全场性的施工活动创造有利条件，而且要兼顾单位工程施工条件的准备。

2. 单位工程施工条件准备

单位工程施工条件准备是以一个建筑物或构筑物的单位工程为对象而进行的施工条

件准备工作。其特点是施工准备工作的目的、内容都是为单位工程施工服务的，即不仅要为该单位工程在开工前做好一切准备，而且要为分部分项工程做好施工准备工作。

3.分部分项工程作业条件准备

分部分项工程作业条件的准备是以一个分部分项工程为对象而进行的作业条件准备。对于某些施工难度大、技术复杂的分部分项工程，需要单独编制施工作业设计，因此应对其所采用的施工工艺、材料、机具、设备等进行准备。

（二）按工程所处的施工阶段不同分类

按拟建工程所处的施工阶段不同，施工准备工作一般可分为开工前的施工准备和各施工阶段前的施工准备两种。

1.开工前的施工准备

开工前的施工准备是在拟建工程正式开工之前所进行的一切施工准备工作。其目的是为拟建工程正式开工创造必要的施工条件。它既可能是全场性的施工准备，也可能是单位工程施工条件的准备。

2.各施工阶段前的施工准备

各施工阶段前的施工准备是在拟建工程开工之后，每个施工阶段正式开工之前所进行的一切施工准备工作。其目的是为各施工阶段正式开工创造必要的施工条件。例如，民用住宅的施工，一般可分为地下工程、主体工程、装饰工程和屋面工程等施工阶段，每个施工阶段的施工内容不同，所需要的技术条件、物资条件、组织要求和现场布置等也不同，因此在每个施工阶段开工之前，都必须做好相应的施工准备工作。

二、施工准备工作的内容

施工准备工作贯穿于整个施工过程，根据施工顺序的先后，有计划、有步骤、分阶段进行。施工准备工作的内容，大致可划分为四方面。

（一）技术准备

1.审查设计图纸，熟悉有关技术资料

检查图纸是否齐全，图纸本身有无错误和矛盾，设计内容与施工条件能否一致，各工种之间搭接配合有无问题等；同时，应熟悉有关设计数据、结构特点及工期要求等资料。

2.搜集原始资料，摸清情况

搜集当地的自然条件资料和技术经济资料，深入实地摸清施工现场情况。自然条件资料主要包括项目建设地点的气象、地形、地貌、工程地质、水文地质、场地周围环境、地上构筑物和地下障碍物等；技术经济资料主要包括项目所在地区的交通条件，水、电、气及其他能源供给资料，施工主要设备、三大材料及其他材料资料，劳动力和生活设施资料等。

3.编制施工图预算和施工预算

（1）施工图预算

施工图预算是根据施工图、预算定额、各项费用定额及取费标准、建设地区的自然及技术经济条件等资料编制的建筑安装工程预算造价文件。施工图预算是建筑企业和建设单位签订承包合同、实行工程承包、拨付工程款和办理工程结算的依据，也是建筑企业控制施工成本、实行经济核算和考核经营成果的依据。在实行招标承包制的情况下，施工图预算是建设单位确定标底和建筑企业投标报价的依据。

（2）施工预算

施工预算是编制实施性成本计划的主要依据，是施工企业为了加强企业内部经济核算，在施工图预算的控制下，依据企业的内部施工定额，以建筑安装单位工程为对象，根据施工图纸、施工定额、施工质量验收规范、标准图集、施工组织设计（施工方案）编制的单位工程施工所需要的人工、材料、施工机械台班用量的技术经济文件。它是施工企业的内部文件，也是施工企业进行劳动调配、物资计划供应、控制成本开支、成本分析和班组经济核算的依据。

4.编制施工组织设计

施工组织设计是用来指导施工项目全过程各项活动的技术、经济和组织的综合性文件，是施工技术与施工项目管理有机结合的产物，它能保证工程开工后施工活动有序、高效、科学合理地进行。

（二）物资准备

材料、构（配）件、制品、机具和设备是保证施工顺利进行的物质基础，这些物资的准备工作必须在工程开工之前完成。人们可根据各种物资的需要量计划，分别落实货源，安排运输和储备，使其满足连续施工的要求。

依据施工图、施工预算以及施工进度计划来制订和调整相应的材料供货计划，选择信誉好、产品质量优良的企业进行加工订货。

做好施工机械和机具的准备，对已有的机械机具做好维修试车工作；对尚缺的机械机具要立即订购、租赁或制作。

按照质量验收和发货单据的验收规定，对进场材料的品种、规格、型号、质量、数量进行逐级验收，并做好记录，办理验收手续。进场物资码放要按品种、规格划区分类、顺序码放，过目知数；标识要随时填写，保持卡物相符；按物资性质分别设库保管，对危险物品（易燃、易爆、有毒等）要按有关规定妥善保管；现场材料要按平面布置图堆放，堆放必须符合现场文明施工要求。

（三）施工队伍准备

工程项目是否按照目标、计划完成，很大程度上取决于承担项目施工任务的施工人员的素质。因此，组织一支精干、高效的施工队伍是保证工程质量、安全、进度等目标的前提。

1. 健全、充实、调整施工组织机构

对于实行项目管理的工程，组建项目组织机构就是组建项目经理部。高效率的项目组织机构的建立可以促进拟建工程的顺利进行。项目组织机构的建立应按照目的性原则，根据项目的目标来划分工作任务，根据工作任务来设岗位、定人员，同时明确岗位职责。

2. 安排、调配施工班组

施工班组的安排要考虑专业、工种的合理分配，并结合工程量安排施工班组的数量，同时要满足合理的劳动组织，符合流水施工组织方式的要求。依此编制出该工程的劳动力需要量计划。

3. 向施工班组和工人进行计划、技术和安全交底

向施工班组和工人进行计划、技术和安全交底，是在某一单位工程开工前，或一个分部分项工程施工前，由相关专业技术人员向参与施工的施工班组和施工工人进行的技术性交代，其目的是使施工人员对工程特点、技术质量要求、施工方法与措施、安全等方面有一个详细的了解，以便于科学地组织施工，避免技术、质量和安全问题的发生。

4. 建立健全各项管理制度

应建立健全的主要管理制度如下：

（1）项目管理人员岗位职责制度；

（2）项目质量管理制度；

（3）项目安全管理制度；

（4）项目进度管理制度；

（5）项目成本核算制度；

（6）项目现场管理制度；

（7）项目材料、机械设备管理制度；

（8）项目分包及劳务管理制度；

（9）项目信息管理制度。

（四）施工现场准备

施工现场的准备工作主要是给拟建工程的施工创造有利的施工条件和物资保证。其主要内容包括：

（1）做好施工现场障碍物的拆除；

（2）做好施工场地的控制网测量；

（3）搞好"三通一平"；

（4）做好施工现场的补充勘探；

（5）建造临时设施；

（6）安装、调试施工机具；

（7）做好建筑构（配）件、制品和材料的储存和堆放；

（8）及时提供建筑材料的试验申请计划；

（9）做好冬期、雨期施工安排；

（10）设置消防、保安设施。

综上所述，各项施工准备工作不是分离、孤立的，而是互为补充、相互配合的。为了提高施工准备工作的质量、加快施工准备工作的速度，必须加强建设单位、设计单位和施工单位之间的协调工作，建立健全施工准备工作的责任制度和检查制度，使施工准备工作有领导、有组织、有计划和分期分批地进行，贯穿施工全过程。

第四节　施工组织设计

施工组织设计是用来指导施工项目全过程各项活动的技术、经济和组织的综合性文件，是对拟建工程在人力和物力、时间和空间、技术和组织等方面所做的全面合理的安排，是沟通工程设计与施工之间的桥梁。

一、施工组织设计的作用

施工组织设计是对拟建工程的施工提出全面规划、部署、组织、计划的一种技术经济文件，可作为施工准备和指导施工的依据。它在每项工程中都具有重要的规划作用、组织作用和指导作用，具体表现在：

（1）施工组织设计是对拟建工程施工全过程进行合理安排、实行科学管理的重要手段和措施。

（2）施工组织设计是统筹安排施工企业投入与产出过程的关键和依据。

（3）施工组织设计是协调施工中的各种关系的依据。

（4）施工组织设计为施工的准备工作、工程的招投标以及有关建设工作的决策提供依据。

二、施工组织设计的分类

施工组织设计是一个总的概念，根据施工组织设计阶段以及编制对象和范围的不同，编制的深度和广度也有所不同。

（一）按施工组织设计阶段不同分类

1. 标前施工组织设计

标前施工组织设计是为满足编制投标书和签订合同的需要编制的，因此它必须对投标书的内容进行筹划和决策，并附入投标文件中。它除了可以指导工程投标与签订合同以及作为投标书的内容外，还是进行分包招标和分包单位编制投标书的主要依据。

2. 标后施工组织设计

标后施工组织设计的作用是满足施工项目准备和实施的需要。具体地说是指导施工准备和施工全过程活动，提出施工中进度控制、质量控制、安全控制、现场施工管理、各项生产要素管理的目标及技术组织措施，以达到提高综合效益的目的。

（二）按编制对象和范围不同分类

施工组织设计按编制对象和范围不同可分为施工组织总设计、单位工程施工组织设计、施工方案三种。

1. 施工组织总设计

施工组织总设计是以一个建筑群或一个建设项目为编制对象，用以指导整个建筑群或建设项目施工全过程的各项施工活动的技术、经济和组织的综合性文件。施工组织总设计一般在初步设计或扩大初步设计被批准之后，在总承包企业的总工程师领导下进行编制。

2. 单位工程施工组织设计

单位工程施工组织设计是以一个单位工程为编制对象，用以指导施工全过程的技术、经济和组织的指导性文件。单位工程施工组织设计一般在施工图设计完成之后，在拟建工程开工之前，在工程项目部技术负责人的领导下进行编制。

3. 施工方案

施工方案是以分部分项工程或专项工程为编制对象，用以具体实施施工全过程的各项施工活动的技术、经济和组织的综合性文件。施工方案一般与单位工程施工组织设计的编制同时进行，并由单位工程的技术人员负责编制。

施工组织总设计、单位工程施工组织设计和施工方案三者之间关系如下：施工组织总设计是对整个建设项目的全局性战略部署，其内容和范围比较概括；单位工程施工组织设计是在施工组织总设计的控制下，以施工组织总设计和企业施工计划为依据编制的，针对具体的单位工程，把施工组织总设计的内容具体化；施工方案是以施工组织总设计、单位工程施工组织设计和企业施工计划为依据编制的，针对具体的分部分项工程，把单位工程施工组织设计进一步具体化，它是专业工程具体组织施工的设计。

三、施工组织设计的内容

施工组织设计一般根据工程规模大小、结构特点、技术复杂程度和施工条件的不同而定，以满足不同的实际需要。复杂和特殊工程的施工组织设计须较为详尽，小型建设项目或具有较丰富施工经验的工程则可较为简略。施工组织总设计是为解决整个建设项目施工的全局问题的，要求简明扼要，重点突出，要安排好主体工程、辅助工程和公用工程的相互衔接和配套。单位工程的施工组织设计是为指导具体施工服务的，要求具体明确，解决好各工序和各工种之间的衔接配合，合理组织平行流水和交叉作业，以提高施工效率。施工条件发生变化时，施工组织设计须及时修改和补充，以便继续执行。施工组织设计的内容要结合工程对象的实际特点、施工条件和技术水平进行综合考虑。

施工组织总设计、单位工程施工组织设计和施工方案的主要内容分别如下：

（一）施工组织总设计的主要内容

（1）工程概况；

（2）总体施工部署；

（3）施工总进度计划；

（4）总体施工准备与主要资源配置计划；

（5）主要施工方案；

（6）施工总平面布置。

（二）单位工程施工组织设计的主要内容

（1）工程概况；

（2）施工部署；

（3）施工进度计划；

（4）施工准备与资源配置计划；

（5）主要施工方案；

（6）施工现场平面布置。

（三）施工方案的主要内容

（1）工程概况；

（2）施工安排；

（3）施工进度计划；

（4）施工准备与资源配置计划；

（5）施工方法及工艺要求。

四、施工组织设计的审批

不同施工组织设计的审批程序不一样。

（1）施工组织总设计应由总承包单位技术负责人审批。

（2）单位工程施工组织设计应由施工单位技术负责人或技术负责人授权的技术人员审批。

（3）施工方案应由项目技术负责人审批。

（4）重点、难点分部分项工程和专项工程施工方案应由施工单位技术部门组织相关专家评审，施工单位技术负责人审批。

第二章 地基与基础工程施工

第一节 土方工程

一、概述

（一）土方工程的内容及施工要求

1. 内容

（1）场地平整

场地平整指将天然地面改造成所要求的设计平面时所进行的土石方施工全过程（厚度在 3 m 以内的土方挖填和找平工作）。

特点：工作量大，劳动繁重，施工条件复杂。

（2）地下工程的开挖

地下工程的开挖指开挖宽度在 3 m 以内且长度大于（或等于）宽度 3 倍或开挖底面积在 20 m² 且长度为宽度 3 倍以内的土石方工程，是为浅基础、桩承台及沟等施工而进行的土石方开挖。

特点：开挖的标高、断面、轴线要准确；土石方量少；受气候影响较大。

（3）大型地下工程的开挖

大型地下工程的开挖指人防工程、大型建筑物的地下室、深基础等施工时进行的地下大型土石方开挖（宽度大于 3 m；开挖底面积大于 20 m²；场地平整土厚大于 3 m）。

特点：涉及降低地下水位、边坡稳定与支护、地面沉降与位移、邻近建筑物的安全与防护等一系列问题。

（4）土石方填筑

土石方填筑指将低洼处用土石方分层填平。回填分为夯填和松填两种。

特点：要求严格选择土质，分层回填压实。

2. 施工要求

标高、断面准确；土体有足够的强度和稳定性；工程量小；工期短；费用省。

3. 资料准备

建设单位应向施工单位提供场地实测地形图，原有地下管线、构筑物竣工图，土石方施工图，工程地质、水文、气象等技术资料，以便编制施工组织设计（或施工方案），并应提供平面控制桩和水准点，作为工程测量和验收的依据。

4. 施工方案

（1）根据工程条件，选择适宜的施工方案和效率高、费用低的机械；

（2）合理调配土石方，使工程量最小；

（3）合理组织机械施工，保证机械发挥最大的使用效率；

（4）安排好道路、排水、降水、土壁支撑等一切准备工作和辅助工作；

（5）合理安排施工计划，尽量避免雨季施工；

（6）保证工程质量，对施工中可能遇到的问题如流砂、边坡失稳等进行技术分析，并提出解决措施；

（7）有确保施工安全的措施。

（二）土的工程分类

土的分类方法较多，如可根据土的颗粒级配或塑性指数、沉积年代和工程特点等分类。根据土的坚硬程度和开挖方法，可将土分为八类，依次为松软土、普通土、坚土、砂砾坚土、软石、次坚石、坚石、特坚石。

（三）土的基本性质

1. 土的组成

土由土颗粒（固相）、水（液相）和空气（气相）三部分组成，可用三相图（图 2-1）表示。

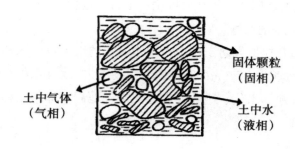

图 2-1 土体三相图

2. 土的物理性质

（1）土的可松性与可松性系数

天然土经开挖后，体积因松散而增加，虽经振动夯实，仍不能完全恢复原状，这种现象称为土的可松性。土的可松性用可松性系数表示：

$$K_{\text{s}} = \frac{V_2}{V_1} \quad , \quad K_{\text{s}}^{'} = \frac{V_3}{V_1}$$

式中：　K_{s}——土的最初可松性系数；

$K_{\text{s}}^{'}$——土的最终可松性系数；

V_1——土在天然状态下的体积；

V_2——土被挖出后松散状态下的体积；

V_3——土经压（夯）实后的体积。

（2）土的天然含水量

在天然状态下，土中水的含水量（ω）指土中水的质量与固体颗粒的质量之比，用百分率表示。

$$\omega = \frac{m_{\text{w}}}{m_{\text{s}}} \times 100\%$$

式中：　m_{w}——土中水的质量；

m_{s}——土中固体颗粒经烘干后（105℃）的质量。

土的含水量测定方法：将土样称量后放入烘箱内进行烘干（100~105℃），直至质量不再减少时称量。第一次称量结果为含水状态下土的质量，第二次称量结果为烘干后土的质量，利用公式可计算出土的含水量。

一般土的干湿程度用含水量表示：含水量 < 5% 为干土；含水量在 5%~30% 为潮湿土；含水量 > 30% 为湿土。

在一定含水量条件下，用同样的机具，可使回填土达到最大的干密度，此含水量称为最佳含水量。一般砂土为 8%~12%，粉土为 9%~15%，粉质黏土为 12%~15%，黏土为 19%~23%。

（3）土的天然密度（ρ）和干密度（ρ_{d}）

土的天然密度指土在天然状态下单位体积的质量，用 $\rho = \frac{m}{v}$ 表示。

土的干密度是指土的固体颗粒质量与总体积的比值，用 $\rho_{\text{d}} = \frac{m_{\text{s}}}{v}$ 表示。

土的干密度越大，表示土越密实。工程上常把干密度作为评定土体密实程度的标准，以控制填土工程的质量。同类土在不同状态下（如不同的含水量、不同的压实程度等），其紧密程度也不同。工程上用土的干密度来反映相对紧密程度：

$$\lambda_{\text{c}} = \frac{\rho_{\text{d}}}{\rho_{\text{d max}}}$$

式中：　λ_{c}——土的密实度（压实系数）；

ρ_{d}——土的实际干密度；

$\rho_{\text{d max}}$——土的最大干密度。

土的实际干密度可用环刀法测定，即先用环刀取样，测出土的天然密度（ρ），后烘干测出含水量（ω），用下式计算土的实际干密度。

$$\rho_\mathrm{d} = \frac{\rho}{1+0.01\omega}$$

土的最大干密度用击实试验测定。

（4）土的孔隙比和孔隙率

土的孔隙比和孔隙率反映了土的密实程度。孔隙比和孔隙率越小，土越密实。

孔隙比 e 是土的孔隙体积V_v与固体体积V_s的比值，用$e=V_\mathrm{v}/V_\mathrm{s}$表示。

孔隙率 n 是土的孔隙体积V_v与总体积 V 的比值，用$n=V_\mathrm{v}/V\times100\%$表示。

（5）土的渗透系数

土的渗透系数表示单位时间内水穿透土层的能力。

$$v = k \cdot i$$

式中：　k——渗透系数（m/d）；

　　　　v——渗流速度（m/d）；

　　　　i——水力梯度。

当 $i=1$ 时，$v=k$。

二、土方工程的机械化施工

土（石）方工程有人工开挖、机械开挖和爆破三种开挖方法。人工开挖只适用于小型基坑（槽）、管沟及土方量少的场所，土方量大时一般选择机械开挖。当开挖难度很大时，如冻土、岩石土的开挖，可采用爆破技术。土方工程的施工过程主要包括土方开挖、运输、填筑与压实等。常用的施工机械有推土机、铲运机、单斗挖掘机等，施工时应正确选用施工机械，加快施工进度。

（一）推土机施工

1. 特点

推土机操纵灵活，运转方便，所需工作面较小，行驶速度快，易于转移，能爬30°左右的缓坡，因此应用较广。推土机多用于场地清理和平整，开挖深度1.5 m以内的基坑，填平沟坑，配合铲运机、挖掘机工作等。此外，在推土机后面可安装松土装置，也可拖挂羊足碾进行土方压料工作。推土机可以推挖一至三类土，运距在100 m以内的平土或以挖作填宜采用推土机，尤其是当运距在30~60 m时效率最高。

2. 作业方法

推土机可以完成铲土、运土和卸土三个工作行程和空载回驶行程。铲土时应根据土质情况，尽量采用最大切土深度并在最短距离（6~10 m）内完成，以便缩短低速运行时间，然后直接推运到预定地点。回填土和填沟渠时，铲刀不得超出土坡边沿。上下坡坡度不得超过 35°，横坡不得超过 10°。几台推土机同时作业时，前后距离应大于 8 m。

3. 生产效率计算

（1）推土机的小时生产效率（P_h）

$$P_h = \frac{3\,600qK_C}{T_V K_s}(\mathrm{m^3/h})$$

式中：　T_V——从推土到将土送到填土地点的循环延续时间（s）；

　　　　q——推土机每次的推土量（$\mathrm{m^3}$）；

　　　　K_S——土的可松性系数。

（2）推土机的台班生产效率（P_d）

$$P_d = 8P_h K_B \quad (\mathrm{m^3/台班})$$

式中：　K_B——工作时间利用系数，一般在 0.72~0.75。

（二）铲运机施工

1. 特点

铲运机能综合完成铲土、运土、平土或填土等全部土方施工工序，对行驶道路要求较低，操纵灵活，运转方便，生产效率高。铲运机常应用于大面积场地平整，开挖大基坑、沟槽以及填筑路基、堤坝等工程。铲运机适合铲运含水率不大于 27% 的松土和普通土，不适合在砾石层、冻土地带及沼泽区工作，当铲运三、四类较坚硬的土时，宜用推土机助铲或用松土机配合将土翻松 0.2~0.4 m，以减少机械磨损，提高生产效率。

2. 开行路线

铲运机的基本作业是铲土、运土、卸土三个工作行程和一个空载回驶行程。在施工中，由于挖、填区的分布情况不同，为了提高生产效率，应根据不同的施工条件（工程大小、运距长短、土的性质和地形条件等），选择合理的开行路线和施工方法。铲运机的开行路线有环形路线、大环形路线、8 字形路线等。

3. 生产效率计算

（1）铲运机的小时生产效率（P_h）

$$P_h = \frac{3\,600qK_C}{T_V K_s}(\mathrm{m^3/h})$$

式中：q——铲斗容量（$\mathrm{m^3}$）；

　　　K_C——斗装土的充盈系数（一般砂土为 0.75，其他土为 0.85~1，最高可达 1.5）；

　　　K_s——土的可松性系数；

　　　T_V——从挖土开始到卸土完毕的循环延续时间（s），可按下式计算：

$$T_V = t_1 + \frac{2L}{V_C} + t_2 + t_3$$

其中：　t_1——装土时间，一般取 60~90 s；

L——均运距（m），由开行路线决定；

V_c——运土与回程的平均速度，一般取 1~2 m/s；

t_2——卸土时间，一般取 15~30 s；

t_3——换挡和调头时间，一般取 30 s。

（2）铲运机的台班生产效率

$$P_d = 8P_h K_B （ m^3/ 台班）$$

式中：K_B——工作时间利用系数，一般在 0.7~0.9。

（三）单斗挖掘机施工

1. 正铲挖掘机

挖掘能力强，生产效率高，适用于开挖停机面以上的一至四类土，它与运输汽车配合能完成整个挖运任务，可用于开挖大型干燥基坑以及土丘等。

（1）适用范围

1）含水率不大于 27% 的一至四类土和经爆破后的岩石与冻土碎块；

2）大型场地整平土方；

3）工作面狭小且较深的大型管沟和基槽、路堑；

4）独立基坑；

5）边坡开挖。

（2）开挖方式

正铲挖掘机的挖土特点是"前进向上，强制切土"。根据开挖路线与运输汽车相对位置的不同，一般有以下两种开挖方式：

1）正向开挖，侧向卸土

正铲向前进方向挖土，汽车位于正铲的侧向装土。本法铲臂卸土回转角度小于90°，装车方便，循环时间短，生产效率高，用于开挖工作面较大、深度不大的边坡、基坑（槽）、沟渠和路堑等，为最常用的开挖方法。

2）正向开挖，后方卸土

正铲向前进方向挖土，汽车停在正铲的后面。本法开挖工作面较大，但铲臂卸土回转角度较大，约 180°，且汽车要侧向行车，增加了循环时间，降低生产效率（回转角度180°，效率降低约 23%；回转角度 130°，效率降低约 13%），用于开挖工作面较大且较深的基坑（槽）、管沟和路堑等。

2. 反铲挖掘机

特点：操作灵活，挖土、卸土均在地面作业，不用开运输道。

适用范围：

（1）含水率大的一至三类砂土或黏土；

（2）管沟和基槽；

（3）独立基坑；

（4）边坡开挖。

3. 拉铲挖掘机

拉铲挖掘机的挖土特点是"后退向下，自重切土"，其挖土半径和挖土深度较大，能开挖停机面以下的一、二类土。工作时，利用惯性将铲斗甩出去，挖得比较远，但不如反铲灵活准确，宜用于开挖大而深的基坑或水下挖土。

4. 抓铲挖掘机

抓铲挖掘机的挖土特点是"直上直下，自重切土"，挖掘力较小，适用于开挖停机面以下的一、二类土，如挖窄而深的基坑、疏通旧有渠道以及挖淤泥等，或用于装卸碎石、矿渣等松散材料。在软土地基的地区，常用于开挖基坑等。

5. 生产效率计算

（1）单斗挖掘机的小时生产效率（Q_h）

$$Q_h = \frac{3\ 600qk}{t} \left(\text{m}^3 / \text{h}\right)$$

式中：　t——掘机每一工作循环延续时间（s），根据经验数字确定，W_1-100 正铲挖掘机为 25~40 s，W_1-100 拉铲挖掘机为 45~60 s；

　　　　q——铲斗容量（m^3）；

　　　　k——铲斗利用系数，与土的可松性系数和铲斗装土的充盈系数有关，砂土为 0.8~0.9，黏土为 0.85~0.95。

（2）单斗挖掘机的台班生产效率（Q_d）

$$Q_d = 8Q_h K_B \quad (\text{m}^3 / \text{台班})$$

式中：　K_B——工作时间利用系数，向汽车装土时为 0.68~0.72，侧向推土时为 0.78~0.88，挖爆破后的岩石时为 0.60。

（3）单斗挖掘机须用数量

单斗挖掘机须用数量根据土方工程量和工期要求并考虑合理的经济效果，按下式计算：

$$N = \frac{Q}{Q_d TCK_t}$$

式中：　Q——土方工程量（m^3）；

　　　　Q_d——单斗挖掘机的台班生产效率（m^3/台班）；

　　　　T——工期（d）；

　　　　C——每天作业班数（台班）；

　　　　K_t——时间利用系数，一般为 0.8~0.85，或查机械定额。

6.选择机械原则

（1）土的含水率较小，可结合运距长短、挖掘深浅，分别采用推土机、铲运机或正铲挖掘机配合自卸汽车进行施工。当基坑深度在 1~2 m、基坑不太长时可采用推土机；深度在 2 m 以内、长度较大的线状基坑，宜由铲运机开挖；当基坑较大、工程量集中时，可选用正铲挖掘机挖土。

（2）如地下水位较高，又不采用降水措施，或土质松软，可能造成正铲挖掘机和铲运机陷车时，则采用反铲、拉铲或抓铲挖掘机配合自卸汽车较为合适，挖掘深度见有关机械的性能表。

总之，土方工程综合机械化施工就是根据土方工程工期要求，适量选取完成该施工过程的土方机械，并以此为依据，合理配备完成其他辅助施工过程的机械，做到土方工程各施工过程均实现机械化施工。主导机械与所配备的辅助机械的数量及生产效率应尽可能协调一致，以充分发挥施工机械的效能。

三、土方填筑与压实

（一）土料的选择及填筑要求

一般设计要求素土夯实，当设计无要求时，应满足规范和施工工艺的要求：碎石类土、砂土和爆破石渣可用作表层以下的填料，当填方土料为黏土时，填筑前应检查其含水量是否在控制范围内。含水量大的黏土不宜作为填土。含有大量有机杂质的土，吸水后容易变形，承载能力降低；含水溶性硫酸盐大于 5% 的土，在地下水的作用下，硫酸盐会逐渐溶解消失，形成孔洞，影响土的密实度。这两种土以及淤泥、冻土、膨胀土等均不应作为填土。填土应分层进行，并尽量采用同类土填筑。如采用不同类土填筑时，应将透水性较大的土层置于透水性较小的土层之下，不能将各种土混杂在一起使用，以免填方内形成水囊。

碎石类土或爆破石渣用作填料时，其最大粒径不得超过每层铺土厚度的 2/3，使用振动碾时，不得超过每层铺土厚度的 3/4；铺填时，大块料不应集中，且不得填在分段接头处或填方与山坡连接处。

填方基底处理应符合设计要求。当设计无要求时，应符合规范和施工工艺要求。

填方前，应根据工程特点、填料种类、设计压实系数、施工条件等合理选择压实机具，并确定填料含水量控制范围、铺土厚度和压实遍数等参数。对于重要的填方工程或采用新型压实机具时，上述参数应通过填土压实试验确定。

填土施工应接近水平状态，并分层填土、压实和测定压实后土的干密度，检验其压实系数和压实范围符合设计要求后，才能填筑上层。

在施工现场，土方一般分层回填，机械为蛙式打夯机，铺土厚度控制在 250 mm 以内。

分段填筑时,每层接缝处应做成斜坡形,碾迹重叠 0.5~1 m。上下层错缝距离不应小于 1 m。

（二）填土压实方法

填土压实方法有碾压、夯实和振动三种,此外还可利用运土工具压实。

1. 碾压法

碾压法是由沿着表面滚动的鼓筒或轮子的压力压实土壤。一切拖动和自动的碾压机具,如平碾、羊足碾和气胎碾等都属于同一工作原理。

适用范围:主要用于大面积填土。

（1）平碾

适用于碾压黏性土和非黏性土。平碾机又叫压路机,是一种以内燃机为动力的自行式压路机。

平碾的运行速度决定生产效率,在压实填方时,碾压速度不宜过快,一般不超过 2 km/h。

（2）羊足碾

羊足碾和平碾不同,其碾轮表面装有许多羊蹄形的碾压凸脚,一般用拖拉机牵引作业。

羊足碾有单筒和双筒之分,筒内根据要求可分为空筒、装水筒、装砂筒,以提高单位面积的压力,增强压实效果。由于羊足碾单位面积压力较大,压实效果、压实深度均较同重量的光面压路机高,但工作时羊足碾的羊蹄压入土中,又从土中拔出,致使上部土翻松,不宜用于非黏性土、砂及面层的压实。一般羊足碾适用于压实中等深度的粉质黏土、粉土、黄土等。

2. 夯实法

夯实法是利用夯锤自由下落的冲击力来夯实土壤,主要用于压实小面积的回填土。夯实机具类型较多,有木夯、石夯、蛙式打夯机以及利用挖土机或起重机装上夯板后的夯土机等。其中蛙式打夯机轻巧灵活,构造简单,在小型土方工程中应用最广。

夯实法的优点是可以夯实较厚的土层。采用重型夯土机（如 1 t 以上的重锤）时,其夯实厚度可达 1~1.5 m。但木夯、石夯或蛙式打夯机等夯土工具,夯实厚度较小,一般均在 200 mm 以内。

人力打夯前应将填土初步整平,打夯要按一定方向进行,一夯压半夯,夯夯相接,行行相连,两遍纵横交叉,分层夯打。夯实基槽及地坪时,行夯路线应由四边开始,然后再夯向中间。

用蛙式打夯机等小型机具夯实时,一般填土厚度不宜大于 25 cm,打夯之前应将填土初步整平,打夯机应依次夯打,均匀分布,不留间隙。

基槽（坑）应在两侧或四周同时回填与夯实。

3. 振动法

振动法是将重锤放在土层表面或内部,借助振动设备使重锤振动,土壤颗粒即发生相对位移从而达到紧密状态。此法用于振实非黏性土效果较好。

近年来，人们又将碾压和振动结合而设计和制造出振动平碾、振动凸块碾等新型压实机械，振动平碾适用于填料为爆破碎石渣、碎石类土、杂填土或粉土的大型填方，振动凸块碾则适用于粉质黏土或黏土的大型填方。当压实爆破石渣或碎石类土时，可选用 8~15t 重的振动平碾，铺土厚度为 0.6~1.5 m，宜先静压、后振压，碾压遍数应由现场试验确定，一般为 6~8 遍。

（三）影响填土压实质量的因素

1. 压实功

填土压实后的密度与压实机械在其上所施加的功有一定的关系。土的密度与所消耗的功的关系见图 2-2。土的含水量一定，在开始压实时，土的密度急剧增加，待接近土的最大密度时，压实功虽然增加很多，但土的密度变化甚小。在实际施工中，砂土只需碾压 2~3 遍，亚砂土只需碾压 3~4 遍，亚黏土或黏土只需碾压 5~6 遍。

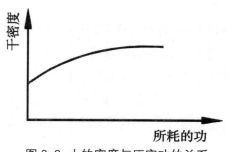

图 2-2 土的密度与压实功的关系

2. 土的含水量

当土具有适当含水量时，水起润滑作用，土颗粒之间的摩阻力减少，易压实。

压实过程中土应处于最佳含水量状态，当土过湿时，应预先翻松晾干，也可掺入同类干土或吸水性材料；当土过干时，则应预先洒水润湿。

3. 铺土厚度

土在压实功的作用下，其应力随深度增加而逐渐减小，其影响深度与压实机械、土的性质和含水量等有关。

四、基坑（槽）施工

（一）放线

放线分基槽放线和柱基放线，主要控制开挖边界线、定轴线、设龙门板、用石灰撒开挖边界线。

（二）基坑（槽）开挖

建筑物基坑面积较大及较深时，如地下室、人防防空洞等，在施工中会涉及边坡稳定、基坑稳定、基坑支护、防止流砂、降低地下水位、土方开挖方案等一系列问题。

1. 基坑边坡及其稳定

基坑（土方）边坡坡度 $= \dfrac{H}{B} = \dfrac{1}{B/H} = 1:m$

式中：　m——坡度系数。

边坡可做成直线形、折线形、阶梯形。当地质条件良好、土质均匀且地下水位低于基坑底面标高时，挖方边坡可做成直立壁而不加支撑，但深度不超过下列规定：

密实、中密的砂土和碎石类土 1 m；硬塑、可塑的粉土及粉质黏土 1.25 m；硬塑、可塑的黏土及碎石类土（填充物为黏性土）1.5 m；坚硬的黏土 2 m。

挖土深度超过上述规定时，应考虑放坡或做成直立壁加支撑。

2. 边坡稳定分析

边坡的滑动一般是指土方边坡在一定范围内整体沿某一滑动面向下或向外移动而丧失稳定性，主要原因是土体剪应力增加或抗剪强度降低。

引起土体剪应力增加的主要因素有：坡顶堆物、行车；基坑边坡太陡；开挖深度过大；雨水或地面水渗入土中，使土的含水量增加而造成土的自重增加；地下水的渗流产生一定的动水压力；土体竖向裂缝中的积水产生侧向静水压力等。

引起土体抗剪强度降低的主要因素有：土质本身较差或因气候影响使土质变软；土体内含水量增加而产生润滑作用；饱和细砂、粉砂受震动而液化等。

边坡稳定安全系数 $K > 1.0$，边坡稳定；

$K = 1.0$，边坡处于极限平衡状态；

$K < 1.0$，边坡不稳定。

一级基坑（$H > 15$ m），$K = 1.43$；二级基坑（8 m $< H < 15$ m），$K = 1.30$；三级基坑（$H < 8$ m），$K = 1.25$。

3. 深基坑支护结构

（1）重力式支护结构

通过加固基坑周边土形成一定厚度的重力式墙，以达到挡土目的。宜用于场地开阔、挖深不大于 7 m、土质承载力标准值小于 140 kPa 的软土或较软土中。

（2）桩墙式支护结构

桩墙式支护结构由围护墙和支撑系统组成。

采用支护结构的基坑开挖的原则：开槽支撑，先撑后挖，分层开挖，严禁超挖，并做好监测，对出现的异常情况，要采取针对性措施。

第二节　施工排水和流砂的防止

为防止由于水浸泡发生边坡塌方和地基承载力下降问题，必须做好以下工作。

一、施工排水

在基坑开挖过程中，当基底低于地下水位时，由于土的含水层被切断，地下水会不断渗入坑内。雨期施工时，地面水也会不断流入坑内。如果不采取降水措施，把流入基坑内的水及时排出或降低地下水位，不仅施工条件会恶化，而且地基土被水泡软后，容易造成边坡塌方并使地基的承载力下降。另外，当基坑下遇有承压含水层时，若不降水减压，则基底可能被冲溃破坏。因此，为了保证工程质量和施工安全，在基坑开挖前或开挖过程中，必须采取措施，控制地下水位，使地基土在开挖及基础施工时保持干燥。

影响：地下水渗入基坑，挖土困难；边坡塌方；地基浸水，影响承载力。

解决方法：集水井降水，井点降水。

（一）集水井降水

方法：沿坑壁边缘设排水沟，隔段设集水井，由水泵将井中水抽出坑外。

1. 水坑设置

平面：设在基础范围外，地下水上游。

排水沟：宽 0.2~0.3 m，深 0.3~0.6 m，沟底设纵坡 0.2%~0.5%，始终比挖土面低 0.4~0.5 m。

集水井：宽径 0.6~0.8 m，低于挖土面 0.7~1 m，每隔 20~40 m 设置一个；当基坑挖至设计标高后，集水井底应低于基坑底面 1~2 m，并铺设碎石滤水层（0.2~0.3 m 厚），或铺设下部砾石（0.05~0.1 m 厚）、上部粗砂（0.05~0.1 m 厚）的双层滤水层，以免由于抽水时间过长而将泥砂抽出，并防止坑底土被扰动。

2. 泵的选用

（1）离心泵

离心泵依靠叶轮在高速旋转时产生的离心力将叶轮内的水甩出，形成真空状态，河水或井水在大气压力下被压入叶轮，如此循环往复，水源源不断地被甩出去。离心泵的叶轮分为封闭式、半封闭式和敞开式三种。封闭式叶轮的相邻叶片和前后轮盖的内壁构成一系列弯曲的叶槽，其抽水效率高，多用于抽送清水。半封闭式叶轮没有前盖板，目前较少使用。敞开式叶轮没有轮盘，叶片数目亦少，多用于抽送浆类液体或污水。

（2）潜水泵

潜水泵是一种将立式电动机和水泵直接装在一起的配套水泵，具有防水密封装置，可以在水下工作，故称为潜水泵。按所采用的防水技术措施，潜水泵分为干式、充油式和湿式三种。潜水泵由于体积小、质量轻、移动方便和安装简便，在农村井水灌溉、牧场和渔场输送液体饲料、建筑施工等方面得到广泛应用。

（二）井点降水

1. 原理

基坑开挖前，在基坑四周预先埋设一定数量的滤水管（井），在基坑开挖前和开挖过程中，利用抽水设备不断抽出地下水，使地下水位降到坑底以下，直至土方和基础工程施工结束。

2. 作用

（1）防止地下水涌入坑内；

（2）防止边坡由于地下水的渗流而引起塌方；

（3）使坑底的土层消除由地下水位差引起的压力，防止坑底管涌现象；

（4）降水后，使板桩减少横向荷载；

（5）消除地下水的渗流，防止流砂现象；

（6）降低地下水位后，能使土壤固结，增加地基土的承载能力。

3. 分类

降水井点有四大类：轻型井点、喷射井点、电渗井点和管井井点。一般根据土的渗透系数、降水深度、设备条件及经济条件等因素确定。

（1）轻型井点

轻型井点就是沿基坑周围或一侧以一定间距将井点管（下端为滤管）埋入蓄水层内，将井点管上部与总管连接，利用抽水设备使地下水经滤管进入井管，经总管不断抽出，从而将地下水位降至坑底以下。

轻型井点适用于土壤渗透系数为 0.1~50 m/d 的土层中。降低水位深度：一级轻型井点 3~6 m，二级轻型井点可达 6~9 m。

1）轻型井点设备

轻型井点设备由管路系统和抽水设备组成。管路系统包括滤管、井点管、弯联管及总管。

①管路系统

滤管为进水设备，通常采用长 1~1.5 m、直径 38 mm 或 51 mm 的无缝钢管，管壁钻有直径为 12~19 mm 的滤孔。骨架管外面包以两层孔径不同的生丝布或塑料布滤网。为使流水畅通，在骨架管与滤网之间用塑料管或梯形铅丝隔开，塑料管沿骨架绕成螺旋形。滤网外面再绕一层粗铁丝保护网，滤管下端为一铸铁塞头，滤管上端与井点管连接。

井点管为直径 38 mm 和 51 mm、长 5~7 m 的钢管。井点管的上端用弯联管与总管相连。总管为直径 100~127 mm 的无缝钢管，每段长 4 m，其上端有与井点管连接的短接头，间距 0.8 m 或 1.2 m。

②抽水设备

常用的抽水设备有干式真空泵、射流泵等。

干式真空泵由真空泵、离心泵和水气分离器（又叫集水箱）等组成。抽水时先开动真空泵，将水气分离器内部抽成一定程度的真空，使土中的水分和空气受真空吸力作用而被吸出，进入水气分离器。当进入水气分离器内的水达一定高度后，即可开动离心泵。水气分离器内水和空气向两个方向流去：水经离心泵排出；空气集中在上部由真空泵排出，少量由空气带来的水从放水口排出。

一套抽水设备的负荷长度（集水总管长度）为 100 m 左右。常用的 W5、W6 型干式真空泵，最大负荷长度分别为 80 m 和 100 m，有效负荷长度为 60 m 和 80 m。

2）轻型井点设计

①平面布置

根据基坑（槽）形状，轻型井点可采用单排布置、双排布置、环形布置，当土方施工机械须进出基坑时，也可采用 U 形布置。

单排布置适用于基坑（槽）宽度小于 6 m 且降水深度不超过 5 m 的情况，井点管应布置在地下水的上游一侧，两端的延伸长度不宜小于基坑（槽）的宽度。

双排布置适用于基坑宽度大于 6 m 或土质不良的情况。

环形布置适用于大面积基坑。如采用 U 形布置，则井点管不封闭的一段应在地下水的下游方向。

②高程布置

高程布置要确定井点管埋深，即滤管上口至总管埋设面的距离，主要考虑降低后的水位应控制在基坑底面标高以下，保证坑底干燥。

井点高程可按下式计算：

$$h \geqslant h_1 + \Delta h + iL$$

式中：　h——井点管埋深（m）；

　　　　h_1——总管埋设面至基底的距离（m）；

　　　　Δh——基底至降低后的地下水位线的距离（m）；

　　　　i——水力坡度，对单排布置的井点，i 取 1/4~1/5；对双排布置的井点，i 取 1/7；对
　　　　　　U 形或环形布置的井点，i 取 1/10。

　　　　L——井点管至水井中心的水平距离，当井点管为单排布置时，L 为井点管至对边坡角的水平距离（m）。

井点管的埋深应满足水泵的抽吸能力，当水泵的最大抽吸深度不能达到井点管的埋设深度时，应考虑降低总管埋设位置或采用二级井点降水。如采用降低总管埋设深度的方法，可以在总管埋设的位置处设置集水井降水。但总管不宜埋在地下水位以下过深的

位置，否则，总管以上的土方开挖通常会发生涌水现象而影响土方施工。

③涌水量计算

确定井点管数量时，需要知道井点管系统的涌水量。根据地下水有无压力，水井分为无压井和承压井。当水井布置在具有潜水自由面的含水层时（地下水面为自由面），称为无压井；当水井布置在承压含水层时（含水层中的水在两层不透水层间，含水层中的地下水面具有一定水压），称为承压井。根据底部是否到达不透水层，水井分为完整井和非完整井。当水井底部到达不透水层时称为完整井，否则称为非完整井。因此，井分为无压完整井、无压非完整井、承压完整井、承压非完整井四大类（图2-3）。各类井的涌水量计算方法不同，实际工程中应分清水井类型，采用相应的计算方法。

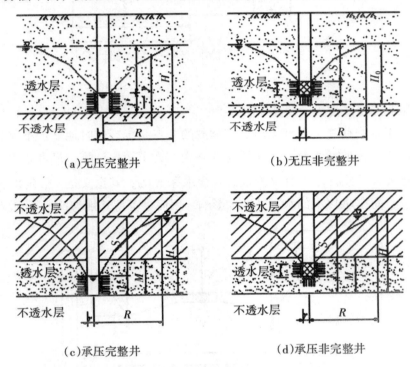

(a)无压完整井　　(b)无压非完整井

(c)承压完整井　　(d)承压非完整井

图2-3　水井的分类

a. 无压完整井涌水量计算（图2-4）

$$Q = 1.366K \frac{(2H-S)S}{\lg R - \lg X_0}$$

式中：　Q——井点系统涌水量；

K——土壤渗透系数（m/d）；

H——含水层厚度；

S——降水深度；

X_0——环状井点系统的假想半径；

R——抽水影响半径，$R = 1.95 \times S \times H \times K$（m）。

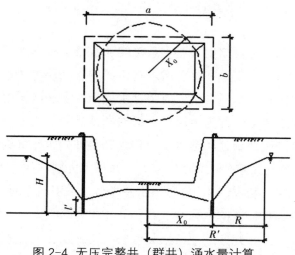

图 2-4 无压完整井（群井）涌水量计算

b. 无压非完整井涌水量计算（图 2-5）

在实际工程中往往会遇到无压非完整井的井点系统，这时地下水不仅从井面流入，还从井底渗入，因此涌水量要比无压完整井大。为了简化计算，仍可采用无压完整井涌水量的计算公式，此时，式中 H 换成有效含水深度 H_0，其意义是，假定水在 H_0 范围内受到抽水影响，而在 H_0 以下的水不受抽水影响，因而也可将其视为抽水影响深度。

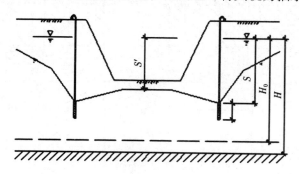

图 2-5 无压非完整井涌水量计算

于是，无压非完整井（单井）的涌水量计算公式为：

$$Q = \pi K \frac{(2H_0 - S)S}{\ln R - \ln X_0} \text{ 或 } Q = 1.364K \frac{(2H_0 - S)S}{\lg R - \lg X_0}$$

由于基坑大多不是圆形，因而不能直接得到 X_0。当矩形基坑长宽比不大于 5 时，环形布置的井点可作为近似圆形井来处理，并用面积相等原则确定，此时将近似圆的半径作为矩形水井的假想半径：

$$X_0 = \sqrt{\frac{F}{\pi}}$$

式中：　X_0——环形井点系统的假想半径（m）；

　　　　F——环形井点所包围的面积（m/d）。

抽水影响半径与土的渗透系数、含水层厚度、水位降低值及抽水时间等因素有关。在抽水 2~5 d 后，水位降落漏斗基本稳定，此时抽水影响半径可近似地按下式计算：

$$R = 1.95S\sqrt{HK}$$

式中，S、H 的单位为 m；K 的单位为 m/d。

渗透系数 K 值对计算结果影响较大。K 值可经现场抽水试验或实验室测定。对重大工程，宜采用现场抽水试验以获得较准确的值。

④井点管数量计算

井点管最少数量由下式确定：

$$n' = \frac{Q}{q} \quad （根）$$

式中：　q——单根井点管的最大出水量，由下式确定：

$$q = 65\pi dl\sqrt[3]{K} \quad (m^3/d)$$

式中：　d、l——滤管的直径及长度（m）；其他符号同前。

根据布置的井点总管长度及井点管数量，便可得出井点管间距。

实际采用的井点管间距应当与总管上接头尺寸相适应，即尽可能采用 0.8 m、1.2 m、1.6 m、2.0 m，实际采用的井点管数量一般应当增加 10% 左右，以防井点管堵塞等影响抽水效果。

（2）喷射井点

当基坑较深而地下水位又较高时，采用轻型井点要用多级井点，这样会增加基坑挖土量、延长工期并增加设备数量，显然不经济。因此，当降水深度超过 8 m 时，宜采用喷射井点，降水深度可达 8~20 m。喷射井点的设备主要由喷射井管、高压水泵和管路系统组成。

（3）电渗井点

电渗井点（图 2-6）是将井点管作为阴极，在其内侧相应地插入钢筋或钢管作为阳极，通入直流电后，在电场的作用下，土中的水流加速向阴极渗透，流向井点管。这种方法适用于渗透系数很小的土（$K < 0.1$ m/d），但耗电多，只在特殊情况下使用。

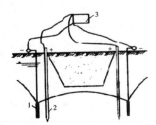

图 2-6　电渗井点
1—井点管；2—电极；3—小于 60 V 的直流电源

（4）管井井点

基坑每隔 20~50 m 设一个管井，每个管井单独用一台水泵不断抽水，从而降低地下水位。

管井井点适用于 $K=20~200$ m/d、地下水量大的土层。当降水深度较大，在管井井点内采用一般离心泵或潜水泵不能满足要求时，可采用特制的深井泵，其降水深度大于 15 m，故又称深井泵法。

二、流砂的防止

（一）流砂现象及其危害

1. 流砂现象

流砂现象指粒径很小、无塑性的土壤，在动水压力推动下，极易失去稳定，而随地下水流动的现象。

2. 流砂的危害

土完全丧失承载能力，土边挖边冒，且施工条件恶劣，难以达到设计深度，严重时会造成边坡塌方及附近建筑物下沉、倾斜、倒塌。

（二）产生流砂的原因

流砂是水在土中渗流所产生的动水压力对土体作用的结果。动水压力 G_D 的大小与水力坡度成正比，即水位差越大，渗透路径越短，G_D 越大。当动水压力大于土的浮重度时，土颗粒处于悬浮状态，往往会随渗流的水一起流动，涌入基坑内，形成流砂。细颗粒、松散、饱和的非黏性土特别容易发生流砂现象。

$$G_D = \gamma_W \times I$$

式中：　γ_W——水的容重；

I——水力坡度，$I = H \div L$，H 为全部水头损失，L 为水流流程长度。

（三）管涌冒砂现象

若基坑底位于不透水层，不透水层下为承压蓄水层，基坑底不透水层的重量小于承压水的顶托力时，基坑底部会发生管涌冒砂现象。

（四）防止流砂的方法

1. 途径

减小、平衡动水压力；截住地下水流（消除动水压力）；改变动水压力的方向。

2.具体措施

（1）枯水期施工法

枯水期地下水位较低，基坑内外水位差小，动水压力小，不易产生流砂。

（2）抢挖土方并抛大石块法

分段抢挖土方，使挖土速度超过冒砂速度，在挖至标高后立即铺竹席、芦席，并抛大石块，以平衡动水压力，将流砂压住。此法适用于治理局部的或轻微的流砂。

（3）设止水帷幕法

将连续的止水支护结构（如连续板桩、深层搅拌桩、密排灌注桩等）打入基坑底面以下一定深度，形成封闭的止水帷幕，从而使地下水只能从支护结构下端向基坑渗流，增加地下水从坑外流入基坑内的渗流路径，减小水力坡度，从而减小动水压力，防止流砂产生。

（4）冻结法

将出现流砂区域的土进行冻结，阻止地下水渗流，从而防止流砂产生。

（5）人工降低地下水位法

采用井点降水法（如轻型井点、管井井点、喷射井点等），使地下水位降低至基坑底面以下，地下水的渗流向下，则动水压力的方向也向下，水不渗入基坑内，可有效防止流砂产生。

第三节　土壁支护

一、深层搅拌水泥土桩挡墙

深层搅拌法是利用特制的深层搅拌机在边坡土体需要加固的范围内，将软土与固化剂强制拌和，使软土硬结成具有整体性、水稳性和足够强度的水泥加固土。

深层搅拌法利用的固化剂为水泥浆或水泥砂浆，水泥的掺量为加固土质量的7%~15%，水泥砂浆的配合比为1：1或1：2。

（一）深层搅拌水泥土桩挡墙的施工工艺流程

1.定位

用起重机悬吊搅拌机到达指定桩位，对中。

2.预拌下沉

待深层搅拌机的冷却水循环正常后，启动搅拌机，放松起重机钢丝绳，使搅拌机沿导向架搅拌切土下沉。

3. 制备水泥浆

待深层搅拌机下沉到一定深度时，按设计确定的配合比拌制水泥浆，压浆前将水泥浆倒入集料斗中。

4. 提升、喷浆、搅拌

待深层搅拌机下沉到设计深度后，开启灰浆泵将水泥浆压入地基，且边喷浆、边搅拌，同时按设计确定的提升速度提升深层搅拌机。

5. 重复上下搅拌

为使土和水泥浆搅拌均匀，可再次将搅拌机边旋转边沉入土中，至设计深度后再提升出地面。桩体要互相搭接 200 mm，以形成整体。

6. 清洗、移位

向集料斗中注入适量清水，开启灰浆泵，清除全部管路中残存的水泥浆，并将黏附在搅拌头的软土清洗干净。移位后进行下一根桩的施工。

（二）提高深层搅拌水泥土桩挡墙支护能力的措施

深层搅拌水泥土桩挡墙属重力式支护结构，主要由抗倾覆、抗滑移和抗剪强度控制截面和入土深度。目前这种支护的体积都较大，可采取以下措施提高支护能力：

1. 卸荷

如条件允许可将顶部的土挖去一部分，以减少主动土压力。

2. 加筋

可在新搅拌的水泥土桩内压入竹筋等，有助于提高稳定性。但加筋与水泥土的共同作用问题有待研究。

3. 起拱

将水泥土桩挡墙做成拱形，在拱脚处设钻孔灌注桩，可大大提高支护能力，减小挡墙的截面。或对于边长大的基坑，于边长中部适当起拱以减少变形。目前这种形式的水泥土桩挡墙已在工程中应用。

4. 挡墙变厚度

对于矩形基坑，由于边角效应，角部的主动土压力有所减小，可将角部水泥土桩挡墙的厚度适当减薄，以节约投资。

二、非重力式支护墙

（一）H 型钢支柱挡板支护挡墙

这种支护挡墙支柱按一定间距打入土中，支柱之间设木挡板或其他挡土设施（随开挖逐步加设），支护和挡板可回收使用，较为经济。它适用于土质较好、地下水位较低的地区。

（二）钢板桩

1.槽形钢板桩

这是一种简易的钢板桩支护挡墙，由槽钢正反扣搭接组成。槽钢长 6~8 m，型号由计算确定。由于抗弯能力较弱，一般用于深度不超过 4 m 的基坑，顶部设一道支撑或拉锚。

2.热轧锁口钢板桩

形式有 U 形、Z 形（又叫"波浪形"或"拉森形"）、一字形（又叫"平板桩"）、组合形。

常用者为 U 形和 Z 形两种，基坑深度很大时才用组合型。一字形在建筑施工中基本上不用，在水工等结构施工中有时来围成圆形墩隔墙。U 形钢板桩可用于开挖深度 5~10 m 的基坑。在软土地基地区钢板桩打设方便，有一定的挡水能力，施工迅速，且打设后可立即开挖，当基坑深度不太大时往往是考虑的方案之一。

3.单锚钢板桩常见的工程事故及其原因（图 2-7）

（1）钢板桩的入土深度不够

当钢板桩长度不足或挖土超深或基底土过于软弱时，在土压力作用下，钢板桩入土部分可能向外移动，使钢板桩绕拉锚点转动失效，坑壁滑坡。

（2）钢板桩本身刚度不足

钢板桩截面太小，刚度不足，在土压力作用下失稳而弯曲破坏。

（3）拉锚的承载力不够或长度不足

拉锚承载力过低被拉断，或锚碇位于土体滑动面内而失去作用，使钢板桩在土压力作用下向前倾倒。

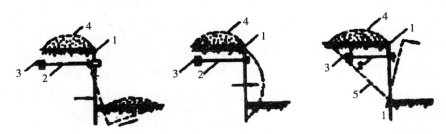

(a)钢板桩的入土深度不足　　(b)钢板桩截面太小　　(c)锚碇设置在土体破坏棱体以内

图 2-7　单锚钢板桩破坏情况及原因

1—板桩；2—拉杆；3—锚碇；4—堆土；5—破坏面

因此，入土深度、锚杆拉力和截面弯矩被称为单锚钢板桩设计的三要素。

4. 钢板桩的施工

（1）钢板桩打设前的准备工作

1）钢板桩的检验与矫正

①表面缺陷矫正

先清洗缺陷附近表面的锈蚀和油污，然后用焊接修补的方法补平，再用砂轮磨平。

②端部矩形矫正

一般用氧乙炔切割桩端，使其与轴线保持垂直，然后用砂轮对切割面进行磨平修整。当修整量不大时，也可直接用砂轮进行修整。

③桩体挠曲矫正

腹向弯曲矫正是将钢板桩弯曲段的两端固定在支承点上，用设置在龙门式顶梁架上的千斤顶顶压钢板桩凸处进行冷弯矫正。侧向弯曲矫正通常在专门的矫正平台上进行，将钢板桩弯曲段的两端固定在矫正平台的支座上，在钢板桩弯曲段侧面的矫正平台上间隔一定距离设置千斤顶，用千斤顶顶压钢板桩凸处进行冷弯矫正。

④桩体扭曲矫正

这种矫正较复杂，可视扭曲情况，采用桩体挠曲矫正的方法。

⑤桩体截面局部变形矫正

对局部变形处用千斤顶顶压、大锤敲击与氧乙炔焰热烘相结合的方法进行矫正。

⑥锁口变形矫正

用标准钢板桩作为锁口整形胎具，采用慢速卷扬机牵拉的方法进行调整处理，或采用氧乙炔焰热烘和大锤敲击胎具推进的方法进行调直处理。

2）导架安装

为保证沉桩轴线位置的正确和桩的竖直，控制桩的打入精度，防止板桩屈曲变形和提高桩的灌入能力，一般都需要设置一定刚度的、坚固的导架，亦称施工围檩。

导架通常由导梁和围檩桩等组成。导架在平面上有单面和双面之分，在高度上有单层和双层之分，一般常用的是单层双面导架。围檩桩的间距一般为 2.5~3.5 m，双面围檩之间的间距一般比板桩墙厚度大 8~15 mm。

导架的位置不能与钢板桩相碰。围檩桩不能随着钢板桩的打设而下沉或变形。导梁的高度要适宜，要有利于控制钢板桩的施工高度和提高工效，要用经纬仪和水平仪控制导梁的位置和标高。

（2）沉桩机械的选择

1）钢板桩打设方式的选择

①单独打入法

这种方法是从板桩墙的一角开始，逐块（或两块为一组）打设，直至工程结束。这种打入方法简便、迅速，不需要其他辅助支架，但是易使板桩向一侧倾斜，且误差积累后不易纠正。为此，这种方法只适用于板桩墙要求不高且板桩长度较小（如小于 10 m）的情况。

②屏风式打入法

这种方法是将 10~20 根钢板桩成排插入导架内，呈屏风状，然后分批施打。施打时先将屏风墙两端的钢板桩打至设计标高或一定深度，成为定位板桩，然后在中间按顺序分 1/3、1/2 板桩高度呈阶梯状打入。

这种打桩方法的优点是可以减少倾斜误差积累，防止过度倾斜，而且易于实现封闭合拢，能保证板桩墙的施工质量；缺点是插桩的自立高度较大，要注意插桩的稳定和施工安全。一般情况下多用这种方法打设板桩墙，它耗费的辅助材料不多，但能保证质量。

钢板桩打设允许误差：桩顶标高 ±100 mm，板桩轴线偏差 ±100 mm，板桩垂直度 ±1%。

2）钢板桩的打设

先用吊车将钢板桩吊至插桩点进行插桩，插桩时锁口要对准，每插入一块即套上桩帽轻轻锤击。在打桩过程中，为保证钢板桩的垂直度，用两台经纬仪在两个方向加以控制。为防止锁口中心线平面位移，可在打桩方向的钢板桩锁口处设卡板，阻止板桩位移。同时在围标上预先算出每块钢板桩的位置，以便随时检查矫正。

钢板桩分几次打入，如第一次由 20 m 高打至 15 m，第二次打至 10 m，第三次打至导梁高度，待导架拆除后第四次才打至设计标高。

打桩时，开始打设的第一、二块钢板桩的打入位置和方向要确保精度，它可以起样板导向作用，一般每打入 1 m 应测量一次。

3）钢板桩的拔除

基坑回填后，要拔除钢板桩，以便重复使用。拔除钢板桩前，应仔细研究拔桩顺序、拔桩时间及土孔处理。否则，拔桩的振动影响以及拔桩带土过多引起的地面沉降和位移，会给已施工的地下结构带来危害，并影响临近原有建筑物、构筑物或地下管线的安全。设法减少拔桩带土十分重要，目前主要采用灌水、灌砂措施。

拔桩起点和顺序：对封闭式钢板桩墙，拔桩起点应离开角桩 5 根以上。可根据沉桩时的情况确定拔桩起点，必要时也可用跳拔的方法。拔桩的顺序最好与打桩时相反。

振打与振拔：拔桩时，可先用振动锤将板桩锁口振松以减少土的黏附，然后边振边拔。对较难拔除的板桩可先用柴油锤将桩振下 100~300 mm，再与振动锤交替振打、振拔。有时，为及时回填拔桩后的土孔，当把板桩拔至比基础底板略高时暂停引拔，用振动锤振动几分钟，尽量让土孔填实一部分。

（三）钢筋水泥桩排桩挡墙

双排式灌注桩支护结构一般采用直径较小的灌注桩作双排布置，桩顶用圈梁连接，形成门式结构以增强挡土能力。当场地条件许可，单排桩悬臂结构刚度不足时，可采用双排桩支护结构，如图 2-8 所示。这种结构的特点是水平刚度大，位移小，施工方便。

双排桩在平面上可按三角形布置，也可按矩形布置。前后排桩距 δ=1.5~3.0 m（中心距），桩顶连梁宽度为（6+d+20）m，即比双排桩稍宽一点。

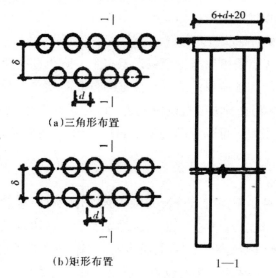

（a）三角形布置

（b）矩形布置

图 2-8 双排桩

（四）地下连续墙

地下连续墙施工工艺，即在土方开挖前，用特制的挖槽机械在泥浆护壁的情况下每次开挖一定长度（一个单元槽段）的沟槽，待开挖至设计深度并清除沉淀下来的泥渣后，将在地面上加工好的钢筋骨架（一般称为钢筋笼）用起重机械吊放入充满泥浆的沟槽内，用导管向沟槽内浇筑混凝土，由于混凝土是由沟槽底部开始逐渐向上浇筑的，所以泥浆随着混凝土的浇筑被置换出来，待混凝土浇至设计标高后，一个单元槽即施工完毕。各个单元槽之间由特制的接头连接，形成连续的地下钢筋混凝土墙。

三、支护结构的破坏形式

（一）非重力式支护结构的破坏

非重力式支护结构的破坏形式如图 2-9 所示。

1. 非重力式支护结构的强度破坏

（1）拉锚破坏或支撑压曲。

（2）支护墙底部走动。

（3）支护墙的平面变形过大或弯曲破坏。

2.非重力式支护结构的稳定性破坏

（1）墙后土体整体滑动失稳。

（2）坑底隆起。

（3）管涌。

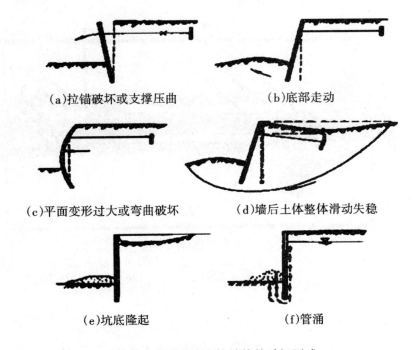

(a)拉锚破坏或支撑压曲   (b)底部走动

(c)平面变形过大或弯曲破坏   (d)墙后土体整体滑动失稳

(e)坑底隆起   (f)管涌

图 2-9 非重力式支护结构的破坏形式

（二）重力式支护结构的破坏

重力式支护结构的破坏亦包括强度破坏和稳定性破坏两方面。其强度破坏只有水泥土抗剪强度不足，产生剪切破坏，为此须验算最大剪应力处的墙身应力。其稳定性破坏包括倾覆、滑移、土体整体滑动失稳、坑底隆起、管涌。

（三）拉锚

拉锚是将钢筋或钢丝绳一端固定在支护板的腰梁上，另一端固定在锚碇上，中间设置花篮螺丝以调整拉杆长度。

锚碇的做法：当土质较好时，可埋设混凝土梁或横木做锚碇；当土质不好时，则在锚碇前打短桩。拉锚的间距及拉杆直径要经过计算确定。

拉锚式支撑在坑壁上只能设置一层，锚碇应设置在坑壁主动滑移面之外。当需要设多层拉杆时，可采用土层锚杆。

（四）土层锚杆

1. 土层锚杆的构造

土层锚杆通常由锚头、锚头垫座、支护结构、钻孔、防护套管、拉杆（拉索）、锚固体、锚底板（有时无）等组成。如图2-10所示。

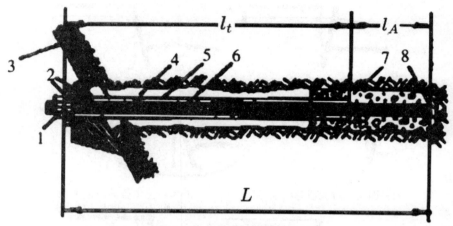

图2-10 土层锚杆的构造

1—锚头；2—锚头垫座；3—支护结构；4—钻孔；5—防护套管；6—拉杆（拉索）；7—锚固体；8—锚底板

2. 土层锚杆的类型

（1）一般灌浆锚杆

钻孔后放入受拉杆件，然后用砂浆泵将水泥浆或水泥砂浆注入孔内，经养护后，即可承受拉力。

（2）高压灌浆锚杆（又称预压锚杆）

其与一般灌浆锚杆的不同点是在灌浆阶段对水泥砂浆施加一定的压力，使水泥砂浆在压力下压入孔壁四周的裂缝并在压力下固结，从而使锚杆具有较大的抗拔力。

（3）预应力锚杆

先对锚固段进行一次压力灌浆，然后对锚杆施加预应力后锚固，并在非锚固段进行不加压二次灌浆，也可一次灌浆（加压或不加压）后施加预应力。这种锚杆可穿过松软地层而锚固在稳定土层中，使结构物变形减小。我国目前大多采用预应力锚杆。

（4）扩孔锚杆

用特制的扩孔钻头扩大锚固段的钻孔直径，或用爆扩法扩大钻孔端头，从而形成扩大的锚固段或端头，可有效提高锚杆的抗拔力。扩孔锚杆主要用在松软地层中。

在灌浆材料上，可使用水泥浆、水泥砂浆、树脂材料、化学浆液等作为锚固材料。

3. 土层锚杆施工

土层锚杆施工包括钻孔、安放拉杆、压力灌浆和张拉锚固。在正式开工之前还须进行必要的准备工作。

（1）选择钻孔机械

土层锚杆钻孔用的钻孔机械，按工作原理分为旋转式钻孔机、冲击式钻孔机和旋转冲击式钻孔机三类，主要根据土质、钻孔深度和地下水情况进行选择。

（2）土层锚杆钻孔应达到的要求

孔壁要平直，以便安放钢拉杆和灌注水泥浆。

孔壁不得塌陷和松动，否则影响钢拉杆安放和土层锚杆的承载能力。

钻孔时不得使用膨润土循环泥浆护壁，以免在孔壁上形成泥皮，减少锚固体与土壁间的摩阻力。

土层锚杆的钻孔多数有一定的倾角，因此孔壁的稳定性较差。

（3）安放拉杆

土层锚杆常用的拉杆有钢管、粗钢筋、钢丝束和钢绞线，主要根据土层锚杆的承载能力和现有材料来选择。承载能力较小时，多用粗钢筋；承载能力较大时，多用钢绞线。

1）钢筋拉杆

钢筋拉杆由一根或数根粗钢筋组合而成，如为数根粗钢筋，则须绑扎或用电焊连接成一个整体。其长度等于锚杆设计长度加张拉长度（等于支撑围标高度加锚座厚度和螺母高度）。

对有自由段的土层锚杆，钢筋拉杆的自由段要进行防腐和隔离处理。防腐层施工时，宜先清除拉杆上的铁锈，再涂一度环氧防腐漆冷底子油，待其干燥后，再涂二度环氧玻璃钢（或聚氨酯预聚体等），待其固化后，再缠绕两层聚乙烯塑料薄膜。

对于钢筋拉杆，国外常用的几种防腐蚀方法是：

①将经润滑油浸渍过的防腐带用粘胶带绕在涂有润滑油的钢筋上。

②将半刚性聚氯乙烯管或厚 2~3 mm 的聚乙烯管套在涂有润滑油（厚度大于 2 mm）的钢筋拉杆上。

③将聚丙烯管套在涂有润滑油的钢筋拉杆上，制造时这种聚丙烯管的直径为钢筋拉杆直径的 2 倍左右，装好后进行热处理则收缩紧贴在钢筋拉杆上。

钢筋拉杆的防腐，一般采用将防腐系统和隔离系统结合起来的办法。

土层锚杆的长度一般在 10 m 以上，有的达 30 m 甚至更长。为了将拉杆安置在钻孔的中心，防止自由段产生过大的挠度和插入钻孔时不扰动土壁，同时增加拉杆与锚固体的握裹力，须在拉杆表面设置定位器（或撑筋环）。钢筋拉杆的定位器用细钢筋制作，在钢筋拉杆轴心按 120° 夹角布置，间距一般为 2~2.5 m。定位器的外径宜小于钻孔直径 10 mm。

2）钢丝束拉杆

钢丝束拉杆可以制成通长一根，它的柔性较好，向钻孔中沉放较方便。但施工时应将灌浆管与钢丝束绑扎在一起同时沉放，否则放置灌浆管有困难。

钢丝束拉杆的自由段须理顺扎紧，然后进行防腐处理。防腐方法：用玻璃纤维布缠绕两层，外面再用粘胶带缠绕，亦可将钢丝束拉杆的自由段插入特制护管内，护管与孔壁间的空隙可与锚固段同时进行灌浆。

　　钢丝束拉杆的锚固段亦须用定位器，该定位器为撑筋环，如图 2-11 所示。钢丝束的钢丝分为内外两层，外层钢丝绑扎在撑筋环上，撑筋环的间距为 0.5~1 m，这样锚固段就形成一连串的菱形，使钢丝束与锚固体砂浆的接触面积增大，增强黏结力；内层钢丝则从撑筋环的中间穿过。

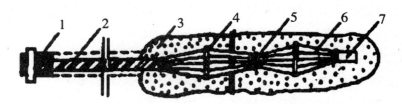

图 2-11 钢丝束拉杆的撑筋环
1—锚头；2—自由段及防腐层；3—锚固体砂浆；4—撑筋环；
5—钢丝束结；6—锚固段的外层钢丝；7—小竹筒

　　钢丝束拉杆的锚头要能保证各根钢丝受力均匀，常用锹头锚具等，可按预应力结构锚具选用。

　　沉放钢丝束时要对准钻孔中心，如有偏斜则易将钢丝束端部插入孔壁内，既破坏孔壁，造成塌孔，又可能堵塞灌浆管。为此，可用长 25 cm 的小竹筒将钢丝束下端套起来。

　　3）钢绞线拉杆

　　钢绞线拉杆的柔性更好，向钻孔中沉放更容易，因此在国内外应用得比较多，用于承载能力大的土层锚杆。

　　锚固段的钢绞线要仔细清除其表面的油脂，以保证与锚固体砂浆有良好的黏结。自由段的钢绞线要用聚丙烯防护套等进行防腐处理。

　　钢绞线拉杆须用特制的定位架。

　　（4）压力灌浆

　　压力灌浆是土层锚杆施工中的一道重要工序。施工时，应将有关数据记录下来，以备将来查用。

　　灌浆的作用：形成锚固段，将锚杆锚固在土层中；防止钢拉杆腐蚀；充填土层中的孔隙和裂缝。

　　灌浆的浆液为水泥砂浆（细砂）或水泥浆，水泥一般不宜用高铝水泥。由于氯化物会引起钢拉杆腐蚀，因此其含量不应超过水泥重的 0.1%。由于水泥水化时会生成 SO_3，所以硫酸盐的含量不应超过水泥重的 4%。我国多用普通硅酸盐水泥。

　　拌和水泥浆或水泥砂浆所用的水，一般应避免采用含高浓度氯化物的水，因为它会加速钢拉杆的腐蚀。若对水质有疑问，应事先进行化验。

　　选定最佳水灰比亦很重要，要使水泥浆有足够的流动性，以便用压力泵将其顺利注入钻孔和钢拉杆周围，同时还应使灌浆材料收缩小和耐久性好，所以一般常用的水灰比为 0.4~0.45。

灌浆方法有一次灌浆法和二次灌浆法两种。一次灌浆法只用一根灌浆管，利用泥浆泵进行灌浆，灌浆管管端距孔底 20 cm 左右，待浆液流出孔口时，用水泥袋等捣塞入孔口，并用湿黏土封堵孔口，严密捣实，再以 2~4 mPa 的压力进行补灌，要稳压数分钟灌浆才告结束。

二次灌浆法要用两根灌浆管，第一次灌浆用灌浆管的管端距离锚杆末端 50 mm 左右，管底出口处用黑胶布等封住，以防沉放时土进入管口；第二次灌浆用灌浆管的管端距离锚杆末端 1 000 mm 左右，管底出口处亦用黑胶布封住，且从管端 500 m 处开始向上每隔 2 m 左右做出 1 m 长的花管，花管的孔眼为 8 mm，花管做几段视锚固段长度而定。

第一次灌浆是灌注水泥砂浆，利用普通的单缸活塞式压浆机，其压力为 0.3~0.5 MPa，流量为 100 L/min。水泥砂浆在上述压力作用下冲破封口的黑胶布流向钻孔。钻孔后用清水洗孔，孔内可能残留部分水和泥浆，但由于灌入的水泥砂浆相对密度较大，因此能够将残留在孔内的泥浆等置换出来。第一次灌浆量根据孔径和锚固段的长度而定。第一次灌浆后把灌浆管拔出，可以重复使用。

待第一次灌注的浆液初凝后进行第二次灌浆，利用泥浆泵，控制压力为 2 MPa 左右，稳压 2 min，浆液冲破第一次灌浆体，向锚固体与土的接触面之间扩散，使锚固体直径扩大，增加径向压应力。由于挤压作用，锚固体周围的土压缩，孔隙比减小，含水量减少，土的内摩擦角增大。因此，二次灌浆法可以显著提高土层锚杆的承载能力。第二次灌浆后锚固体的截面见图 2-12。

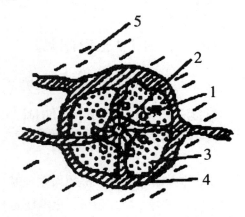

图 2-12　第二次灌浆后锚固体的截面
1—钢丝束；2—灌浆管；3—第一次灌浆体；4—第二次灌浆体；5—土体

国外对土层锚杆进行二次灌浆多采用堵浆器。我国采用上述方法进行二次灌浆，由于第一次灌入的水泥砂浆已初凝，在钻孔内形成"塞子"，借助这个"塞子"的堵浆作用，可以提高第二次灌浆的压力。

对于二次灌浆，国内外都尝试用化学浆液（如聚氨酯浆液等）代替水泥浆，这些化学浆液渗透能力强，且遇水后产生化学反应，体积可膨胀数倍，既可提高土的抗剪能力，又可形成如树根那样的脉状渗透网。

如果钻孔时使用了外套管，还可利用外套管进行高压灌浆。其顺序是向外拔几节外套管（一般每节长 1.5 m），加上帽盖，加压灌浆一次，压力约 2 MPa；再向外拔几个外套管，然后加压灌浆，如此反复进行，直至全部外套管拔出。

（5）张拉锚固

土层锚杆灌浆后，待锚固体强度达到80%设计强度以上，便可对锚杆进行张拉和固定。张拉前先在支护结构上安装围标。张拉用设备与预应力结构张拉所用设备相同。

从我国目前情况看，钢拉杆为变形钢筋的，其端部加焊螺丝端杆，用螺母锚固。钢拉杆为光圆钢筋者，可直接在其端部攻丝，用螺母锚固。如用精轧钢纹钢筋，可直接用螺母锚固。张拉粗钢筋一般用千斤顶。

钢拉杆和钢丝束，锚具多为锹头锚，一般用千斤顶张拉。

预加应力的锚杆，要正确估算预应力损失。导致预应力损失的因素主要有：

1）张拉时由摩擦造成的预应力损失；

2）锚固时由锚具滑移造成的预应力损失；

3）钢材松弛产生的预应力损失；

4）相邻锚杆施工引起的预应力损失；

5）支护结构（板桩墙等）变形引起的预应力损失；

6）土体蠕变引起的预应力损失；

7）温度变化造成的预应力损失。

上述七种预应力损失，应结合工程具体情况进行计算。

第四节　地基处理及加固

地基是指建筑物荷载作用下的土体或岩体。常用人工地基的处理方法有换土、重锤夯实、强夯、振冲、砂桩挤密、深层搅拌、堆载预压、化学加固等。以下简要介绍前四种。

一、换土地基

当建筑物基础下的地基比较软弱，不能满足上部荷载对地基的要求时，常用换土地基来处理。具体方法是挖去弱土，分层回填好土夯实。按回填材料不同分砂地基、碎（砂）石地基、灰土地基等。

（一）砂地基和碎（砂）石地基

这种地基承载力强，可减少沉降、加速软弱土排水固结、防止冻胀、消除膨胀土的胀缩等。常用于处理透水性强的软弱黏性土，但不适用于湿陷性黄土地基和不透水的黏性土地基。

1. 构造要求

其尺寸按计算确定，厚度 0.5~3 m，比基础宽 200~300 mm。

2. 材料要求

土料宜用级配良好、质地坚硬的中砂、粗砂、砂砾、碎石等。

3. 施工要点

（1）验槽处理。

（2）分层回填，应先深后浅，保证质量。

（3）降水及冬期施工。

4. 质量检查

方法有环刀取样法、贯入测定法。

（二）灰土地基

灰土地基是将软土挖去，用一定体积比的石灰和黏性土拌和均匀，在最佳含水量情况下分层回填夯实或压实而成的处理地基。灰土最小干密度一般为：黏土 1.45 t/m³，粉质黏土 1.50 t/m³，粉土 1.55 t/m³。

1. 构造要求

其尺寸按计算确定。

2. 材料要求

配合比一般为 2∶8 或 3∶7，土质良好，级配均匀，颗粒直径符合要求等。

3. 施工要点

（1）验槽处理。

（2）材料准备，控制好含水量。

（3）控制每层铺土厚度。

（4）采用防冻措施。

4. 质量检查

用环刀法检查土的干密度。质量标准用压实系数鉴定。

二、重锤夯实地基

重锤夯实地基是用起重机械将重锤提升到一定高度后，利用自由下落时的冲击力来夯实地基。适用于地下水位以上稍湿的黏性土、砂土、湿陷性黄土、杂填土等地基的加固处理。

（一）机具设备

起重机械和夯锤。

（二）施工要点

（1）试夯确定夯锤重量、底面积、最后下沉量、遍数、总下沉量、落距等。

（2）每层铺土厚度以锤底直径为宜，一般铺设不少于两层。

（3）土以最佳含水量为准，且夯扩面积比基础底面均大 300 mm² 以上。

（4）夯扩方法：基坑或条形基础应一夯接一夯进行；独基应先周边后中间进行；当底面不同高时应先深后浅；最后进行表面处理。

（三）质量检查

检查施工记录应符合最后下沉量、总下沉量（以不小于试夯总下沉量 90% 为合格）。

三、强夯地基

强夯地基是用起重机械将重锤（8~30 t）吊起使其从高处（6~30 m）自由落下，给地基以冲击和振动，从而提高地基土的强度并降低其压缩性。适用于碎石土、砂土、黏性土、湿陷性黄土及填土地基的加固处理。

（一）机具设备

主要有起重机械、夯锤、脱钩装置。

（二）施工要点

（1）试夯确定技术参数。

（2）场地平整、排水，布置夯点、测量定位。

（3）按试夯确定的技术参数进行。

（4）注意排水与防冻，做好施工记录等。

（三）质量检查

采用标准贯入、静力触探等方法。

四、振冲地基

振冲地基可采用振冲置换法和振冲密实法两类。

（一）机具设备

主要有振冲器、起重机械、水泵及供水管道、加料设备、控制设备等。

（二）施工要点

（1）振冲试验确定水压、水量、成孔速度、填料方法、密实电流、填料量和留振时间。

（2）确定冲孔位置并编号。

（3）振冲、排渣、留振、填料等。

（三）质量检查

（1）位置准确，允许偏差符合有关规定。

（2）在规定的时间内进行试验检验。

五、地基局部处理及其他加固方法

（一）地基局部处理

1. 松土坑的处理

（1）当松土坑的范围在基槽范围内时，挖除坑中松软土，使坑底及坑壁均见天然土为止，然后用与天然土压缩性相近的材料回填。

当天然土为砂土时，用砂或级配砂石分层回填夯实；当天然土为较密实的黏性土时，用 3：7 灰土分层回填夯实；如为中密可塑的黏性土或新近沉积的黏性土时，可用 1：9 或 2：8 灰土分层回填夯实。每层回填厚度不大于 200 mm。

（2）当松土坑的范围超过基槽边沿时，将该范围内的基槽适当加宽，采用与天然土压缩性相近的材料回填；用砂土或砂石回填时，基槽每边均应按 1：1 坡度放宽；用 1：9 或 2：8 灰土回填时，基槽每边均应按 0.5：1 坡度放宽。

（3）较深的松土坑（如深度大于槽宽或大于 1.5 m 时），槽底处理后，还应适当考虑加强上部结构的强度和刚度。

处理方法：在灰土基础上 1~2 皮砖处（或混凝土基础内）、防潮层下 1~2 皮砖处及首层顶板处各配置 3~4 根直径为 8~12 mm 的钢筋，跨过该松土坑两端各 1 m；或改变基础形式，如采用梁板式跨越松土坑、桩基础穿透松土坑等方法。

2. 砖井或土井的处理

当井在基槽范围内时，应将井的井圈拆至地槽下 1 m 以上，井内用中砂、砂卵石分层夯填处理，在拆除范围内用 2 ∶ 8 或 3 ∶ 7 灰土分层回填夯实至槽底。

3. 局部软硬土的处理

尽可能挖除，采用与其他部分压缩性相近的材料分层回填夯实，或将坚硬物凿去 300~500 mm，再回填土砂混合物并夯实。

将基础以下基岩或硬土层挖去 300~500 mm，填以中砂、粗砂或土砂混合物做垫层，或加强基础和上部结构的刚度来克服地基的不均匀变形。

（二）地基其他加固方法

1. 砂桩法

砂桩法是利用振动或冲击荷载，在软弱地基中成孔后，填入砂并将其挤压入土中，形成较大直径的密实砂桩的地基处理方法，主要包括砂桩置换法、挤密砂桩法等。

2. 水泥土搅拌法

水泥土搅拌法是一种用于加固饱和黏土地基的常用软基处理技术。该法将水泥作为固化剂与软土在地基深处强制搅拌，固化剂和软土产生一系列物理化学反应，使软土硬结成一定强度的水泥加固体，从而提高地基土承载力并增大变形模量。水泥土搅拌法从施工工艺上可分为湿法和干法两种。

3. 预压法

预压法指的是为提高软土地基的承载力和减少构造物建成后的沉降量，预先在拟建构造物的地基上施加一定静荷载，使地基土压密后再将荷载卸除的压实方法。该法对软土地基预先加压，使大部分沉降在预压过程中完成，相应地提高了地基强度。预压法适用于淤泥质黏土、淤泥与人工冲填土等软弱地基。预压的方法有堆载预压和真空预压两种。

4. 注浆法

注浆法指用气压、液压或电化学原理把某些能固化的浆液通过压浆泵、灌浆管均匀地注入各种裂缝或孔隙中，以填充、渗进和挤密等方式驱除裂缝、孔隙中的水分和气体，并填充其位置，硬化后将土体胶结成一个整体，形成一个强度大、压缩性低、抗渗性高和稳定性良好的新的整体，从而改善地基的物理化学性质。注浆法主要用于截水、堵漏和加固地基。

第三章 钢结构施工

第一节 钢结构安装

一、钢结构的特点

钢结构是由钢构件制成的工程结构，所用钢材主要为型钢和钢板。和其他结构相比，钢结构具有强度高、材质均匀、自重小、抗震性能好、施工速度快、工期短、密闭性好、拆迁方便等优点，但造价较高，耐腐蚀性和耐火性较差。

二、钢结构构件的制作

（一）开工前的准备工作

（1）图纸审核及施工技术交底。
（2）样例设计。
（3）备料和核对。
（4）编制工艺流程。
（5）技术交底。

（二）构件加工制造的工艺流程

加工制作图的绘制→制作样杆、样板→号料、放线→切割→坡口加工→开制孔、组装（包括矫正）→焊接→摩擦面的处理、涂装与编号。

（三）构件的验收、运输、堆放

1. 构件的验收
钢结构构件制作完成后，应根据相关规范、规程的规定进行成品验收。钢结构构件制作安装质量验收，可按相应的钢结构制作工程或钢结构安装工程检验批的划分原则划分为一个或若干个检验批进行。

2. 构件的运输

构件运输时应编制运输方案，避免在装、卸车和起吊过程中损坏构件；根据构件的长度、重量、断面形状选用车辆；公路运输装运的极限高度为 4.5 m，如需通过隧道，则极限高度为 4 m，构件长度不得超过车身 2 m。

3. 构件的堆放

构件一般要堆放在工厂和现场的堆放场。构件应按种类、型号、安装顺序划分区域，插竖标志牌。构件底层垫块要有足够的支承面，不允许垫块有大的沉降量。堆放时若发现有变形不合格的构件，则严格检查，进行矫正，然后再堆放。不得把不合格的变形构件堆放在合格的构件中，否则会大大影响安装进度。不同类型的构件一般不堆放在一起。同一工程的构件应分类堆放在同一地区，以便装车发运。

三、钢结构构件的连接

（一）焊接

1. 钢结构构件的焊接方法

钢结构构件的焊接方法如表 3-1 所示。

表 3-1　钢结构构件的焊接方法

类型			特点	适用范围
电弧焊	手工焊	交流焊机	利用焊条与焊件之间产生的电弧热焊接，设备简单，操作灵活，可进行各种位置的焊接，是建筑工地应用最广泛的焊接方法	焊接普通钢结构
		直流焊机	焊接技术与交流焊机相同，成本比交流焊机高，但焊接时电弧稳定	焊接要求较高的钢结构
	埋弧自动焊		利用埋在焊剂层下的电弧热焊接，效率高，质量好，操作技术要求低，劳动条件好，是大型构件制作中应用最广的高效焊接方法	焊接较长的对接、贴角焊缝，一般是有规律的直焊缝
	半自动焊		焊接技术与埋弧自动焊基本相同，操作灵活，但使用不够方便	焊接较短或弯曲的对接、贴角焊缝
	CO_2 气体保护焊		利用 CO_2 或惰性气体保护的实芯焊丝或药芯焊丝焊接，设备简单，操作简便，焊接效率高，质量好	用于长焊缝的自动焊
电渣焊			利用电流通过液态熔渣所产生的电阻热焊接，能焊大厚度焊缝	用于箱形梁及柱隔板与面板全焊透连接

2. 焊接变形

（1）焊接变形产生的原因

焊接过程中，焊接热源对焊件进行局部加热，产生不均匀的温度场，导致材料热胀冷缩的不均匀。

（2）焊接变形的类型和影响因素：

1）焊接变形的类型

线性缩短、角变形、弯曲变形、扭曲变形、波浪形失稳变形等。

2）焊接变形的影响因素

焊缝截面面积、焊接热输入、工件的预热、层间温度、焊接方法、接头形式、焊接层数。

在钢结构设计和施工时，不仅要考虑到强度、稳定性、经济性，还必须考虑焊缝的设置所产生的应力变形对结构的影响。

3. 焊接工艺

工艺流程为：作业准备→电弧焊接（平焊、立焊、横焊、仰焊）→焊缝检查。

现以平焊为例说明焊接的具体操作过程：

（1）选择合适的焊接工艺、焊条直径、焊接电流、焊接速度、焊接电弧长度等，通过焊接工艺试验验证。

（2）焊前检查坡口、组装间隙是否符合要求，定位焊是否牢固，焊缝周围不得有油污、铁锈。

（3）烘焙焊条应符合规定的温度与时间，从烘箱中取出的焊条放在焊条保温桶内，随用随取。

（4）焊接电流：根据焊件厚度、焊接层次、焊条型号及直径、焊工熟练程度等因素，选择适宜的焊接电流。

（5）引弧：角焊缝起落弧点应在焊缝端部，宜大于 10 mm，不应随便打弧，打火引弧后应立即将焊条从焊缝区拉开，使焊条与构件间保持 2~4 mm 间隙产生电弧。

（6）焊接速度：要求等速焊接，保证焊缝厚度、宽度均匀一致，从面罩内看熔池中铁水与熔渣保持等距离（2~3 mm）为宜。

（7）焊接电弧长度：根据焊条型号不同而确定，一般要求电弧长度稳定不变，酸性焊条一般为 3~4 mm，碱性焊条一般为 2~3 mm。

（8）焊接角度：根据两焊件的厚度确定焊接角度。一是焊条与焊接前进方向的夹角为 60°~75°。二是焊条与焊件左右夹角有两种情况，当焊件厚度相等时，焊条与焊件夹角均为 45°；当焊件厚度不等时，焊条与较厚焊件一侧夹角应大于焊条与较薄焊件一侧夹角。

（9）收弧：每条焊缝焊到末尾，应将弧坑填满后，往焊接方向相反的方向带弧，使弧坑甩在焊道里，以防弧坑咬肉。焊接完毕，应采用气割切除弧板，并修磨平整，不许用锤击落。

（10）清渣：整条焊缝焊完后清除熔渣，经焊工自检（包括外观及焊缝尺寸等）确无问题后，方可转移地点继续焊接。

4. 焊接质量检查

焊接质量检查包括焊前检查、焊接生产中检查、成品检查。

（二）铆接

铆接是利用刨钉将两个以上的零构件（一般是金属板或型钢）连接为一个整体的连接方法。

1. 铆接的种类与形式

铆接的种类：强固铆接、密固铆接、紧密铆接。

铆接的形式：搭接、对接、角接。

2. 铆接的操作要点

铆接一般分冷铆和热铆。使用不加热的铆钉进行铆接称为冷铆。为提高铆钉塑性，冷铆前铆钉应进行退火处理。铆钉直径小于 8 mm 时多采用手工铆接；铆钉直径大于 8 mm 时采用铆接机铆接，冷铆的铆钉最大直径不得超过 25 mm。使用加热后的铆钉进行铆接称为热铆。热铆时，铆钉的加热温度取决于铆钉的材料和施铆的方式。用铆钉枪铆接时，铆钉须加热到 1 000~1100℃；用铆接机铆接时，铆钉须加热到 650 ~ 670℃。热铆的操作过程为：被铆件用螺栓夹紧固定→钉孔修整→铆钉加热→接钉与穿钉→铆接。铆好的铆钉应用小锤敲打，以确定铆钉的紧密程度，并通过样板和目测进行外观尺寸检查，如发现有歪斜、凹陷、裂痕、松动等缺陷，应剔除重铆。

（三）螺栓连接

1. 普通螺栓连接

为了保证连接接头中各螺栓受力均匀，螺栓的紧固次序宜从中间对称向两侧进行；对大型接头宜采用复拧方式，即两次紧固。

2. 高强度螺栓连接

高强度螺栓按外形分为大六角头高强度螺栓和扭剪型高强度螺栓两种，按性能等级分为 8.8 级、10.9 级、12.9 级三种，目前我国使用的大六角头高强度螺栓有 8.8 级和 10.9 级两种，扭剪型高强度螺栓只有 10.9 级一种，见图 3-1。

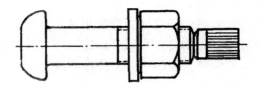

图 3-1　扭剪型高强度螺栓

大六角头高强度螺栓一般采用的紧固方法有扭矩法和转角法。

扭矩法施工时，一般先用普通扳手进行初拧，初拧扭矩可取施工扭矩的 50% 左右，目的是使连接件密贴；然后使用扭矩扳手，按施工扭矩进行终拧。对于较大的连接接点，可以按初拧、复拧及终拧的次序进行，复拧扭矩等于初拧扭矩。一般拧紧的顺序是从中间向两边或四周进行。初拧和终拧的螺栓均应做不同的标记，避免漏扭、超扭，且便于检查。此法在我国应用广泛。

转角法是通过控制螺母的转角来获得规定的预拉力，因不需专用扳手，故简单有效。终拧角度可预先测定。转角法施工分初拧和终拧两步（必要时可增加复拧），初拧的目的是消除板缝影响，给终拧创造一个大体一致的基础。初拧扭矩一般取终拧扭矩的50%，原则以板缝密贴为准。

图 3-2 高强度螺栓转角法施工

3. 高强度螺栓连接质量检查

高强度螺栓连接质量应有下列原始检查验收记录：高强度螺栓连接副复验数据、抗滑移系数试验数据、初拧扭矩、终拧扭矩、扭矩扳手检查数据和施工质量检查验收记录等。

对大六角头高强度螺栓应进行如下检查：

（1）用小锤（0.1 kg）敲击法对高强度螺栓进行检查，以防漏拧。

（2）终拧完成后，48 h 内应进行终拧扭矩检查。按节点数抽查10%，且不应少于10个；每个被抽查节点按螺栓数抽查10%，且不应少于2个。

检查时在螺尾端头和螺母相对位置画线，然后将螺母拧松60°左右，再用扭矩扳手重新拧紧，使两线重合，此时测得的扭矩值与施工扭矩值的偏差在10%以内为合格。

抗剪型高强度螺栓连接副终拧后检查以目测尾部梅花头拧掉为合格。

四、钢结构构件的防腐与涂装

（一）钢结构构件防腐涂料的种类

防腐涂料是一种含油或不含油的胶体溶液，将它涂敷在钢结构构件表面，可结成涂膜以防钢结构构件被锈蚀。施工中按其作用及先后顺序分为底涂料和饰面涂料两种。

（二）钢结构构件涂装前的表面处理

涂装前钢材表面的处理是保证涂料防腐效果和钢构件使用寿命的关键。因此，涂装前不但要除去钢材表面的污垢、油脂、铁锈、氧化皮、焊渣和已失效的旧涂膜，还要使钢材表面形成一定的粗糙度。

钢材表面除锈方法有手工除锈、动力工具除锈、喷射或抛射除锈、酸洗除锈等。

（三）涂装施工

涂装施工环境应通风良好、清洁和干燥，施工环境温度宜为 15~30 ℃，具体应按涂料产品说明书的规定执行；施工环境相对湿度宜不大于 85%；钢材表面的温度应高于空气露点温度 3 ℃以上。

第二节　钢结构单层工业厂房安装

一、吊装前的准备工作

（一）施工组织设计

在吊装前应进行钢结构工程的施工组织设计。

（二）基础的准备

钢柱基础的顶面通常设计为平面，通过地脚螺栓将钢柱与基础连成整体。施工时应保证基础顶面标高及地脚螺栓位置准确。其允许偏差为：基础顶面高差为 ±2 mm，倾斜度为 1/1 000；地脚螺栓位置允许偏差，在支座范围内为 5 mm。施工时可用角钢做成固定架，将地脚螺栓安置在与基础模板分开的固定架上。

为保证基础顶面标高的准确，施工时可采用一次浇筑法或二次浇筑法。

1. 一次浇筑法

先将基础混凝土浇灌到低于设计标高 40~60 mm 处，然后用细石混凝土精确找平至设计标高，以保证基础顶面标高的准确。这种方法要求钢柱制作尺寸十分准确，且要保证细石混凝土与下层混凝土的紧密黏结。

2. 二次浇筑法

钢柱基础分两次浇筑。第一次浇筑到比设计标高低 0~60 mm 处，待混凝土有一定强度后，上面放钢垫板，精确校正钢板标高，然后吊装钢柱。钢柱校正完毕后，在柱脚钢板下浇灌细石混凝土。这种方法校正柱子比较容易，多用于重型钢柱吊装。

当基础采用二次浇筑法施工时，钢柱脚应采用钢垫板或座浆垫板作为支承。垫板应设置在靠近地脚螺栓的柱脚底板加劲板或柱脚下，每个地脚螺栓侧应设 1~2 组垫板，每组垫板不得多于 5 块。垫板与基础面和柱底面的接触应平整、紧密。当采用成对斜垫板时，其叠合长度不应小于垫板长度的 2/3。采用座浆垫板时，应采用无收缩砂浆。柱子吊装前砂浆试块强度应高于基础混凝土强度一个等级。

（三）构件的检查与弹线

在吊装钢构件之前，应检查构件的外形和几何尺寸，如有偏差应在吊装前设法消除。

二、构件的吊装工艺

（一）钢柱的吊装

1. 钢柱的吊升

钢柱吊升时，起重机边升钩边回转，使柱身绕柱脚（柱脚不动）旋转直到竖直，起重机将柱子吊离地面后稍微旋转起重臂使柱子处于基础正上方，然后将其插入基础杯口。

为了操作方便和起重臂不变幅，钢柱在预制或排放时，应使柱基中心、柱脚中心和柱绑扎点均位于起重机同一起重半径的圆弧上，该圆弧的圆心为起重机的回转中心，半径为圆心到绑扎点的距离，并应使柱脚尽量靠近基础，这种布置方法称为"三点共弧法"。

旋转法吊升钢柱振动小，生产效率较高，但对平面布置要求高，对起重机的机动性要求高。当采用自行杆式起重机时，宜采用此法。

2. 钢柱的校正与固定

对位时应从柱四周向杯口放入八个楔块，并用撬棍拨动柱脚，使柱的吊装中心线对准杯口上的吊装准线，并使柱基本保持垂直。吊装细长柱时除须按上述要求进行临时固定外，必要时还应增设缆风绳拉锚。

在柱脚与杯口的空隙中浇筑比柱混凝土强度等级高一级的细石混凝土。混凝土浇筑应分两次进行，第一次浇至楔块底面，待混凝土强度达 25% 时拔去楔块，再将混凝土浇满杯口。待第二次浇筑的混凝土强度达 75% 后，方能吊装上部构件。

垂直度的校正用经纬仪，如超过允许偏差，用千斤顶进行校正。

（二）钢吊车梁的吊装

1. 钢吊车梁的吊升

钢吊车梁吊装时应两点对称绑扎，吊钩垂线对准梁的重心，起吊后吊车梁保持水平状态。在梁的两端设溜绳控制，以防碰撞柱子。对位时应缓慢降钩，将梁端吊装准线与牛腿顶面吊装准线对准。

2. 钢吊车梁的校正与固定

对于钢吊车梁标高的校正，可用千斤顶或起重机竖向移动梁，并垫钢板，使其偏差在允许范围内。

钢吊车梁轴线的校正可用通线法和平移轴线法，跨距用钢尺测量，跨度大的用弹簧秤拉测（拉力一般为 100~200 N），如超过允许偏差，可用撬棍、钢楔、花篮螺栓、千斤顶等纠正。

（三）钢屋架的吊装

1. 钢屋架的吊升

钢屋架吊升时由于侧向刚度较差，必要时应绑扎几道杉木杆，作为临时加固措施。屋架吊装可采用自行式起重机、塔式起重机或桅杆式起重机等。根据屋架的跨度、重量和安装高度不同，选用不同的起重机械和吊装方法。

2. 钢屋架的校正与固定

屋架的临时固定可用临时螺栓和冲钉。

屋架的校正主要包括垂直度和弦杆正直度的校正，垂直度用垂球检验，弦杆的正直度用拉紧的测绳检验。

屋架最后用电焊或高强度螺栓进行固定。

三、构件的连接与固定

（一）摩擦面的处理

用高强度螺栓连接时，必须对构件摩擦面进行加工处理，在制造厂处理时可用喷砂、喷（抛）丸、酸洗或砂轮打磨等方法。处理好的摩擦面应有保护措施，不得涂油漆或污损。制造厂处理好的摩擦面，安装前应逐个复验所附试件的抗滑移系数（抗滑移系数应符合设计要求），合格后方可安装。

（二）连接板安装

连接板不能有挠曲变形，安装前应认真检查，对变形的连接板应矫正，使之平整。高强度螺栓板面接触要平整。因被连接构件的厚度不同或制作和安装偏差等造成连接面之间有间隙，小于 1 mm 的间隙可不处理；1~3 mm 的间隙，应将高出的一侧磨成 1：10 的斜面，打磨方向应与受力方向垂直；大于 3 mm 的间隙应加垫板，垫板两面的处理方法应与构件相同。

第三节　多层装配式框架结构安装

装配式框架结构广泛应用于多层工业与民用建筑中，这种结构的全部构件先在工厂或现场预制，然后用起重机械在现场安装成整体。其主要优点是：节约建筑用地，提高建筑的工业化水平，施工速度快，节约模板材料。装配式框架结构的主导工程是结构安装工程，吊装前应先拟订合理的结构吊装方案，主要内容有起重机械的选择与布置、现场预制构件的平面布置和堆放及结构吊装方法、吊装工艺。

一、起重机械的选择与布置

（一）起重机的选择

起重机要根据建筑物的结构形式、构件的最大安装高度及重量、吊装工程量等条件来确定。对一般框架结构，5 层以下的民用建筑和高度 18 m 以下的工业建筑，选用自行式起重机；10层以下的民用建筑和多层工业建筑多采用轨道式塔式起重机；高层建筑（10层以上）可采用爬升式、附着式塔式起重机。下面主要介绍轨道式塔式起重机在多层装配式结构安装中的平面布置。

（二）起重机的平面布置

起重机的平面布置方案主要根据房屋形状及平面尺寸、现场环境条件、选用的塔式起重机性能及构件质量等因素来确定。

一般情况下，起重机布置在建筑物外侧，有单侧布置和双侧（或环形）布置两种方案。

1.单侧布置

房屋宽度较小、构件也较轻时，塔式起重机可单侧布置。此时，起重半径应满足：

$$R \geqslant b + a$$

式中： R——塔式起重机起吊最远构件时的起重半径（m）；

b——房屋宽度（m）；

a——房屋外侧至塔式起重机轨道中心线的距离，一般约为3 m。

2.双侧布置（或环形布置）

房屋宽度较大或构件较重时，若单侧布置的起重力矩不能满足最远构件的吊装要求，则起重机可双侧布置，其布置方式有跨内单行布置及跨内环形布置两种。双侧布置时，起重半径应满足：

$$R \geqslant (b + a) / 2$$

二、构件的平面布置和堆放

构件的现场布置方案取决于建筑物结构特点，起重机的类型、型号及布置方式。构件布置应遵循以下几个原则：

（1）预制构件应尽量布置在起重机的工作范围之内，避免二次搬运。

（2）重型构件应尽可能布置在起重机周围，中小型构件应布置在重型构件的外侧。

（3）当所有构件布置在起重机工作范围之内有困难时，可将一部分小型构件集中堆放在建筑物附近，吊装时再用运输工具运到吊装地点。

（4）构件布置地点应与该构件安装到建筑物上的位置相吻合，以减少吊装时起重机的移动和变幅，提高生产效率。

（5）构件叠浇预制时，应满足吊装顺序要求，即先吊装的底层构件布置在上面，后吊装的上层构件布置在下面。

（6）构件堆放时，同类构件要尽量集中堆放，便于吊装时查找，且堆放的构件不能影响运输道路的畅通。

装配式框架结构的柱一般在现场预制，其他构件均在工厂预制。柱的现场布置方式主要有平行于起重机轨道布置、垂直于起重机轨道布置和斜向布置等。平行布置的主要优点是可将几层柱通长预制，能减少柱接头的偏差；斜向布置可用旋转法吊装，适用于较长的柱；当起重机跨内开行时，为使柱的吊装点在起重半径内，柱应垂直布置。梁、板等构件一般堆放在柱的外侧。

三、构件吊装方法

（一）分件吊装法

起重机开行一次吊装一种构件，如先吊装柱，再吊装梁，最后吊装板。为使已吊装好的构件尽早形成稳定的结构，分件吊装法又分为分层分段流水作业和分层大流水作业。

（二）综合吊装法

起重机在吊装构件时，以节间为单位一次吊装完该节间的所有构件，吊装工作逐节间进行。综合吊装法一般在起重机跨内开行时采用。

四、构件的吊装工艺

（一）柱的吊装

1. 柱的绑扎和起吊

柱的长度在 12 m 以内时，一般采用一点绑扎法直吊；柱的长度在 14~20 m 时，则需两点绑扎并对吊点位置进行验算。

柱的起吊方法与单层工业厂房柱的吊装方法基本相同，一般采用旋转法。上层柱的底部都有外伸钢筋，吊装时应采取保护措施，防止碰弯钢筋。

外伸钢筋的保护措施有用钢管保护柱脚外伸钢筋、用钢管三脚架套在柱端钢筋处、用垫木保护等，见图 3-3。

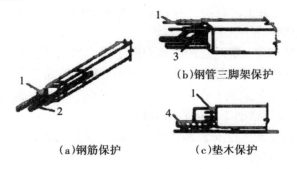

(b)钢管三脚架保护

(a)钢筋保护　　(c)垫木保护

图 3-3 柱脚外伸钢筋保护方法
1—外伸钢筋；2—钢管；3—三脚架；4—垫木

2. 柱的临时固定和校正

底层柱插入基础杯口后进行临时固定，临时固定和校正方法与单层工业厂房柱的固定和校正方法相同。

上柱的吊装必须在下柱最后固定后进行，上柱吊装在下柱的柱头上时，上柱与下柱的对位工作应在起重机脱钩前进行，对位方法是将上柱底部中线对准下柱顶部中线，同时测定上柱中心线的垂直度。

临时固定和校正可采用方木或管式支撑进行，见图3-4和图3-5。管式支撑为两端装有螺杆的钢管，上端与套在柱上的管箍相连，下端与楼板上的预埋件相连。柱子的校正工作应多次反复进行。第一次在起重机脱钩后、焊接前进行；第二次在柱接头电焊后进行，以校正因焊接引起钢筋收缩不均而产生的偏差；在柱与梁连接和楼板吊装后，为消除荷载和电焊产生的偏差，还要再校正一次。此外，对细而长的多层框架柱，在强烈阳光照射下，阳面和阴面的温差会使柱子产生弯曲变形，因此，必须考虑温差对垂直度的影响而采取相应的措施。

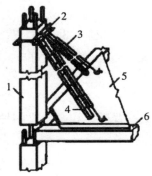

图3-4　管式支撑临时固定1
1—管式支撑；2—夹箍；3—预埋钢板；4—预埋件；5—楼板；6—梁

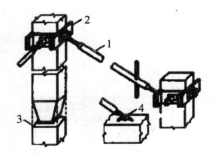

图3-5　管式支撑临时固定2
1—管式支撑；2—夹箍；3—预埋钢板；4—预埋件

3.柱接头施工

柱接头的形式主要有榫式接头、插入式接头和浆锚式接头三种，见图3-6。

（1）榫式接头。上柱下部有一榫头承受施工荷载，上柱和下柱外露的受力钢筋用坡口焊连接，并配置一定数量的箍筋，最后浇灌接头混凝土，形成整体。

（2）插入式接头。上柱下部做成榫头，下柱顶部做成杯口，上柱插入杯口后用水泥砂浆灌注填实。这种接头无须焊接，固定方便。

（3）浆锚式接头。将上柱伸出的钢筋插入下柱的预留孔内，然后用水泥砂浆灌缝锚固上柱钢筋，形成整体。

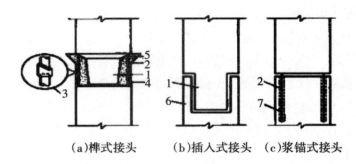

（a)榫式接头　　（b)插入式接头　　（c)浆锚式接头

图 3-6　柱接头形式

1—榫头；2—上柱外伸钢筋；3—坡口焊；4—下柱外伸钢筋；

5—后浇混凝土接头；6—下柱杯口；7—下柱预留孔

（二）梁、板的吊装

框架结构的梁有一次预制成的普通梁和叠合梁两种，叠合梁上部留出 120~150 mm 的现浇叠合层，以增强结构的整体性。

框架结构的楼板多为预应力密肋板、预应力槽形板和预应力空心板等。楼板一般都直接搁置在梁上，接缝处用细石混凝土灌实。其吊装方法与单层工业厂房基本相同。

梁与柱的接头形式很多，常见的有明牛腿式刚性接头、齿槽式接头和整体式接头等。

明牛腿式刚性接头见图 3-7，这种接头在梁吊装后，只要将梁端预埋钢板和柱牛腿上的预埋钢板焊接，起重机即可脱钩，然后就可进行梁与柱的焊接。这种接头安装方便，节点刚度大，受力可靠，但牛腿占据了一定空间，多用于多层厂房。

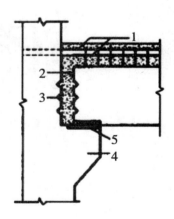

图 3-7　明牛腿式刚性接头

1—坡口焊钢筋；2—后浇细石混凝土；3—齿槽；4—牛腿；5—预埋钢板

齿槽式接头见图 3-8，这种接头是利用柱接头处的齿槽来传递梁端剪力。梁吊装时搁置在临时牛腿上，由于搁置面积较小，为确保安全，必须将梁一端的上部接头钢筋焊好两根后，起重机才能脱钩。

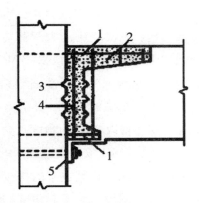

图 3-8 齿槽式梁柱接头
1—坡口焊钢筋；2—后浇细石混凝土；3—齿槽；4—附加钢筋；5—临时牛腿

整体式接头见图 3-9，柱每层一节，上柱带榫头，梁搁置在柱上，梁底钢筋按锚固要求向上弯起或焊接，在节点核心区安装箍筋后，浇筑混凝土。第一次浇筑至楼板面，待混凝土强度达到 $10 \ N/mm^2$ 以上后吊装上柱。上柱与下柱的钢筋采用搭接连接，搭接长度为 20 mm，然后第二次浇筑混凝土到上柱的榫头上部，留 35 mm 左右的空隙，用细石混凝土捻缝。

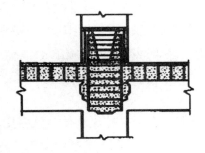

图 3-9 上柱带榫头的整体式接头

第四节　钢网架结构安装

钢网架结构具有生产快、生产量大、施工速度较快的特点，因此被广泛应用。

一、网架结构的基本特点

网架结构在形式上分为正交与斜交两种。其中，正交是通过正放钢材使其成为"井"字形的网架，其施工极为方便，因此在工程施工中被大量采用。60~80 m 的大跨度双向桁架网架属于相互交叉的结构，在设计与施工时，将其简支在周围的支柱上。该结构质量轻，设计原理是通过相互交叉的桁架结构，使其受到的力能够均匀地分布到各个方向，使得桁架整体受力，从而有效减轻破坏强度，延长寿命。对于钢结构桁架网架结构来说，其使用的材料强度高，整体性能较好，具有很强的稳定性，能够充分发挥材料的各方面性能，而且大型的桁架结构所占空间大，具有很强的刚度，其危险截面也有很强的承受剪切或扭曲荷载的能力，同时，施工时，其都是以 90° 的角度正交连接的，整个结构呈"井"字形，在施工时采用该种结构形式，会使施工安全得到相应的保证。对于施工过程来说，该种结构形式更有利于制造半成品或成品，在高空中的拼接也变得十分简单，使得整个工程的施工进度与质量能够得到很好的保证。对于斜角结构形式来说，其制作难度大，而且在高空拼接时对精度与角度的掌握非常困难。

二、网架结构的安装方法

（一）高空拼装法

高空拼装法是先在设计位置处搭设拼装支架，然后用起重机把网架构件分件（或分块）吊至空中的设计位置，在支架上进行拼装。此法有时不需要大型起重设备，但拼装支架用量大，高空作业多。因此，对高强度螺栓连接的、用型钢制作的钢网架或螺栓球节点钢管网架较适宜，目前仍有一些钢网架用此法施工。

（二）整体安装法

整体安装法是先将网架在地面上拼装成整体，然后用起重设备将其整体提升到设计位置并加以固定。这种施工方法不需要高大的拼装支架，高空作业少，易保证焊接质量，但需要起重量大的起重设备，技术较复杂。因此，此法对球节点钢网架（尤其是三向网架等杆件较多的网架）较适宜。根据所用设备的不同，整体安装法又分为多机抬吊法、拔杆提升法、千斤顶提升法及千斤顶顶升法等。

（三）高空滑移法

网架屋盖近年来采用高空滑移法施工的逐渐增多，它尤其适用于影剧院、礼堂等工程。采用这种施工方法时，网架多在建筑物前厅顶板上搭设拼装平台进行拼装（亦可在观众厅看台上搭设拼装平台进行拼装），待第一个单元（或第一段）拼装完毕，即将其下落至滑移轨道上，用牵引设备向前滑移一定距离。接下来在拼装平台上拼装第二个单元（或第二段），拼好后连同第一个单元（或第一段）一同向前滑移，如此逐段拼装，不断向前滑移，直至整个网架拼装完毕并滑移至设计位置。

拼装好的网架，可在网架支座下设滚轮，使滚轮在滑移轨道上滑动；亦可在网架支座下设支座底板，使支座底板沿预埋在钢筋混凝土框架梁上的预埋钢板滑动。

网架滑移可用卷扬机或手扳葫芦牵引。根据牵引力大小及网架支座之间杆件的承载力，可采用一点或多点牵引。网架滑移时，两端不同步值不应大于 50 mm。

用高空滑移法施工时，网架拼装是在前厅顶板平台上进行的，可减少高空作业的危险；与高空拼装法比较，拼装平台小，可节约材料，并能保证网架的拼装质量；由于网架拼装用滑移法施工，可以与土建施工平行流水和立体交叉作业，因而可以缩短整个工程的工期；高空滑移法施工设备简单，一般不需要大型起重设备，所以施工费用亦可降低。

三、网架结构安装质量标准

（一）保证项目质量标准

（1）采用高空拼装法安装网架结构时，节点配件和杆件应符合设计要求和国家现行有关标准的规定。配件和杆件的变形必须矫正。

检验方法：观察检查和检查质量证明书、出厂合格证或试验报告。

（2）基准轴线位置、柱顶面标高和混凝土强度必须符合设计要求和国家现行有关标准的规定。

检验方法：检查复测记录和试验报告。

（二）基本项目质量标准

1. 网架结构节点及杆件外观质量

合格：表面干净，无明显焊疤、泥砂、污垢。

优良：表面干净，无焊疤、泥砂、污垢。

检查数量：按节点数量抽查 5%，但不应少于 5 个节点。

检查方法：观察检查。

2. 网架结构在自重及屋面工程完成后的挠度值

合格：测点的挠度平均值为设计值的 1.12~1.15 倍。

优良：测点的挠度平均值为设计值的 1.12 倍。

检查数量：小跨度网架结构测量下弦中央一点；大中跨度网架结构测量下弦中央一点及下弦跨度四等分点。

检查方法：用钢尺和水准仪检查。

（三）允许偏差项目

（1）高空拼装法安装网架结构的允许偏差项目和检查方法应符合表 3-2 的规定。

表 3-2　高空拼装法安装网架结构的允许偏差项目和检查方法

项目	允许偏差／mm	检查方法
纵横向长度	$\pm L/2\,000$ ± 30	用钢尺检查
支座中心偏移	$L/3\,000$ 30	用钢尺、水准仪检查
周边支承网架 相邻支座高差	$L/400$ 15	用钢尺、水准仪检查
支座最大高差	30	用钢尺、水准仪检查
多点支承网架	$L_1/800$ 30	用钢尺、水准仪检查
相邻支座高差	$L_2/1\,000$ 5	用拉线和钢尺检查

注：① L 为纵横向长度；② L_1 为相邻支座间距；③ L_2 站为杆件长度。

（2）其他方法安装网架结构的允许偏差项目和检查方法应符合表 3-3 的规定检查数量：全数检查。

表 3-3　其他方法安装网架结构的允许偏差项目和检查方法

项目		允许偏差／mm	检查方法
支座中心偏移		$L/3\,000$ 30	用钢尺和水准仪检查
支座高度	周边支承网架 相邻支座高差	$L_1/400$ 15	用钢尺和水准仪检查
	多点支承网架 相邻支座高差	$L_1/800$ 30	
	支座最大高差	30	

注：① L 为网架跨度；② L_1 为相邻支座间距。

四、成品保护

（1）钢网架安装后，在拆卸架子时应注意同步，逐步拆卸，防止应力集中，使网架产生局部变形，或使局部网格变形。

（2）钢网架安装后，应及时涂刷防锈漆。螺栓球网架安装后，应检查螺栓球上的孔洞是否封闭，应用腻子将孔洞和筒套的间隙填平后刷漆，防止水分渗入，使球、杆的丝扣锈蚀。

（3）钢网架安装后，应保护成品网架，勿在网架上方集中堆放物件。如有屋面板、标条需要安装时，也应在不超载情况下分散码放。

（4）钢网架安装后，需用吊车吊装标条或屋面板时，应该轻拿轻放，严禁撞击网架使之变形。

五、注意事项

（1）钢网架在安装时，应认真设置临时支点，应在安装前设计好支点位置和支点标高，既要使网架受力均匀、杆件受力一致，还应注意临时支点基础（脚手架）的稳定性，一定要注意防止支点下沉。

（2）临时支点的支承物最好采用千斤顶，这样可以在安装过程中逐步调整。注意对临时支点不应该是某个点的调整，还应考虑四周网架受力的均匀，有时这种局部调整会使个别杆件变形、弯曲。

（3）临时支点拆卸时注意各组支点应同步下降，下降的幅度不要过大，应该是逐步分区、分阶段按比例下降，或者用每步不大于 100 mm 的等步下降法拆除支点。

（4）钢网架焊接时，应考虑焊接收缩的变形问题，尤其是整体吊装网架和条块网架在地面安装好后，焊接前要掌握好焊接变形量和收缩值。钢网架焊接时，焊接点（受热面）均在平面网架的上侧，因此极易使结构由于单向受热而变形。一般变形规律为网架焊接后，四周边支座会逐步自由翘起，变形量大时，会将设计的起拱度抵消。如原来不考虑起拱，会使焊接产生很大的下挠值，影响验收的质量要求。因此，在焊接钢网架时应考虑单向受热的变形因素。

（5）网架安装后应注意支座的受力情况，有的支座允许焊死，有的支座应该是自由端，有的支座需要限位等，所以网架支座的施工应严格按照设计要求进行。支座垫板、限位板等应按规定顺序、方法安装。

六、质量记录

（1）螺栓球、焊接球、高强度螺栓的材质证明、出厂合格证、各种规格的承载抗拉试验报告。

（2）钢材的材质证明和复试报告。

（3）焊接材料与涂装材料的材质证明、出厂合格证。

（4）套筒、锥头、封板的材质证明与出厂合格证，如采用钢材时，应有材料可焊性试验报告。

（5）钢管与封板、锥头组成的杆件应有承载力试验报告。

（6）钢网架用活动（或滑动）支座，应有出厂合格证与试验报告。

（7）焊工合格证应具有相应的焊接工位、焊接材料等项目。

（8）安装后网架的总体尺寸、起拱度等验收资料。

（9）焊缝外观检查与验收记录。

（10）焊缝超声波探伤报告与记录。

（11）涂层（含防腐与防火涂层）的施工验收记录。

第五节　钢结构安装质量要求与安全措施

一、多层与高层钢结构安装质量要求

（一）钢结构吊装顺序

多层与高层钢结构吊装一般需划分吊装作业区域，钢结构吊装按划分的区域，平行顺序同时进行。当一个片区吊装完毕后，即进行测量、校正、高强度螺栓初拧等工序，待几个片区安装完毕后，对整体再进行测量、校正、高强度螺栓终拧、焊接。焊后复测完即进行下一节钢柱的吊装，并根据现场实际情况进行本层压型钢板吊放和部分铺设工作等。

（二）螺栓预埋

螺栓预埋很关键，柱位置的准确性取决于预埋螺栓位置的准确性。预埋螺栓标高偏差控制在 5 mm 以内，定位轴线的偏差控制在 ±2 mm。

（三）钢柱安装工艺

1. 吊点设置

吊点位置及吊点数根据钢柱形状、断面、长度、起重机性能等具体情况确定。一般钢柱弹性和刚性都很好，吊点采用一点正吊。吊点设置在柱顶处，柱身竖直，吊点通过柱重心位置，易于起吊、对线、校正。

2. 起吊方法

（1）多层与高层钢结构工程中，钢柱一般采用单机起吊，对于特殊或超重的构件，也可采取双机抬吊。

（2）起吊时钢柱必须垂直，尽量做到回转扶直，根部不拖。起吊回转过程中应注意避免同其他已吊好的构件相碰撞，吊索应有一定的有效高度。

（3）第一节钢柱是安装在柱基上的，钢柱安装前应将登高爬梯和挂篮等挂设在钢柱预定位置并绑扎牢固，起吊就位后临时固定地脚螺栓，校正垂直度。钢柱两侧装有临时固定用的连接板，上节钢柱对准下节钢柱柱顶中心线后，即用螺栓固定连接板做临时固定。

（4）钢柱安装到位，对准轴线，必须等地脚螺栓固定后才能松开吊索。

3. 钢柱校正

（1）柱基标高调整

放上钢柱后，利用柱底板下的螺母或标高调整块控制钢柱的标高（因为有些钢柱过重，螺栓和螺母无法承受其重量，故柱底板下需加设标高调整块——钢板调整标高），精度可达到 ±1 mm 以内。柱底板下预留的空隙，可以用高强度、微膨胀、无收缩砂浆以捻浆法填实。

（2）第一节柱底轴线调整

对线方法：在起重机不松钩的情况下，将柱底板上的四个点与钢柱的控制轴线对齐缓慢降落至设计标高位置。如果这四个点与钢柱的控制轴线有微小偏差，可借线。

（3）第一节柱身垂直度校正

采用缆风绳校正方法。用两台呈 90° 的经纬仪找垂直。在校正过程中，不断微调柱底板下螺母，直至校正完毕，将柱底板上面的两个螺母拧上，缆风绳松开不受力，柱身呈自由状态，再用经纬仪复核，如有微小偏差，再重复上述过程，直至无误，将上螺母拧紧。

地脚螺栓上螺母一般用双螺母，可在螺母拧紧后，将螺母与螺杆焊实。

（4）柱顶标高调整和其他节框架钢柱标高控制

柱顶标高调整和其他节框架钢柱标高控制可以用两种方法：一是按相对标高安装，二是按设计标高安装，一般采用相对标高安装。钢柱吊装就位后，用大六角高强度螺栓固定连接上下钢柱的连接耳板，但不能拧得太紧，通过起重机起吊，撬棍可微调柱间间隙。量取上下柱顶预先标定的标高值，符合要求后打入钢楔、点焊限制钢柱下落，考虑到焊缝及压缩变形，标高偏差调整至 4 mm 以内。

二、单层钢结构安装质量要求

（1）钢结构基础施工时，应注意保证基础顶面标高及地脚螺栓位置的准确，其偏差应在允许偏差范围内。

（2）钢结构安装应按施工组织设计进行。安装程序必须保持结构的稳定性且不导致永久性变形。

（3）钢结构安装前应按构件明细表核对进场的构件，查验产品合格证和设计文件；工厂预拼装过的构件在现场拼装时，应根据预拼装记录进行。

（4）钢结构安装偏差，应在结构形成空间刚度单元并连接固定后进行检测，其偏差应在允许偏差范围内。

第四章 混凝土结构工程

第一节 混凝土结构工程概述

一、混凝土结构简介

混凝土结构是以混凝土为主制成的结构，包括素混凝土结构、钢筋混凝土结构和预应力混凝土结构等。混凝土结构是我国建筑施工领域应用最广泛的一种结构形式。无论是在资金投入还是在资源消耗方面，混凝土结构工程对工程造价、建设速度的影响都十分明显。

二、混凝土结构工程的种类

混凝土结构工程按施工方法，可分为现浇混凝土结构工程和装配式混凝土结构工程两类。

现浇混凝土结构工程是在建筑结构的设计部位架设模板、绑扎钢筋、浇筑混凝土、振捣成型，经养护使混凝土达到设计规定强度后拆模。整个施工过程均在施工现场进行。现浇混凝土结构工程整体性好、抗震能力强、节约钢材，而且不需要大型的起重机械，但工期较长、成本较高，易受气候条件影响。

装配式混凝土结构工程是在预制构件厂或施工现场预先制作好结构构件，在施工现场用起重机械把预制构件安装到设计位置，在构件之间用电焊、预应力或现浇的手段使其连接成整体。装配式混凝土结构工程具有降低成本、现场拼装、减轻劳动强度和缩短工期的优点，但其耗钢量较大，而且施工时需要大型的起重设备。

三、混凝土结构工程的组成及施工工艺流程

混凝土结构工程由钢筋工程、模板工程和混凝土工程三部分组成。混凝土结构工程

施工时，要由模板、钢筋、混凝土等多个工种相互配合进行，因此，施工前要做好充分的准备，施工中要合理组织，加强管理，使各工种紧密配合，以加快施工进度。现浇混凝土结构工程施工工艺流程如图 4-1 所示。

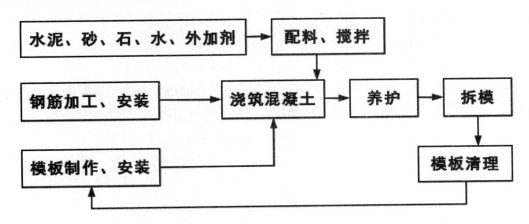

图 4-1　现浇混凝土结构工程施工工艺流程

第二节　模板工程

混凝土结构的模板工程，是混凝土构件成型的一个十分重要的组成部分。现浇混凝土结构使用的模板工程的造价约占钢筋混凝土工程总造价的 30%，占总用工量的 50%。因此，采用先进的模板技术，对于提高工程质量、加快施工速度、提高劳动生产效率、降低工程成本和实现文明施工，都具有十分重要的意义。

一、模板工程的基本要求

现浇混凝土结构所用的模板技术已迅速向多样化、体系化方向发展，除木模板外，已形成组合式、工具式和永久式三大系列工业化模板体系。无论采用哪一种体系，模板及其支架都必须满足下列要求：

（1）保证工程结构和构件各部分结构尺寸和相互位置的正确性。

（2）具有足够的承载能力、刚度和稳定性，能可靠地承受新浇筑混凝土的重力和侧压力，以及在施工过程中所产生的其他荷载。

（3）构造简单，装拆方便，能多次周转使用，并便于钢筋的绑扎、安装和混凝土的浇筑、养护等工艺要求。

（4）模板的接缝不应漏浆。

（5）模板的材料宜选用钢材、木材、胶合板、塑料等，模板的支架材料宜选用钢材等，各种材料的材质应符合相关的规定。

（6）当采用木材时，其树种可根据各地区实际情况选用，材质不宜低于Ⅲ等材。

（7）模板的混凝土接触面应涂隔离剂，不宜采用油质类等影响结构或妨碍装饰工程施工的隔离剂。严禁隔离剂污染钢筋。

（8）对模板及其支架应定期维修，钢模板及钢支架应防止锈蚀。

（9）在浇筑混凝土前，应对模板工程进行验收。模板安装和浇筑混凝土时，应对模板及其支架进行观察和维护。发生异常情况时，应按照施工技术方案及时进行处理。

（10）模板及其支架拆除的顺序和安全措施应按照施工技术方案执行。

二、模板的分类

（一）按现浇钢筋混凝土结构类型分类

按现浇钢筋混凝土结构类型分类，模板主要可分为基础模板、柱模板、梁模板、楼板模板、楼梯模板、墙模板、壳模板等多种类型。

（二）按建筑材料分类

按建筑材料分类，模板可分为木模板、钢木模板、钢模板、组合钢模板、胶合板模板、塑料模板、玻璃钢模板和铝合金模板等。

（三）按施工方法分类

按施工方法分类，模板可分为现场装拆式模板、固定式模板和移动式模板三种。

1. 现场装拆式模板

现场装拆式模板指在施工现场按照设计要求的结构形状、尺寸及空间位置现场组装的模板，当混凝土达到拆模强度后拆除模板。现场装拆式模板多用定型模板和工具式支撑。

2. 固定式模板

多用于制作预制构件，按照构件的形状、尺寸在现场或预制厂制作，涂刷隔离剂，浇筑混凝土，待混凝土达到规定强度后立即脱模、清理模板，再重新涂刷隔离剂，制作下一批构件。各种胎模也属于固定式模板。

3. 移动式模板

随混凝土的浇筑，模板可沿垂直方向或水平方向移动，如墙柱混凝土浇筑时采用的滑升模板、提升模板等。

三、胶合板模板

钢筋混凝土模板用的胶合板包括木胶合板和竹胶合板两类。目前，胶合板的使用比较广泛，主要是由于胶合板模板除了具有质量轻，制作、改制、装拆、运输方便，投资少的优点外，还具有平面尺寸大、表面平整、可周转使用的优点。

（一）胶合板模板的类型

1. 木胶合板模板

（1）木胶合板模板的构造

木胶合板模板通常由 5 层、7 层、9 层、11 层等奇数单层木胶合板经热压固化胶合而成。相邻层的纹理方向相互垂直，最外层表面的纹理应当与胶合板的长边平行，因此，使用时应注意胶合板的长向为强方向，短向为弱方向，如图 4-2 所示。

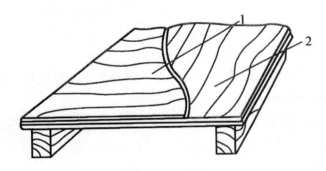

1—表板；2—芯板
图 4-2　木胶合板纹理方向与使用

（2）木胶合板的规格

常用的木胶合板尺寸规格见表 4-1。

表 4-1　常用的木胶合板尺寸规格

单位：mm

厚度	幅面尺寸				备注
	模数制		非模数制		
	宽度	长度	宽度	长度	
12	600	1 800	915	1 830	至少 5 层
15	900	1 800	1 220	1 830	至少 7 层
18	1 000	2 400	915	2 135	
21	1 200	2 400	1 220	2 440	

（3）木胶合板模板尺寸

一般宽度为 1 200 mm 左右，长度为 2 400 mm 左右，厚度为 12~18 mm。

（4）承载能力

木胶合板的承载能力与胶合板的厚度、静弯曲强度以及胶合性能、弹性模量有关。静弯曲强度和弹性模量测试装置如图4-3所示。

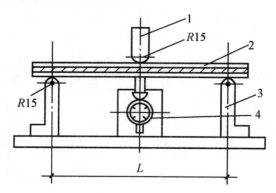

1—压头；2—试件；3—支座；4—百分表
图4-3 静弯曲强度及弹性模量测试装置

（5）使用要点

木胶合板具有耐碱性、耐水性、耐热性、耐磨性以及脱模性，可重复使用。必须使用板面经过处理的胶合木模板。

禁止将模板从高处扔下；脱模后立即清洗板面浮浆，堆放整齐；胶合板周边涂封边胶，及时清除水泥浆；胶合板板面尽量不钻洞，遇有预留孔洞等，可用普通板材拼补。

（6）常规的支模方法

用 φ48×3.5 脚手钢管搭设排架，排架上铺放间距为 400 mm 左右的 50 mm×100 mm 或者 60 mm×80 mm 木方（俗称 68 方木），作为面板下的楞木。木胶合板常用厚度为 12 mm、18 mm，木方的间距随胶合板厚度做调整。这种支模方法简单易行，现已在施工现场大面积采用。

2. 竹胶合板模板

我国竹材资源丰富，且竹材具有生长快、生产周期短（一般2~3年成材）的特点。另外，一般竹材顺纹抗拉强度为 18 N/mm^2，为杉木的 2.5 倍、红松的 1.5 倍；横纹抗压强度为 6~8 N/mm^2，是杉木的 1.5 倍、红松的 2.5 倍；静弯曲强度为 15~16 N/mm^2。

因此，在我国木材资源短缺的情况下，以竹材为原料，制作混凝土模板用竹胶合板，具有收缩率小、膨胀率和吸水率低，以及承载能力大的特点。

（1）组成和构造

竹胶合板通常由面板和芯板刷酚醛树脂胶，经热压固化胶合成型，其面板与芯板所用材料既有不同，又有相同。芯板是将竹子劈成竹条（称竹帘单板），宽度为 14~17

mm，厚度为 3~5 mm，在软化池中进行高温软化处理后，做烤青、烤黄、去竹衣及干燥等进一步处理，用人工或编织机编织。面板通常为编席单板，做法是将竹子劈成篾片，由编工编成竹席。表面板采用薄木胶合板。这样既可利用竹材资源，又可兼有木胶合板的表面平整度。在混凝土工程中，常用的竹胶合板厚度为 9 mm。

（2）规格和性能

竹胶合板模板的规格见表 4-2 和表 4-3。

表 4-2 竹胶合板模板规格

单位：mm

长度	宽度	厚度
1 830	915	
1 830	1 220	
2 000	1 000	
2 135	915	9，12，15，18
2 440	1 220	
3 000	1 500	

注：竹模板规格也可根据用户需要生产。

表 4-3 竹胶合板模板厚度与层数对应关系

单位：mm

层数	厚度	层数	厚度
2	1.4~2.5	14	11.0~11.8
3	2.4~3.5	15	11.8~12.5
4	3.4~4.5	16	12.5~13.0
5	4.5~5.0	17	13.0~14.0
6	5.0~5.5	18	14.0~14.5
7	5.5~6.0	19	14.5~15.3
8	6.0~6.5	20	15.5~16.2
9	6.5~7.5	21	16.5~17.2
10	7.5~8.2	22	17.5~18.0
11	8.2~9.0	23	18.0~19.5
12	9.0~9.8	24	19.5~20.0
13	9.0~10.8	—	—

（二）胶合板模板的施工工艺

1. 胶合板模板的配制方法

（1）按设计图纸尺寸直接配制模板

形体简单的结构构件，可根据结构施工图纸直接按尺寸列出模板规格和数量进行配制。模板厚度、横档及楞木的断面和间距，以及支撑系统的配置，都可按支承要求通过计算选用。

（2）采用放大样方法配制模板

形体复杂的结构构件，如楼梯、圆形水池等，可在平整的地坪上，按结构图的尺寸画出结构构件的实样，量出各部分模板的准确尺寸或套制样板，同时确定模板及其安装的节点构造，进行模板的制作。

（3）用计算方法配制模板

形体复杂不宜采用放大样，但有一定几何形体规律的构件，可用计算方法结合放大样的方法，进行模板的配制。

（4）采用结构表面展开法配制模板

一些形体复杂且又由各种不同形体组成的复杂体型结构构件，如设备基础，其模板的配制可采用先画出模板平面图和展开图，再进行配模设计和模板制作的方法。

2. 胶合板模板配制要求

（1）应直接使用整张胶合板模板，尽量减少随意锯截，造成胶合板浪费。

（2）木胶合板的常用厚度一般为 12 mm 或 18 mm，竹胶合板的常用厚度一般为 12 mm，内、外楞的间距可随胶合板的厚度，通过设计计算进行调整。

（3）支撑系统可以选用钢管脚手架，也可采用木材。采用木支撑时，不得选用脆性、严重扭曲和受潮容易变形的木材。

（4）钉子长度应为胶合板厚度的 1.5~2.5 倍，每块胶合板与木楞相叠处至少钉两个钉子；第二块板的钉子要转向第一块模板方向斜钉，使拼缝严密。

（5）配制好的模板应在反面编号并写明规格，分别堆放保管，以免错用。

（6）胶合板模板适用于现浇钢筋混凝土框架结构、剪力墙结构和简体结构的施工。

四、木模板

木模板一般是在木工车间或木工棚加工成基本组件，然后在现场进行拼装。拼板由板条用拼条钉成，如图 4-4 所示。板条厚度一般为 25~50 mm，宽度不大于 200 mm，以保证在干缩时缝隙均匀，浇水后易于密封，受潮后不易翘曲。梁底的拼板由于受到较大荷载需要加厚至 40~50 mm。拼条根据受力情况可平放或立放。拼条间距取决于所浇筑混凝土的侧压力和板条厚度，一般为 400~500 mm。

（一）基础模板

现浇混凝土结构基础模板的构造如图 4-5 所示。基础阶梯的高度不符合钢模板宽度的模数时，可加镶木板。

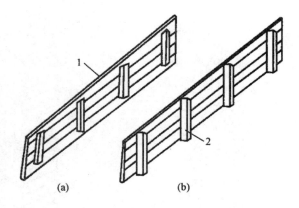

1—板条；2—拼条
图 4-4　拼板的构图

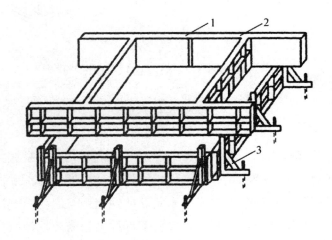

1—扁钢连接杆；2—T 形连接杆；3—角钢三角撑
图 4-5　基础模板

（二）柱模板

柱的断面尺寸不大但比较高。因此，柱模板的构造和安装主要考虑保证垂直度及抵抗新浇混凝土的侧压力，同时也要便于浇筑混凝土、清理垃圾与钢筋绑扎等。

柱模板由两块相对的内拼板夹在两块外拼板之间组成，如图 4-6（a）所示；也可用短横板（门子板）代替外拼板钉在内拼板上，如图 4-6（b）所示。有些短横板可先不钉上，作为混凝土的浇筑孔，待混凝土浇至下口时再钉上。

柱模板支设安装的程序：在基础顶面弹出柱的中心线和边线→根据柱边线设置模板定位框→根据定位框位置竖立内外拼板，并用斜撑临时固定→由顶部用锤球校正模板中心线，使其垂直→模板垂直度检查无误后，即用斜撑钉牢固定。

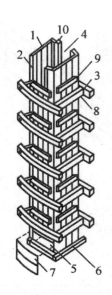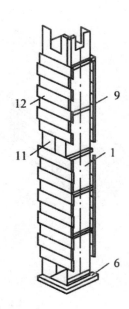

(a) 拼板柱模板； (b) 短横板柱模板

1—内拼板；2—外拼板；3—柱箍；4—梁缺口；5—清理孔；6—木框；
7—盖板；8—拉紧螺栓；9—拼条；10—三角木条；11—浇筑孔；12—短横板

图 4-6 柱模板

柱模板底部开有清理孔，沿高度每隔 2 m 开有浇筑孔（也是振捣口）。柱底部一般有一个钉在底部混凝土上的木框，用来固定柱模板的位置。为承受混凝土侧压力，拼板外要设柱箍，柱箍可为木制、钢制或钢木制。柱箍间距与混凝土侧压力大小、拼板厚度有关，由于侧压力是下大上小，因而柱模板下部柱箍较密。柱模板顶部根据需要开有与梁模板连接的缺口。

安装柱模板前，应先绑扎好钢筋，测出标高并标在钢筋上，同时在已浇筑的基础顶面或楼面上固定好柱模板底部的木框，在内外拼板上弹出中心线，根据柱边线及木框位置竖立内外拼板，并用斜撑临时固定，然后由顶部用锤球校正，使其垂直，检查无误后，即用斜撑钉牢固定。同在一条轴线上的柱，应先校正两端的柱模板，再从柱模板上口中心线拉一根钢丝来校正中间的柱模板。柱模板之间还要用水平撑及剪刀撑相互拉结。

（三）梁模板

梁的跨度较大而宽度不大。梁底一般是架空的，混凝土对梁侧模板有水平侧压力，对梁底模板有垂直压力，因此，梁模板及其支架必须能承受这些荷载而不致发生超过规范允许的过大变形。

如图 4-7 所示，梁模板主要由底模、侧模、夹木及其支架系统组成，底模板承受垂直荷载，一般较厚，其下每隔一定间距（800~1 200 mm）由顶撑支撑。顶撑可用圆木、方木或钢管制成。顶撑底应加垫一对木楔块以调整标高。为使顶撑传递下来的集中荷载均匀地传递给地面，在顶撑底加铺垫板。多层建筑施工中，应使上、下层的顶撑在一条竖向直线上。侧模板承受混凝土侧压力，应包在模板的外侧，底部用夹木固定，上部用斜撑和水平拉条固定。

如梁跨度大于或等于 4 m，应使梁底模起拱，防止新浇筑混凝土的荷载使跨中模板下挠。设计无规定时，起拱高度宜为全跨长度的 1/1 000~3/1 000，起拱不得减少构件的截面高度。

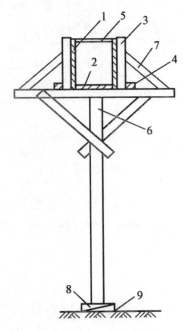

1—侧模板；2—底模板；3—侧模拼条；4—夹木；
5—水平拉条；6—顶撑（支架）；7—斜撑；8—木楔；9—木垫板
图 4-7　单梁模板

梁模板支设安装的程序：在梁模板下方楼地面上铺垫板→在柱模缺口处钉上衬口挡，把底模板搁置在衬口挡上→立起靠近柱或墙的顶撑，再将梁长度等分→立中间部分顶撑，在顶撑底下打入木楔并检查调整标高→放上侧模板，两头钉于衬口挡上→在侧板底外侧铺钉夹木，再钉上斜撑、水平拉条。

（四）楼板模板

楼板的面积大而厚度比较薄，侧压力小。楼板模板及其支架系统主要承受钢筋混凝土的自重及其施工荷载，以保证模板不变形。如图 4-8 所示，楼板模板的底模用木板条或用定型模板或用胶合板拼成，铺设在楞木上。楞木搁置在梁模板外侧托木上，若楞木面不平，可以加木楔调平。当楞木的跨度较大时，中间应加设立柱。立柱上钉通长的杠木。

底模板应垂直于楞木方向铺钉并适当调整楞木间距，来适应定型模板的规格。

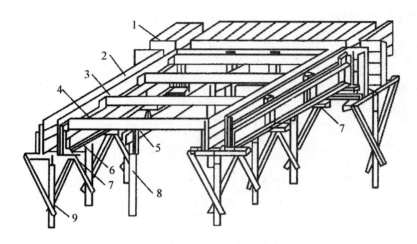

1—楼板模板；2—梁侧模板；3—楞木；4—托木；5—杠木；
6—夹木；7—短撑木；8—立柱；9—顶撑
图 4-8 有梁楼板模板

楼板模板支设安装程序：主、次梁模板安装→在梁侧模板上安装楞木→在楞木上安装托木→在托木上安装楼板底模→在大跨度楞木中间加设支柱→在支柱上钉通长的杠木。

五、组合钢模板

组合钢模板是一种工具式定型模板，由钢模板和支撑件两大部分组成，可以拼成不同尺寸、不同形状的模板，以适应基础、柱、梁、板、墙施工的需要。组合钢模板尺寸适中，轻便灵活，装拆方便。

（一）组合钢模板的组成

组合钢模板主要由钢模板、连接配件和支承件三部分组成。

1. 钢模板

钢模板分为平模板和角模板。平模板由面板、边框、纵横肋构成。边框与面板常用 2.5~3.0 mm 厚钢板一次轧成，纵横肋用 3 mm 厚扁钢与面板及边框焊成。为便于连接，边框上有连接孔，边框的长向及短向的孔距均一致，以便横竖都能拼接。平模板的长度有 1 500 mm，1 200 mm，900 mm，750 mm，600 mm，450 mm 六种规格，宽度有 300 mm，250 mm，200 mm，150 mm，100 mm 五种规格（平模板用符号 P 表示，如宽为 300 mm、长为 1 500 mm 的平模板用 P3015 表示），因而可组成不同尺寸的模板，在构件接头处（如柱与梁接头）等特殊部位，不足模数的空缺可用少量木模板补缺，用钉子或螺栓将方木与平模板边框孔洞连接。角模板又分为阴角模板、阳角模板及连接角模板，阴、阳角模板用作成型混凝土结构的阴、阳角，连接角模板用作两块平模板拼成90°的连接件。

2.组合钢模板连接配件

组合钢模板连接配件包括U形卡、L形插销、钩头螺栓、对拉螺栓、紧固螺栓和扣件等。

（1）U形卡

用于钢模板与钢模板之间的拼接，其安装间距一般不大于300 mm，即每隔一孔卡插一个，安装方向一顺一倒相互错开。

（2）L形插销

用于两个钢模板端肋相互连接，可增加模板接头处的刚度，保证板面平整。

（3）钩头螺栓及"3"形扣件、蝶形扣件

用于连接钢楞（圆形钢管、矩形钢管、内卷边槽）。

3.组合钢模板的支承件

组合钢模板的支承件包括柱箍、梁托架、支托桁架、钢管顶撑等。

（1）柱箍

柱箍可采用角钢、槽钢制作，也可采用钢管及扣件制作。

（2）梁托架

梁托架用来支托梁底模和夹模。梁托架可用钢管或角钢制作，其高度为500~800 mm，宽度为600 mm，可根据梁的截面尺寸进行调整，高度较大的梁可用对拉螺栓或斜撑固定两边侧模。

（3）支托桁架

有整体式和拼接式两种。拼接式桁架可由两个半棉模架拼接，以适应不同跨度的需要。

（4）钢管顶撑

由套管及插管组成，其高度可借插销粗调，借螺旋微调。钢管支架由钢管及扣件组成，支架柱可用钢管对接（用对接扣连接）或搭接（用回转扣连接）接长。支架横杆步距为1 000~1 800 mm。

（二）组合钢模板施工工艺流程

组合钢模板的施工工艺适用于建筑工程中现浇钢筋混凝土结构柱、墙、梁等构件的模板施工，下面以钢筋混凝土框架结构为例，介绍柱、梁、墙模板的施工工艺流程和施工操作要求。

1.柱模板

（1）柱模板的施工工艺流程

如图4-9所示。

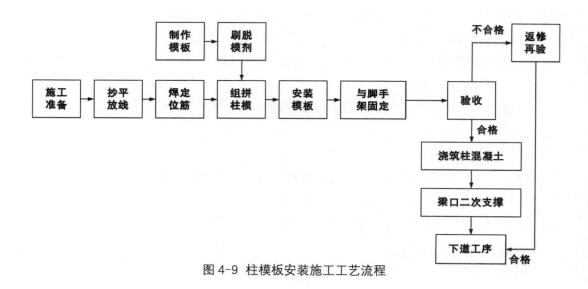

图 4-9 柱模板安装施工工艺流程

（2）柱模板的安装

1）准备工作

首先，放线，根据设计图纸在楼地面上弹出模板内边线和中心线，供模板安装和校正之用；其次，在模板安装前，模板底部须预先找平，主要是保证模板位置准确，避免模板底部漏浆；最后，在外柱部位设置模板承垫条并校正其平直度。

2）焊定位筋

在柱四边的主筋距离地面 50~80 mm 处电焊水平定位筋，每边至少两处，固定模板，防止滑移。

3）刷脱模剂

模板安装前刷水性脱模剂，主要是海藻酸钠。

4）安装柱模

安装通排柱模板前，应先搭设双排脚手架，并将柱顶及柱脚固定于脚手架上，便于柱模板的校正调直。

5）安装柱箍

待柱模板安装完成后，在模板外侧安装柱箍，防止浇筑混凝土过程中模板变形。

6）校正、封堵清扫口

浇筑混凝土前，对柱模板进行再次校正。用清水冲洗模板后，封堵清扫口，防止模板中杂物残留于柱内。

2. 梁模板

（1）梁模板的施工工艺流程

如图 4-10 所示。

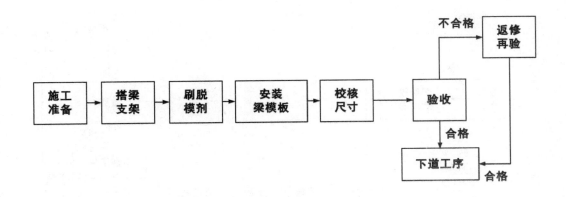

图 4-10　梁模板安装施工工艺流程

（2）梁模板安装

1）准备工作

在柱子上弹出轴线、梁位置线和水平线，固定柱头模板。

2）搭梁支架

通常搭设双排立杆支架，间距以 900~1 200 mm 为宜。梁支架立柱中间应安装大横杆与楼板支架拉通连接成整体，并且最下面一层横杆（扫地杆）应距地面至少 200 mm。

3）刷脱模剂

模板安装前刷水性脱模剂，主要是海藻酸钠。

4）安装梁模板

安装梁模板时先安装底模，当梁跨度大于 4 m 时，应按设计起拱，如无设计要求，按（1/1 000~3/1 000）l（l 为梁的全跨长度）。底模安装并校正完成后，再安装梁侧模板，用 U 形卡将梁侧模与梁底模通过连接角模进行连接，梁侧模板的支撑采用梁托架或三脚架、扣件、钢管等与梁支架连接成整体，形成三角斜撑，斜撑间的间距宜为 700~800 mm；当梁侧模板间距超过 600 mm 时，应加对拉螺栓固定。

5）校核尺寸

梁侧模板安装完后，校核梁截面尺寸、梁底标高及梁底起拱尺寸，并清扫模板内杂物。

3. 墙模板

（1）墙模板的施工工艺流程

如图 4-11 所示。

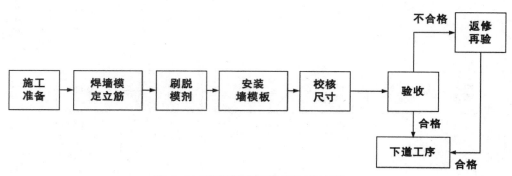

图 4-11　墙模板安装施工工艺流程

（2）墙模板安装

1）准备工作

清理墙底部，若墙底部平整度较差，则用水泥砂浆进行找平处理。找平后，弹出墙边线及模板控制线，通常两者间距为 150 mm。

2）焊定位筋

根据支模方案，在墙两侧纵筋上焊定位筋，在墙对拉螺栓处加焊定位筋，起到固定模板、防止滑移的作用。

3）刷脱模剂

模板安装前刷水性脱模剂，主要是海藻酸钠。

4）安装墙模

按照模板设计要求，首先在现场拼装墙模板，拼装时内钢楞水平安装，外钢楞竖直安装，两者共同固定墙模板；按设计图中门窗洞口位置线，安装门窗洞口模板及预埋件；再将预先拼装好的墙模板按设计图安装就位，并用斜撑和拉杆固定，安装套管和对拉螺栓；最后，安装另一侧模板，将拼装好的模板安装就位。校正后，拧紧穿墙对拉螺栓，并与脚手架连接固定。

5）校正

模板全部安装完成后，校正扣件、螺栓连接情况及模板拼缝和下口的严密性。

六、模板的拆除

（一）拆除模板时的混凝土强度

现浇结构的模板及其支架拆除时的混凝土强度应符合设计要求，当设计无具体要求时，应满足下列要求：在混凝土强度能保证其表面及棱角不受损坏时，侧模方可拆除；在混凝土强度符合表 4-4 的规定后，底模方可拆除。

表 4-4　底模拆模时所需混凝土强度

结构类型	结构跨度 / m	按设计的混凝土立方体抗压强度标准值的百分率 /%
板	≤ 2	≥ 50
	> 2，≤ 8	≥ 75
	> 8	≥ 100
梁、拱、壳	≤ 8	≥ 75
悬臂构件	—	≥ 100

已拆除模板及其支架的结构，在混凝土强度符合设计的混凝土强度等级的要求后，应能承受全部使用荷载；当施工荷载所产生的效应比使用荷载的效应更为不利时，必须经过核算，加设临时支撑。

（二）拆模顺序

拆模应按一定的顺序进行。一般应遵循"先支的后拆、后支的先拆，先拆非承重模板、后拆承重模板"以及"自上而下"的原则。重大复杂模板的拆除，事前应编制拆除方案。

1. 柱模

单块组拼的应先拆除钢楞、柱箍和对拉螺栓等连接件、支撑件，再由上而下逐步拆除；预组拼的则应先拆除两个对角的卡件并做临时支撑后，再拆除另外两个对角的卡件，待吊钩挂好、拆除临时支撑后，方能脱模起吊。

2. 墙模

单块组拼的在拆除对拉螺栓、大小钢楞和连接件后，自上而下逐步水平拆除；预组拼的应在挂好吊钩、检查所有连接件都拆除后，方能拆除临时支撑，脱模起吊。

3. 梁、楼板模板

应先拆梁侧模，再拆楼板底模，最后拆除梁底模。拆除跨度较大的梁下支柱时，应先从跨中开始分别拆向两端。多层楼板模板支柱的拆除，应按下列要求进行：上层楼板正在浇筑混凝土时，下一层楼板的模板支柱不得拆除，再下一层楼板模板的支柱，仅可拆除一部分；跨度 4 m 及 4 m 以下的梁下均应保留支柱，其间距不得大于 3 m。

（三）拆膜注意事项

1. 拆模前

拆模前，操作人员应站在安全处，以免发生安全事故。

2. 拆模时

尽量不要用力过猛、过急，严禁用大锤和撬棍硬砸、硬撬，以避免混凝土表面或模板受到损坏。

拆下的模板及配件严禁抛扔，要有人接应传递，在指定地点堆放；并做到及时清理、维修和涂刷好隔离剂，以备待用。拆除模板过程中，如发现混凝土有影响结构安全的质量问题时，应暂停拆除，经过处理后方可继续拆除。

七、模板设计

模板设计的内容主要包括选型及构造设计、荷载及其效应计算、承载力及刚度验算、抗倾覆验算和绘制模板及支架施工图等。各项设计的内容和详尽程度，可根据工程的具体情况和施工条件确定。

模板设计要求包括以下内容：

（1）模板及其支架应根据工程结构形式、荷载大小、地基土类、施工设备、材料供应等条件进行设计，模板及其支撑系统必须具有足够的强度、刚度和稳定性，其支撑系统的支承部分必须有足够的支撑面积，能可靠地承受浇筑混凝土的侧压力以及施工荷载。

（2）模板工程应依据设计图纸编制施工方案，进行模板设计，并根据施工条件确定的荷载对模板及支撑体系进行验算，必要时应进行有关试验。在浇筑混凝土之前，应对模板工程进行验收。

（3）模板安装和浇筑混凝土时，应对模板及其支架进行观察和维护。发生异常情况时，应按施工技术方案及时处理。

（4）对模板工程所用的材料必须认真检查、选取，不得使用不符合质量要求的材料。模板工程施工应具备制作简单、操作方便、牢固耐用、运输及整修容易等特点。

第三节　钢筋工程

一、钢筋的分类及验收堆放

（一）钢筋的分类

钢筋混凝土结构中常用的钢材有钢筋、钢丝、钢筋网、钢板。钢筋可分为热轧钢筋和余热处理钢筋。热轧钢筋可分为热轧带肋钢筋和热轧光圆钢筋。热轧带肋钢筋的牌号由 HRB 和屈服点最小值构成，分为 HRB335、HRB400、HRB500 三个牌号；热轧光圆钢筋的牌号为 HPB300；余热处理钢筋的牌号为 RRB400。钢筋按直径大小可分为钢丝（直径为 3~5 mm）、细钢筋（直径为 6~10 mm）、中粗钢筋（直径为 12~20 mm）和粗钢筋（直径大于 20 mm）。钢丝有冷拔钢丝、碳素钢丝及刻痕钢丝。根据结构的要求还可采用其他钢筋，如冷轧带肋钢筋、冷轧扭钢筋、热处理钢筋及精轧螺纹钢筋等。

（二）钢筋的进场验收

钢筋的现场检验包括以下几个方面。

1. 检查产品合格证、出厂检验报告

钢筋出厂应具有产品合格证书、出厂检验报告单；作为质量的证明材料，所列出的品种、规格、型号、化学成分、力学性能等，必须满足设计要求，符合有关现行国家标准的规定。

2. 检查进场复试报告

进场复试报告是钢筋进场抽样检验的结果，以此作为判断材料能否在工程中应用的依据。

钢筋进场时，应按现行国家标准的有关规定抽取试件，做力学性能检验，质量符合有关标准规定的钢筋，可在工程中应用。

检查数量按进场的批次和产品的抽样检验方案确定。有关标准中对进场检验数量有具体规定的，应按标准执行；如果有关标准只对产品出厂检验数量有规定，检查数量可按下列情况确定：

（1）当一次进场的数量大于该产品的出厂检验批量时，应划分为若干个出厂检验批量，然后按出厂检验的抽样方案执行。

（2）当一次进场的数量小于或等于该产品的出厂检验批量时，应作为一个检验批量，然后按出厂检验的抽样方案执行。

（3）对连续进场的同批钢筋，当有可靠依据时，可按一次进场的钢筋处理。

3. 进场的每捆（盘）钢筋均应有标牌

按炉罐号、批次及直径分批验收，分类堆放整齐，严防混料，并应对其检验状态做标记，防止混用。

4. 进场钢筋的外观质量检查

（1）钢筋应逐批检查尺寸，不得有超过允许偏差的尺寸。

（2）逐批检查，钢筋表面不得有裂纹、折叠、结疤及夹杂，盘条允许有压痕及局部的凸块、凹块、划痕、麻面，但其深度或高度（从实际尺寸算起）不得大于 0.20 mm，带肋钢筋表面的凸块不得超过横肋高度，钢筋表面上其他缺陷的深度和高度不得大于所在部位尺寸的允许偏差，冷拉钢筋不得有局部缩筋现象。

（3）钢筋表面氧化铁皮（铁锈）质量不大于 16 kg/t。

（4）带肋钢筋表面标志清晰明了，标志包括强度级别、厂名（汉语拼音字头表示）和直径（mm）数字。

（三）钢筋的存放

钢筋运进施工现场后，必须严格按批分等级、牌号、直径、长度挂牌存放，并注明数量，不得混淆。钢筋应尽量堆入仓库或料棚内，并在仓库或场地周围挖排水沟，以利泄水。条件不具备时，应选择地势较高、土质坚实和较为平坦的露天场地存放。堆放时钢筋下面要加垫木，垫木距离地面不宜少于 200 mm，以防钢筋锈蚀和污染。钢筋成品要分工程名称、构件名称、部位、钢筋类型、尺寸、钢号、直径和根数分别堆放，不能将几项工程的钢筋成品混放在一起，同时注意避开易造成钢筋污染和锈蚀的环境。

二、钢筋加工

为了充分发挥钢材的性能，提高钢筋的强度，节约钢材和满足钢筋加工质量验收标准通常对钢筋进行加工处理。钢筋加工的方法包括冷拉、冷拔、除锈、调直、弯曲成型等。通过加工提高钢筋的强度，是节约钢筋和提高钢筋混凝土结构构件强度和耐久性的一项重要技术措施。

（一）钢筋冷拉

1. 冷拉原理

钢筋冷拉是在常温下将钢筋进行强力拉伸，使拉力超过屈服点 b，达到如图 4-12 所示中的 c 点后卸荷，由于钢筋产生塑性变形，不能恢复，应力－应变曲线沿 cO_1 变化，cO_1 大致与 aO 平行，OO_1 即为塑性变形。如卸载后立即再加载，曲线沿 $O_1c'd'e'$ 变化，并在 c' 点出现新的屈服点，这个屈服点明显高于冷拉前的屈服点。这是因为在冷拉过程中，钢筋内部的晶体沿着结合力最差的结晶面产生相对滑移，使滑移面上的晶格变形，晶格遭到破坏，构成滑移面的凹凸不平，阻碍晶体的继续滑移，使钢筋内部组织产生变化，从而使得钢筋的屈服点得以提高，这种现象称为变形硬化（冷硬）。

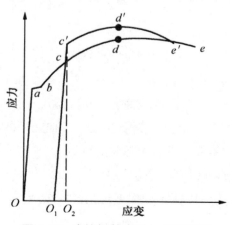

图 4-12 冷拉钢筋应力－应变曲线

2. 冷拉控制方法

冷拉钢筋的控制方法有控制应力和控制冷拉率两种。

冷拉率是指钢筋冷拉伸长值与冷拉前长度的比值。采用控制冷拉率方法冷拉钢筋时，其冷拉控制应力及最大冷拉率应符合表 4-5 的规定。

表 4-5　冷拉控制应力及最大冷拉率

钢筋牌号	钢筋直径 / mm	冷拉控制应力 / (N · mm^{-2})	最大冷拉率 /%
HPB300	≤ 12	280	10.0
HRB335	≤ 25	450	5.5
	28~40	430	
HRB400	8~40	500	5.0
HRB500	10~28	700	4.0

（1）控制应力法

采用控制应力法冷拉钢筋时，控制应力及该应力下的最大冷拉率应符合表 4-5 的规定。冷拉时应检查钢筋达到控制应力时的冷拉率，若超过表 4-5 的规定，应进行力学性能检验，符合规定者才可使用。

控制应力法的优点是：钢筋冷拉后的屈服点较为稳定，不合格的钢筋易于被发现和剔除。对预应力混凝土构件中做预应力筋的钢筋冷拉，多采用此方法。

（2）控制冷拉率法

控制冷拉率时，只需将钢筋拉长到一定的长度即可。冷拉率须先由试验确定，测定同批钢筋冷拉率的冷拉应力，应符合表 4-5 的规定，其试样不少于 4 个，并取其平均值作为该批钢筋实际采用的冷拉率。当钢筋平均冷拉率低于 1% 时，仍按 1% 进行冷拉。

若钢筋已达到表中的最大冷拉率，而冷拉应力未达到表中的控制应力，则认为不合格。不能分清炉批号的热轧钢筋，不应采用控制冷拉率法。

无论采用哪种控制方法，冷拉钢筋的张拉速度都不宜过快，待张拉到规定的控制应力或冷拉率后，须稍停歇（1~2 min），然后再放松。

（二）钢筋冷拔

钢筋冷拔是在常温下通过特制的钨合金拔丝模，将直径为 6~10 mm 的 HPB300 级钢筋多次用强力拉拔成比原钢筋直径小的钢丝，使钢筋产生塑性变形。

钢筋经过冷拔后，横向压缩、纵向拉伸，钢筋内部晶格产生滑移，抗拉强度标准值可提高 50%~90%，但塑性降低，硬度提高。这种经冷拔加工的钢筋称为冷拔低碳钢丝。冷拔低碳钢丝可分为甲级、乙级。甲级钢丝主要用作预应力混凝土构件的预应力筋；乙级钢丝用于焊接网片和焊接骨架、架立筋、箍筋及构造钢筋。

钢筋冷拔的工艺过程：轧头→剥皮→通过润滑剂→进入拔丝模。如钢筋需要连接时，则应在冷拔前进行对焊连接。

冷拔总压缩率和冷拔次数对钢丝质量和生产效率都有很大的影响。冷拔总压缩率越大，抗拉强度提高越多，塑性降低也就越多。

冷拔钢丝一般要经过多次冷拔，才能达到预定的总压缩率。但冷拔次数过多，易使钢丝变脆且降低生产效率；冷拔次数过少，易将钢丝拔断且损坏拔丝模。冷拔速度也要控制适当，过快易造成断丝。

冷拔设备由拔丝机、拔丝模、剥皮装置、轧头机等组成。常用拔丝机有立式和卧式两种。

冷拔低碳钢丝的质量要求：表面不得有裂纹和机械损伤，并应按施工规范要求进行拉力试验和反复弯曲试验，甲级钢丝应逐盘取样检查，乙级钢丝可以分批抽样检查。

（三）钢筋除锈

工程中钢筋的表面应洁净，以保证钢筋与混凝土之间的握裹力。钢筋上的油漆、漆污和用锤敲击时能剥落的漆皮、铁锈等，应在使用前清除干净。不得使用带有颗粒状或片状老锈的钢筋。

（四）钢筋调直

钢筋调直可分为人工调直和机械调直两种。人工调直又可分为绞盘调直（多用于12 mm 以下的钢筋）、铁柱调直（用于粗钢筋）、蛇形管调直（用于冷拔低碳钢丝）；常用的机械调直包括钢筋调直机调直（用于冷拔低碳钢丝和细钢筋）、卷扬机调直（用于粗、细钢筋）。

（五）钢筋切断

比较常见的切断方法有机械切断，包括切断机、切割机、调直机切断等；还有手工切断，比如用上下卡斧大锤或者钢锯弓进行切断，还有手动断线钳等。

（六）钢筋弯曲成型

1. 钢筋弯钩弯折的规定

箍筋的弯钩可按图 4-13 加工；对有抗震要求和受扭的结构，应按图 4-13（c）加工。

(a) 90°/180°   (b) 90°/90°   (c) 135°/135

图 4-13 箍筋示意

2. 钢筋弯曲成型的方法

钢筋弯曲成型的方法有手工弯曲和机械弯曲两种。钢筋弯曲均应在常温下进行，严禁将钢筋加热后弯曲。手工弯曲成型设备简单、成型准确；机械弯曲成型可减轻劳动强度、提高工效，但操作时应注意安全。

三、钢筋连接

钢筋连接方式可分为绑扎、焊接和机械连接三种。

（一）钢筋绑扎连接

钢筋绑扎连接是利用混凝土的黏结锚固作用，实现两根锚固钢筋的连接。为保证钢筋的应力能充分传递，必须满足施工规范规定的最小验收标准中搭接长度的要求，且应将接头位置设在受力较小处。

钢筋绑扎应符合下列要求：

（1）纵向受力钢筋的连接方式应符合设计要求。

（2）钢筋接头宜设置在受力较小处。同一纵向受力钢筋宜少设接头。在结构的重要构件和关键受力部位，不宜设置连接接头。

（3）钢筋绑扎搭接接头连接区段及接头面积百分率应符合要求。

（4）纵向受力钢筋绑扎搭接接头的最小搭接长度应符合下列规定：

1）当纵向受拉钢筋的绑扎搭接接头面积百分率不大于 25% 时，其最小搭接长度应符合表 4-6 的规定。

表 4-6 纵向受力钢筋的最小搭接长度

单位：mm

钢筋类型		混凝土强度等级			
		C15	C20~C25	C30~C35	≥ C40
光圆	HPB300	$45d$	$35d$	$30d$	$25d$
带肋	HRB335	$55d$	$45d$	$35d$	$30d$
	HRB400 级、RRB400 级	—	$55d$	$40d$	$35d$

注：d 指钢筋的直径。

2）当纵向受拉钢筋搭接接头面积百分率大于 25%，但不大于 50% 时，其最小搭接长度应按表 4-6 中的数值乘以系数 1.2 取用；当接头面积百分率大于 50% 时，应按表 4-6 中的数值乘以系数 1.4 取用。

3）当符合下列条件时，纵向受拉钢筋的最小搭接长度应根据上述 1）、2）条确定后，按下列规定进行修正：

①当带肋钢筋的直径大于 25 mm 时，其最小搭接长度应按相应数值乘以系数 1.1 取用。

②对具有环氧树脂涂层的带肋钢筋，其最小搭接长度应按相应数值乘以系数 1.25 取用。

③当在混凝土凝固过程中受力钢筋易受拉动（如滑模施工）时，其最小搭接长度应按相应数值乘以系数 1.1 取用。

④对末端采用机械锚固措施的带肋钢筋，其最小搭接长度可按相应数值乘以系数 0.7 取用。

⑤当带肋钢筋的混凝土保护层厚度大于搭接钢筋直径的 3 倍且配有箍筋时，其最小搭接长度可按相应数值乘以系数 0.8 取用。

⑥对有抗震设防要求的结构构件，其受力钢筋的最小搭接长度对一、二级抗震等级，应按相应数值乘以系数 1.15 取用；对三级抗震等级，应按相应数值乘以系数 1.05 取用。在任何情况下，受拉钢筋的搭接长度不应小于 300 mm。

4）纵向受压钢筋搭接时，其最小搭接长度应根据以上 1）~3）条的规定确定相应数值后，乘以系数 0.7 取用。在任何情况下，受压钢筋的搭接长度不应小于 200 mm。

（二）钢筋焊接连接

1. 钢筋闪光对焊

闪光对焊广泛用于钢筋纵向连接及预应力钢筋与螺丝端杆的焊接。热轧钢筋的焊接宜优先采用闪光对焊，其次才考虑电弧焊。钢筋闪光对焊的原理是利用对焊机使两段钢筋接触，通过低电压的强电流，待钢筋被加热到一定温度变软后，进行轴向加压顶锻，形成对焊接头。

常用的钢筋闪光对焊工艺有连续闪光焊、预热闪光焊和闪光－预热－闪光焊。对 RRB400 级钢筋，有时在焊接后还进行通电热处理。通电热处理的目的是对焊接头进行一次退火或高温回火处理，以消除热影响区产生的脆性组织，改善接头的塑性。通电热处理的方法是焊毕稍冷却后松开电极，将电极钳口调至最大距离，重新夹住钢筋，待接头冷却至暗黑色（焊后 20~30 s），进行脉冲式通电处理（频率约 2 次/s，通电 5~7 s），待钢筋表面呈橘红色并有微小氧化斑点出现时即可。焊接不同直径的钢筋时，其截面比不宜超过 1.5。焊接参数按大直径钢筋选择，并减少大直径钢筋的调伸长度。焊接时先对大直径钢筋预热，以使两者加热均匀。负温下焊接，冷却虽快，但易产生淬硬现象，内应力也大。为此，负温下焊接应减小温度梯度和冷却速度。为使加热均匀，增大焊件受热区，可增大调伸长度的 10%~20%，变压器级数可降低一级或两级，应使加热缓慢而均匀，降低烧化速度，焊后见红区应比常温时长。

钢筋闪光对焊后，除对接头进行外观检查（无裂纹和烧伤、接头弯折不大于 3°、接头轴线偏移不大于钢筋直径的 10%，也不大于 2 mm）外，还应进行抗拉试验和冷弯试验。

2. 钢筋电弧焊

电弧焊利用弧焊机使焊条与焊件之间产生高温电弧，从而使焊条和电弧燃烧范围内的焊件熔化，待其凝固便形成焊缝或接头。电弧焊广泛用于钢筋接头、钢筋骨架的焊接，装配式结构接头的焊接，钢筋与钢板的焊接及各种钢结构的焊接。

焊接电流和焊条直径根据钢筋类别、直径、接头形式及焊接位置进行选择。

搭接接头的长度、帮条的长度、焊缝的长度和高度等，规程都有明确规定。采用帮条焊或搭接焊时，焊缝长度不应小于帮条或搭接长度，焊缝高度 $h \geq 0.3d$ 并不得小于 4 mm，焊缝宽度 $b \geq 7d$ 并不得小于 10 mm。电弧焊一般要求焊缝表面平整，无裂纹，无较大凹陷、焊瘤，无明显咬边、气孔、夹渣等缺陷。在现场安装条件下，每一层楼以 300 个同类型接头为一批，每一批选取三个接头进行拉伸试验。如有一个不合格，取双倍试件复验；再有一个不合格，则该批接头不合格。如对焊接质量有怀疑或发现异常情况，还可进行非破损方式（X 射线、γ 射线、超声波探伤等）检验。

3. 钢筋电渣压力焊

钢筋电渣压力焊是将两根钢筋安放成竖向对接形式，利用焊接电流通过两根钢筋端面间隙，在焊剂层下形成电弧过程和电渣过程，产生电弧热和电阻热，熔化钢筋，加压完成连接的一种焊接方法。其具有操作方便、效率高、成本低、工作条件好等特点，适用于现浇混凝土结构施工中竖向或斜向（倾斜度不大于 10°）钢筋连接，但不得在竖向焊接之后将其再横置于梁、板等构件中做水平钢筋。

钢筋电渣压力焊具有电弧焊、电渣焊和压力焊共同的特点。其焊接过程可分四个阶段，即引弧过程→电弧过程→电渣过程→顶压过程。其中，电弧和电渣两个过程对焊接质量有重要影响，故应根据待焊钢筋直径的大小，合理选择焊接参数。

4. 钢筋电阻点焊

钢筋焊接骨架或钢筋焊接网中交叉钢筋的焊接宜采用电阻点焊。对钢筋焊接骨架和钢筋焊接网，在焊接生产中，当两根钢筋直径不同时，焊接骨架较小钢筋直径不大于 10 mm 时，大、小钢筋直径之比不宜大于 3；当较小钢筋直径为 12~16 mm 时，大、小钢筋直径之比不宜大于 2。焊接网较小钢筋直径不得小于较大钢筋直径的 60%。所用的点焊机有单点点焊机（用以焊接较粗的钢筋）、多头点焊机（用于焊钢筋网）和悬挂式点焊机（可焊平面尺寸大的骨架或钢筋网）。现场还可采用手提式点焊机。

点焊时，将已除去锈污的钢筋交叉点放入点焊机的两电极间，使钢筋通电发热至一定温度后，加压使焊点金属焊牢。焊点应有一定的压入深度，压入深度为较小钢筋直径的 18%~25%。

5. 钢筋气压焊

钢筋气压焊是采用一定比例的氧气和乙炔焰为热源，对需要连接的两根钢筋端部接缝处进行加热，使其达到热塑状态，同时对钢筋施加 30~40 MPa 的顶压力，使钢筋顶焊在一起。该焊接方法使钢筋在还原气体的保护下，发生塑性流变后相互紧密接触，促使端面金属晶体相互扩散渗透，再结晶、再排列，形成牢固的焊接接头。这种方法设备投资少、施工安全、节约钢材和电能，不仅适用于竖向钢筋的连接，也适用于各种方向布置的钢筋连接。适用范围：直径为 14~40 mm 的 HPB300 级、HRB335 级和 HRB400 级钢筋（25 MnSi 除外）；当不同直径钢筋焊接时，两根钢筋直径差不得大于 7 mm。

（三）钢筋机械连接

钢筋机械连接是通过连接件的机械咬合作用或钢筋端面的承压作用，将一根钢筋中的力传递至另一根钢筋的连接方法。其具有施工简便、工艺性能良好、接头质量可靠、不受钢筋焊接性的制约、可全天候施工、节约钢材和能源等优点。常用的机械连接有套筒挤压连接、锥螺纹套筒连接等。

1. 钢筋套筒挤压连接

钢筋套筒挤压连接是将需要连接的带肋钢筋插于特制的钢套筒内，利用挤压机压缩套筒，使其产生塑性变形，靠变形后的钢套筒与带肋钢筋之间的紧密咬合，来实现钢筋的连接。适用于直径为 16~40 mm 的热轧 HRB335 级、HRB400 级带肋钢筋的连接。

钢筋套筒挤压连接，可分为钢筋套筒径向挤压连接和钢筋套筒轴向挤压连接两种形式。

（1）钢筋套筒径向挤压连接

钢筋套筒径向挤压连接是采用挤压机沿径向（与套筒轴线垂直方向）将钢套筒挤压产生塑性变形，使其紧密地咬住带肋钢筋的横肋，实现两根钢筋的连接。当不同直径的带肋钢筋采用挤压接头连接时，若套筒两端外径和壁厚相同，被连接钢筋的直径相差不应大于 5 mm。挤压连接工艺流程：钢筋套筒检验→钢筋断料，刻画钢筋套入长度定出标记→套筒套入钢筋→安装挤压机→开动液压泵，逐渐加压套筒至接头成型→卸下挤压机→接头外形检查。

（2）钢筋套筒轴向挤压连接

钢筋套筒轴向挤压连接是采用挤压机和压模对钢套筒及插入的两根对接钢筋，沿其轴向进行挤压，使套筒咬合到带肋钢筋的肋间，从而使其结合成一体。

2. 钢筋锥螺纹套筒连接

钢筋锥螺纹套筒连接是利用锥形螺纹能承受轴向力和水平力以及密封性能较好的原理，依靠机械力将钢筋连接在一起。操作时，先用专用套丝机将钢筋的待连接端加工成锥形外螺纹；然后，通过带锥形内螺纹的钢套筒将两根待接钢筋连接；最后，利用力矩扳手按规定的力矩值，将钢筋和连接钢套筒拧紧在一起。

钢筋锥螺纹套筒连接工艺简便，能在施工现场连接直径为 16~40 mm 的热轧 HRB335 级、HRB400 级同径或异径的竖向或水平钢筋，且不受钢筋是否带肋和含碳量的限制，适用于按一、二级抗震等级设计的工业和民用建筑钢筋混凝土结构的热轧 HRB335 级、HRB400 级钢筋的连接施工，但不得用于预应力钢筋的连接。对于直接承受动荷载的结构构件，其接头还应满足抗疲劳性能等设计要求。锥螺纹连接套筒的材料宜采用 45 号优质碳素结构钢或其他经试验确认符合要求的钢材制成，其抗拉承载力不应小于被连接钢筋受拉承载力标准值的 1.1 倍。

（1）钢筋锥螺纹的加工要求

1）钢筋应先调直再下料，钢筋下料可用钢筋切断机或砂轮锯，但不得用气割下料。下料时，要求切口端面与钢筋轴线垂直，端头不得挠曲或出现马蹄形。

2）加工好的钢筋锥螺纹丝头的锥度、牙形、螺距等必须与连接套的锥度、牙形、螺距一致，并应进行质量检验。检验内容包括锥螺纹丝头牙形检验和锥螺纹丝头锥度与小端直径检验。

3）加工工艺流程：下料→套丝→用牙形规和卡规（或环规）逐个检查钢筋套丝质量→质量合格的丝头用塑料保护帽盖封，待查待用。

4）钢筋经检验合格后，方可在套丝机上加工锥螺纹。为确保钢筋的套丝质量，操作人员必须遵守持证上岗制度。操作前应先调整好定位尺，并按钢筋规格配置相对应的加工导向套。对于大直径钢筋，要分次加工到规定的尺寸，以保证螺纹的精度和避免损坏梳刀。

5）钢筋套丝时，必须采用水溶性切削冷却润滑液。当气温低于0℃时，应掺入15%~20%亚硝酸钠，不得采用机油做冷却润滑液。

（2）钢筋连接

连接钢筋之前，先回收钢筋待连接端的保护帽和连接套上的密封盖，并检查钢筋规格是否与连接套规格相同，检查锥螺纹丝头是否完好无损、有无杂质。

连接钢筋时，应先把已拧好连接套的一端钢筋对正轴线拧到被连接的钢筋上，然后用力矩扳手按规定的力矩值把钢筋接头拧紧，不得超拧，以防止损坏接头丝扣。拧紧后的接头应画上油漆标记，以防止钢筋接头漏拧。

拧紧时要拧到规定扭矩值，待测力扳手发出指示响声时，才认为达到了规定的扭矩值。锥螺纹接头拧紧扭矩值见表4-7，但不得加长扳手杆来拧紧。质量检验与施工安装使用的力矩扳手应分开使用，不得混用。

表 4-7　锥螺纹接头拧紧扭矩值

钢筋直径 / mm	≤ 16	18~20	22~25	28~32	36~40	50
拧紧力矩 /（N·m）	100	180	240	300	350	460

在构件受拉区段内，同一截面连接接头数量不宜超过钢筋总数的50%；受压区不受限制。连接头的错开间距应大于500 mm，保护层不得小于15 mm，钢筋间净距应大于50 mm。

在正式安装前，要取三个试件进行基本性能试验。当有一个试件不合格时，应取双倍试件进行试验；如仍有一个不合格，则该批加工的接头为不合格，严禁在工程中使用。

对连接套应有出厂合格证及质保书。每批接头的基本试验应有试验报告。连接套与钢筋应配套一致且有钢印标记。

安装完毕后，质量检测员应用自用的专用测力扳手对拧紧的力矩值加以抽检。

四、钢筋代换

施工中，当供应的钢筋品种或规格与设计图纸要求不符时，可以进行代换。但代换时，必须充分了解设计意图和代换钢材的性能，严格遵守规范的各项规定。对抗裂性要求较高的构件，不宜用光圆钢筋代换带肋钢筋；钢筋代换时，不宜改变构件中的有效高度。

（一）当钢筋的品种、级别或规格须作变更时，应办理设计变更文件

当需要代换时，必须征得设计单位同意，并应符合下列要求：

（1）不同种类钢筋的代换，应按钢筋受拉承载力设计值相等的原则进行。

（2）有抗震要求的框架钢筋须代换时，不宜以强度等级较高的钢筋代换原设计中的钢筋；对重要受力结构，不宜用 HPB300 级钢筋代换带肋钢筋。

（3）当构件受裂缝宽度或挠度控制时，钢筋代换后应重新进行验算；梁的纵向受力钢筋与弯起钢筋应分别进行代换。

代换后的钢筋用量不宜大于原设计用量的 5%，也不宜低于 2%，且应满足规范规定的最小钢筋直径、根数、钢筋间距、锚固长度等要求。

（二）钢筋代换的方法

（1）当结构构件是按强度控制时，可按强度等同原则代换，称为等强度代换。如设计图中所用钢筋强度为 f_{y1}，钢筋总面积为 A_{s1}，代换后钢筋强度为 f_{y2}，钢筋总面积为 A_{s2}，则应使：

$$f_{y2}A_{s2} \geqslant f_{y1}A_{s1}$$

（2）当构件按最小配筋率控制时，可按钢筋面积相等的原则代换，称为等面积代换，即

$$A_{s1}=A_{s2}$$

式中：A_{s1}——原设计钢筋的计算面积；

A_{s2}——拟代换钢筋的计算面积。

（3）当结构构件受裂缝宽度或挠度控制时，钢筋的代换须进行裂缝宽度或挠度验算。代换后，还应满足构造方面的要求（如钢筋间距、最小直径、最少根数、锚固长度、对称性等）及设计中提出的特殊要求（如冲击韧性、抗腐蚀性等）。

五、钢筋安装

（一）钢筋制作前的准备工作

钢筋网片、骨架制作成型的正确与否，直接影响着结构构件的受力性能，因此，必

须重视并妥善组织这一技术工作。

1.熟悉施工图纸

熟悉施工图纸时，要明确各个单根钢筋的形状及验收标准、各个细部的尺寸，确定各类结构的绑扎程序。如发现图纸中有错误或不当之处，应及时与工程设计部门联系，协同解决。

2.核对钢筋配料单及料牌

熟悉施工图纸的同时，应核对钢筋配料单和料牌，再根据配料单和料牌核对钢筋半成品的钢号、形状、直径和规格、数量是否正确，有无错配、漏配及变形。如发现问题，应及时整修增补。

3.工具、附件的准备

绑扎钢筋用的工具和附件主要有扳手、钢丝、小撬棒、马架、画线尺等，还要准备水泥砂浆垫块或塑料卡等保证保护层厚度的附件，以及钢筋撑脚或混凝土撑脚等保护钢筋网片位置正确的附件等。

4.画钢筋位置线

平板或墙板的钢筋，在模板上画线；柱的箍筋，在两根对角线主筋上画点；梁的箍筋，在架立筋上画点；基础的钢筋，在两方向各取一根钢筋上画点或在固定架上画线。钢筋接头的画线，应根据到料规格，结合相关规范对有关接头位置、数量的规定，使其错开并在模板上画线。

5.研究钢筋安装顺序，确定施工方法

在熟悉施工图纸的基础上，要仔细研究钢筋安装的顺序，特别是在比较复杂的钢筋安装工程中，应先确定每根钢筋穿插就位的顺序，并结合现场实际情况和技术工人的水平，以减少绑扎困难。

（二）钢筋的现场绑扎安装

（1）钢筋绑扎应熟悉施工图纸，核对成品钢筋的级别、直径、形状、尺寸和数量，核对配料表和料牌。如有出入，应予以纠正或增补。同时，准备好绑扎用钢丝、绑扎工具、绑扎架等。

（2）钢筋应绑扎牢固，防止钢筋移位。

（3）对形状复杂的结构部位，应研究好钢筋穿插就位的顺序及与模板等其他专业配合的先后次序。

（4）基础底板、楼板和墙的钢筋网绑扎，除靠近外围两行钢筋的相交点全部绑扎外，中间部分交叉点可间隔交错扎牢；双向受力的钢筋须全部扎牢。相邻绑扎点的钢丝扣要呈八字形，以免网片歪斜变形。钢筋绑扎接头的钢筋搭接处，应在中心和两端用钢丝扎牢。

（5）结构采用双排钢筋网时，上、下两排钢筋网之间应设置钢筋撑脚或混凝土支柱（墩），每隔 1 m 放置一个，墙壁钢筋网之间应绑扎由 φ6~φ10 钢筋制成的撑钩，间距约为 1 m，相互错开排列；大型基础底板或设备基础，应用 φ16~φ25 钢筋或型钢焊成的支架来支撑上层钢筋，支架间距为 0.8~1.5 m；梁、板纵向受力钢筋采取双层排列时，两排钢筋之间应垫以 φ25 以上的短钢筋，以保证间距正确。

（6）梁、柱箍筋应与受力筋垂直设置，箍筋弯钩叠合处应沿受力钢筋方向张开设置，箍筋转角与受力钢筋的交叉点均应扎牢；箍筋平直部分与纵向交叉点可间隔扎牢，以防止骨架歪斜。

（7）板、次梁与主筋交叉处，板的钢筋在上，次梁的钢筋居中，主梁的钢筋在下；当有圈梁或垫梁时，主梁的钢筋应放在圈梁上。受力筋两端的搁置长度应保持均匀一致。框架梁牛腿及柱帽等钢筋，应放在柱的纵向受力钢筋内侧，同时要注意梁顶面受力筋间的净距要有 30 mm，以利于浇筑混凝土。

（8）预制柱、梁、屋架等构件常采取底模上就地绑扎，此时应先排好箍筋，再穿入受力筋；然后，绑扎牛腿和节点部位钢筋，以降低绑扎的困难性和复杂性。

（三）钢筋网与钢筋骨架安装

（1）钢筋网与钢筋骨架的分段（块），应根据结构配筋特点及起重运输能力而定。一般钢筋网的分块面积以 6~20 m² 为宜，钢筋骨架的分段长度以 6~12 m 为宜。

（2）为防止钢筋网与钢筋骨架在运输和安装过程中发生歪斜变形，应采取临时加固措施。

（3）钢筋网与钢筋骨架的吊点，应根据尺寸、质量及刚度而定。宽度大于 1 m 的水平钢筋网宜采用四点起吊，跨度小于 6 m 的钢筋骨架宜采用两点起吊，跨度大、刚度差的钢筋骨架宜采用横吊梁（铁扁担）四点起吊。为了防止吊点处钢筋受力变形，可采取兜底吊或加短钢筋措施。

（四）焊接钢筋骨架和焊接网安装

（1）焊接钢筋骨架和焊接网的搭接接头，不宜位于构件的最大弯矩处，焊接网在非受力方向的搭接长度宜为 100 mm；受拉焊接骨架和焊接网在受力钢筋方向的搭接长度应符合设计规定；受压焊接骨架和焊接网在受力钢筋方向的搭接长度，可取受拉焊接骨架和焊接网在受力钢筋方向的搭接长度的 70%。

（2）在梁中，焊接骨架的搭接长度内应配置箍筋或短的槽形焊接网。箍筋或网中的横向钢筋间距不得大于 5d。在轴心受压或偏心受压构件中的搭接长度内，箍筋或横向钢筋的间距不得大于 10d。

（3）在构件宽度内有若干焊接网或焊接骨架时，其接头位置应错开。在同一截面内搭接的受力钢筋的总截面面积不得超过受力钢筋总截面面积的 50%；在轴心受拉及小偏心受拉构件（板和墙除外）中，不得采用搭接接头。

（4）焊接网在非受力方向的搭接长度宜为 100 mm。当受力钢筋直径 ≥ 16 mm 时，焊接网沿分布钢筋方向的接头宜辅以附加钢筋网，其每边的搭接长度为 15d。

第四节　混凝土工程

混凝土工程施工包括配料、搅拌、运输、浇筑、振捣和养护等施工过程，如图4-14所示，其中的任一过程施工不当，都会影响混凝土的质量。混凝土施工不但要保证构件有设计要求的外形，而且要获得要求的强度、良好的密实性和整体性。

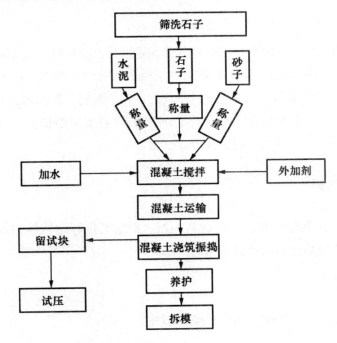

图 4-14 混凝土工程施工过程示意

一、混凝土配料

结构工程中所用的混凝土是以胶凝材料、粗细集料、水，按照一定配合比拌和而成的混合材料。另外，根据需要，还要向混凝土中掺加外加剂和掺合料，以改善混凝土的某些性能。因此，混凝土的原材料除胶凝材料、粗细集料、水外，还有外加剂、掺合料（常用的有粉煤灰、硅粉、磨细矿渣等）。

（一）混凝土配制强度的确定

在混凝土的施工配料时，除应保证结构设计对混凝土强度等级的要求外，还应保证施工对混凝土和易性的要求，并应遵循合理使用材料、节约胶凝材料的原则，必要时还应满足抗冻性、抗渗性等的要求。

（二）混凝土施工配合比

混凝土的配合比是在实验室根据混凝土的配制强度经过试配和调整而确定的，称为实验室配合比。实验室配合比所用的粗、细集料都是不含水分的。而施工现场的粗、细集料都有一定的含水率，且含水率的大小随温度等条件不断变化。为保证混凝土的质量，施工中应按粗、细集料的实际含水率对原配合比进行调整。混凝土施工配合比是根据施工现场集料含水情况，对以干燥集料为基准的设计配合比进行修正后得出的。

（三）材料称量

施工配合比确定以后，需对材料进行称量，称量是否准确将直接影响混凝土的强度。为严格控制混凝土的配合比，搅拌混凝土时应根据计算出的各组成材料的一次投料量，按质量准确投料。其质量偏差不得超过以下规定：胶凝材料、外掺混合材料为 ±2%；粗、细集料为 ±3%；水、外加剂溶液为 ±2%。各种衡量器应定期校验，保持准确。集料含水量应经常测定。雨天施工时，应增加测定次数。

二、混凝土搅拌

混凝土搅拌过程就是将水、胶凝材料和粗、细集料进行均匀拌和及混合的过程。通过搅拌，使材料达到塑化、强化的作用。

（一）搅拌方法

混凝土搅拌方法有人工搅拌和机械搅拌两种。

1. 人工搅拌

人工搅拌一般采用"三干三湿"法，即先将水泥加入砂中干拌 2 遍，再加入石子翻拌 1 遍，搅拌均匀后，边缓慢加水，边反复湿拌 3 遍，以达到石子与水泥浆无分离现象为准。同等条件下，人工搅拌要比机械搅拌多耗 10%~15% 的水泥且拌和质量差，只有在混凝土用量不大且又缺乏机械设备时采用。

2. 机械搅拌

目前普遍使用的搅拌机，根据其搅拌机理可分为自落式搅拌机和强制式搅拌机两大类。

（1）自落式搅拌机

自落式搅拌机的搅拌鼓筒内壁装有叶片，随着鼓筒的转动，叶片不断将混凝土拌合料提高，然后利用物料的重量自由下落，达到均匀拌和的目的。自落式搅拌机筒体和叶片磨损较小，易于清理，但搅拌力小、动力消耗大、效率低，主要用于搅拌流动性和低流动性混凝土。

（2）强制式搅拌机

强制式搅拌机是利用搅拌筒内运动着的叶片强迫物料朝着各个方向运动，由于各物料颗粒的运动方向、速度各不相同，相互之间产生剪切滑移而相互穿插、扩散，从而在很短的时间内使物料拌和均匀，其搅拌机理被称为剪切搅拌机理。

强制式搅拌机具有搅拌质量好、速度快、生产效率高及操作简便、安全等优点，但机件磨损严重。强制搅拌机适用于搅拌干硬性或低流动性混凝土和轻集料混凝土。

（二）搅拌制度

为了获得均匀、优质的混凝土拌合物，除合理选择搅拌机的型号外，还必须正确地确定搅拌制度，包括搅拌时间、进料容量及投料顺序。

1. 搅拌时间

搅拌时间是指从全部材料投入搅拌筒中起，到开始卸料为止所经历的时间。它与搅拌质量密切相关：搅拌时间过短，混凝土不均匀，强度及和易性将下降；搅拌时间过长，不但降低搅拌的生产效率，同时会使不坚硬的粗集料在大容量搅拌机中因脱角、破碎等而影响混凝土的质量。对于加气混凝土，也会因搅拌时间过长而使所含气泡减少。

2. 进料容量

进料容量是将搅拌前各种材料的体积累积起来的容量，又称干料容量。进料容量为出料容量的 1.4~1.8 倍（通常取 1.5 倍）。如进料容量超过规定容量的 10%，就会使材料在搅拌筒内无充分的空间进行掺和，影响混凝土拌合物的均匀性；反之，如果装料过少，则又不能充分发挥搅拌机的效能。

3. 投料顺序

在确定混凝土各种原材料的投料顺序时，应考虑如何保证混凝土的搅拌质量，减少机械磨损和水泥飞扬，减少混凝土的粘罐现象，降低能耗和提高劳动生产效率等。目前，采用的投料顺序有一次投料法和二次投料法。

（1）一次投料法

这是目前广泛使用的一种方法，也就是将砂、石、水泥依次放入料斗后，再和水一起进入搅拌筒进行搅拌。这种方法工艺简单、操作方便。当采用自落式搅拌机搅拌时，常用的加料顺序是先倒石子，再加水泥，最后加砂。这种投料顺序的优点是水泥位于砂石之间，进入搅拌筒时可减少水泥飞扬。同时，砂和水泥先进入搅拌筒形成砂浆，可缩短包裹石子的时间，也避免了水向石子表面聚集产生的不良影响，可提高搅拌质量。

（2）二次投料法

二次投料法又可分为预拌水泥砂浆法和预拌水泥净浆法。

预拌水泥砂浆法是指先将水泥、砂和水投入搅拌筒搅拌 1~1.5 min 后，加入石子再搅拌 1~1.5 min。

预拌水泥净浆法是先将水和水泥投入搅拌筒搅拌 1/2 搅拌时间，再加入砂石搅拌到规定时间。

由于预拌水泥砂浆或水泥净浆对水泥有一种活化作用，因而搅拌质量明显高于一次投料法。若水泥用量不变，混凝土强度可提高 15% 左右；或在混凝土强度相同的情况下，可减少水泥用量 15%~20%。

当采用强制式搅拌机搅拌轻集料混凝土时，若轻集料在搅拌前已经预湿，则合理的加料顺序应是：先加粗、细集料和水泥搅拌 30 s，再加水继续搅拌到规定时间；若在搅拌前轻集料未经预湿，则合理的加料顺序是：先加粗、细集料和总用水量的 1/2 搅拌 60 s 后，再加水泥和剩余 1/2 总用水量搅拌到规定时间。

三、混凝土运输

混凝土运输过程中应保持其均匀性，避免产生分层离析现象；混凝土运至浇筑地点，应符合浇筑时所规定的坍落度；运输工作应保证混凝土浇筑连续进行；运送混凝土的容器应严密，其内壁应平整、光洁，不吸水、不漏浆，黏附的混凝土残渣应经常清除。

（一）运输时间

混凝土从搅拌机中卸出到浇筑完毕的延续时间，不宜超过表 4-8 的规定，对掺用外加剂或采用快硬水泥拌制的混凝土，其延续时间应按试验确定。对于轻集料混凝土，其延续时间应适当缩短。

表 4-8 混凝土从搅拌机卸出到浇筑完毕的延续时间

min

混凝土生产地点	气温	
	< 25 ℃	≥ 25 ℃
预拌混凝土搅拌站	150	120
施工现场	120	90
混凝土制品厂	90	60

（二）运输工具的选择

混凝土的运输，可分为地面水平运输、垂直运输和楼面水平运输三种方式。

1. 地面水平运输

当采用商品混凝土或运距较远时，最好采用混凝土搅拌运输车。此类车在运输过程中搅拌筒可缓慢转动进行拌和，防止混凝土离析。当距离较远时，可装入干料在到达浇筑现场前 15~20 min 放入搅拌水，边行走边进行搅拌。

如现场搅拌混凝土，可采用载重 1 t 左右、容量为 400 L 的小型机动翻斗车或手推车运输。当运距较远、运量又较大时，可采用皮带运输机或窄轨翻斗车。

2. 垂直运输

可采用塔式起重机、混凝土泵、快速提升斗和井架。

3. 楼面水平运输

多采用双轮手推车，塔式起重机也可兼顾楼面水平运输。如用混凝土泵，则可采用布料杆。

（三）搅拌运输车运送混凝土

混凝土搅拌运输车是一种用于长距离运送混凝土的高效能机械。它是将运送混凝土的搅拌筒安装在汽车底盘上，将混凝土搅拌站生产的混凝土拌合物装入搅拌筒内，直接运至施工现场的大型混凝土运输工具。

采用混凝土搅拌运输车应符合下列规定：

（1）混凝土必须能在最短的时间内均匀、无离析地排出，出料干净、方便，能满足施工的要求。当与混凝土泵联合运送时，其排料速度应相匹配。

（2）从搅拌运输车运卸的混凝土中分别取 1/4 和 3/4 位置处试样进行坍落度试验，两个试样的坍落度值之差不得超过 30 mm。

（3）混凝土搅拌运输车在运送混凝土时搅动转速通常为 2~4 r/min；整个运送过程中拌筒的总转数应控制在 300 转以内。

（4）若采用干料由搅拌运输车途中加水自行搅拌，搅拌速度一般应为 6~18 r/mm。

（5）混凝土搅拌运输车因途中失水，到工地需加水调整混凝土的坍落度时，搅拌筒应以 6~8 r/min 的搅拌速度搅拌。

（四）泵送混凝土

1. 泵送混凝土适用工程

混凝土泵是通过输送管将混凝土送到浇筑地点的一种工具，其适用于以下工程。

（1）大体积混凝土

大体积混凝土包括大型基础、满堂基础、设备基础、机场跑道、水工建筑等。

（2）连续性强和浇筑效率要求高的混凝土

连续性强和浇筑效率要求高的混凝土包括高层建筑、贮罐、塔形构筑物、整体性强的结构等。

混凝土输送管道一般是用钢管制成的。管径通常有 100 mm、125 mm 和 150 mm 三种。标准管管长 3 m，配套管有 1 m 和 2 m 两种，另配有 90°、45°、30°、15° 等不同角度的弯管，以供管道转折处使用。

输送管的管径选择，主要根据混凝土集料的最大粒径以及管道的输送距离、输送高度和其他工程条件决定。

2.采用泵送混凝土应符合的规定

（1）混凝土泵与输送管连通后，应按所用混凝土泵使用说明书的规定进行全面检查，符合要求后方能开机进行空运转。

（2）混凝土泵启动后，应先泵送适量水以湿润混凝土泵的料斗、活塞及输送管内壁等直接与混凝土接触的部位。

（3）确认混凝土泵和输送管中无异物后，应采取下列方法润滑混凝土泵和输送管内壁：

1）泵送水泥砂浆。

2）泵送 1∶2 水泥砂浆。

3）泵送与混凝土内除粗集料外的其他成分相同配合比的水泥砂浆。

（4）开始泵送时，混凝土泵应处于慢速、匀速并随时可反泵的状态。泵送速度应先慢后快，逐步加速。待各系统运转顺利后，方可以正常速度进行泵送。

（5）混凝土泵送应连续进行。如必须中断时，其中断时间不得超过混凝土从搅拌至浇筑完毕所允许的延续时间。

（6）泵送混凝土时，活塞应保持最大行程运转。

（7）泵送完毕时，应将混凝土泵和输送管清洗干净。

四、混凝土浇筑与振捣

浇筑混凝土前，必须检查模板及其支架、钢筋和预埋件，并做好记录。符合设计要求后，清理模板内的杂物及钢筋上的油污，堵严缝隙和孔洞，方能浇筑混凝土。

（一）混凝土的浇筑

（1）混凝土自高处倾落的自由高度不应超过 2 m。

（2）在浇筑竖向结构混凝土前，应先在底部填以 50~100 mm 厚与混凝土内砂浆成分相同的水泥砂浆；浇筑时不得发生离析现象；当浇筑高度超过 3 m 时，应采用串筒、溜管或振动溜管，使混凝土下落。

（3）混凝土浇筑层的厚度应符合表4-9的规定。

表4-9 混凝土浇筑层的厚度

单位：mm

捣实混凝土的方法		浇筑层的厚度
插入式振捣		振捣器作用部分长度的1.25倍
表面振动		200
人工捣固	在基础、无筋混凝土或配筋稀疏的结构中	250
	在梁、墙板、柱结构中	200
	在配筋密列的结构中	150
轻集料混凝土	插入式振捣	300
	表面振动（振动时须加载）	200

（4）在钢筋混凝土框架结构中，梁、板、柱等构件是沿垂直方向重复出现的，所以，一般按照结构层次来分层施工。平面上如果面积较大，还应考虑分段进行，以便混凝土、钢筋、模板等工序能相互配合、流水施工。

（5）在每一施工层中，应先浇筑柱或墙。在每一施工段中的柱或墙应该连续浇筑到顶，每一排的柱子由外向内对称顺序进行，防止由一端向另一端推进，致使柱子模板逐渐受推倾斜。柱子浇筑完后，应停歇1~2 h，使混凝土获得初步沉实。待有了一定强度后，再浇筑梁板混凝土。梁和板应同时浇筑混凝土，只有当梁高在1 m以上时，为了施工方便，才可以单独浇筑。

（6）浇筑混凝土应连续进行。当必须间歇时，其间歇时间宜缩短，并应在前层混凝土凝结前，将次层混凝土浇筑完毕。一般情况下，混凝土运输、浇筑及间歇的全部时间不得超过表4-10的规定，当超过时应留置施工缝。在浇筑与柱和墙连成整体的梁和板时，应在柱和墙浇筑完后停歇1~1.5 h，再继续浇筑；梁和板宜同时浇筑混凝土；拱和高度大于1 m的梁等结构，可单独浇筑混凝土。在混凝土浇筑过程中，应经常观察模板、支架、钢筋、预埋件和预留孔洞的情况。当发现有变形、移位时，应及时采取措施进行处理。

表4-10 混凝土运输、浇筑和间歇的允许时间

min

混凝土强度等级	气温	
	不高于25 ℃	高于25 ℃
不高于C30	210	180
高于C30	180	150

注：当混凝土中掺有促凝型或缓凝型外加剂时，其允许时间应根据试验结果确定。

（二）施工缝的留置

由于施工技术和施工组织上的原因，不能连续将结构整体浇筑完成，并且间歇的时间预计将超出表4-10规定的时间时，应预先选定适当的部位设置施工缝。

施工缝的位置应设置在结构受剪力较小且便于施工的部位。

1. 施工缝的处理

（1）所有水平施工缝应保持水平并做成毛面，垂直缝处应支模浇筑；施工缝处的钢筋均应留出，不得切断。为防止在混凝土或钢筋混凝土内产生沿构件纵轴线方向错动的剪力，柱、梁施工缝的表面应垂直于构件的轴线；板的施工缝应与其表面垂直；梁、板也可留企口缝，但企口缝不得留斜槎。

（2）在施工缝处继续浇筑混凝土时，已浇筑的混凝土抗压强度应 $\geqslant 1.2\ \text{N/mm}^2$。首先，应清除硬化的混凝土表面上的水泥薄膜和松动石子以及软混凝土层，并充分湿润和冲洗干净，不积水；其次，在施工缝处铺一层水泥浆或与混凝土内成分相同的水泥砂浆；最后，浇筑混凝土时应细致捣实，使新旧混凝土紧密结合。

（3）对于承受动力作用的设备基础，在水平施工缝上继续浇筑混凝土前，应对地脚螺栓进行一次观测校准；标高不同的两个水平施工缝，其高低结合处应留成台阶形，并且台阶的高宽比不得大于 1.0；垂直施工缝应加插钢筋，其直径为 12~16 mm，长度为500~600 mm，间距为 500 mm，在台阶式施工缝的垂直面上也应补插钢筋；施工缝的混凝土表面应凿毛，在继续浇筑混凝土前，应用水冲洗干净，湿润后在表面上抹 10~15 mm 厚与混凝土内成分相同的一层水泥砂浆；继续浇筑混凝土时，该处应仔细捣实。

（4）后浇缝宜做成平直缝或阶梯缝，钢筋不切断。后浇缝应在其两侧混凝土龄期达30~40 d 后，将接缝处混凝土凿毛、洗净、湿润、刷一层水泥浆，再用强度不低于两侧混凝土的补偿收缩混凝土浇筑密实并养护 14 d 以上。

2. 混凝土浇筑中常见的施工缝留设位置及方法

（1）柱的施工缝留在基础的顶面、梁或吊车梁牛腿的下面或吊车梁的上面、无梁楼板柱帽的下面，在框架结构中，如梁的负筋弯入柱内，施工缝可留在这些钢筋的下端。

（2）梁板、肋形楼板施工缝留设应符合下列要求：

1）与板连成整体的大截面梁，留在板底面以下 20~30 mm 处；当板下有梁托时，留在梁托下部。单向板可留设在平行于板的短边的任何位置（但为方便施工缝的处理，一般留在跨中 1/3 范围内）。

2）在主、次梁的肋形楼板，宜顺着次梁方向浇筑，施工缝底留设在次梁跨度中间1/3 范围内无负弯矩钢筋与之相交叉的部位。

（3）墙施工缝宜留设在门洞口过梁跨中 1/3 范围内，也可留设于纵横墙的交接处。

（4）楼梯、圈梁施工缝留置应符合下列要求：

1）楼梯施工缝留设在楼梯段跨中 1/3 范围内无负弯矩筋的部位。

2）圈梁施工缝留设于非砖墙交接处、墙角、墙垛及门窗洞范围内。

（5）箱形基础施工缝的留设：

箱形基础的底板、顶板与外墙的水平施工缝宜设在底板顶面以上及顶板底面以下300~500 mm 处，接缝宜设钢板、橡胶止水带或凸形企口缝；底板与内墙的施工缝可设在底板与内墙交接处；而顶板与内墙的施工缝，其位置应视剪力墙插筋的长短而定，一般在 1 000 mm 以内即可；箱形基础外墙垂直施工可设在离转角 1 000 mm 处，采取相对称的两块墙体一次浇筑施工，间隔 5~7 d，待收缩基本稳定后，再浇筑另一相对称墙体。内隔墙可在内墙与外墙交接处留设施工缝，一次浇筑完成，内墙本身一般不再留垂直施工缝。

（6）地坑、水池施工缝的留设：

底板与立壁施工缝，可留在立壁上距坑（池）底板混凝土面上部 200~500 mm 的范围内，转角宜做成圆角或折线形；大型水池可从底板、池壁到顶板在中部留设后浇带，使之形成环状。

（7）大型设备基础施工缝应符合以下要求：

1）受动力作用的、互不相依的设备与机组基础之间、输送辐道与主基础之间可留垂直施工缝，但与地脚螺栓中心线间的距离不得小于 250 mm，且不得小于螺栓直径的 5 倍。

2）水平施工缝可低于地脚螺栓底端，其与地脚螺栓底端的距离应大于 150 mm；当地脚螺栓直径小于 30 mm 时，水平施工缝可留设在不小于地脚螺栓埋入混凝土部分总长度的 3/4 处；水平施工缝也可留设在基础底板与上部块体或沟槽交界处。

3）受动力作用的重型设备基础不允许留设施工缝，可在主基础与辅助设备基础、沟道、辐道之间受力较小部位留设后浇缝。

（三）混凝土的振捣

（1）每一振点的振捣应使混凝土表面呈现浮浆且不再沉落。

（2）当采用插入式振动器时，捣实普通混凝土的移动间距，不宜大于振捣器作用半径的 1.5 倍。捣实轻集料混凝土的移动间距，不宜大于其作用半径。振捣器与模板的距离，不应大于其作用半径的 50%，并应避免碰撞钢筋、模板、预埋件等；振捣器插入下层混凝土内的深度不应小于 50 mm。一般每点振捣时间为 20~30 s；使用高频振动器时，最短不应少于 10 s，应使混凝土表面呈水平且以不再显著下沉、不再出现气泡、表面泛出灰浆为准。振动器插点要均匀排列，可采用"行列式"或"交错式"的次序移动，不应混用，以免造成混乱而发生漏振。

（3）采用表面振动器时，在每一位置上应连续振动一定时间，正常情况下为 25~40 s，但以混凝土面均匀出现浆液为准，移动时应成排依次振动前进，前后位置和排与排间应相互搭接 30~50 mm，防止漏振。振动倾斜混凝土表面时，应由低处逐渐向高处移动，以保证混凝土振实。表面振动器的有效作用深度，在无筋及单筋平板中约为 200 mm，在双筋平板中约为 120 mm。

（4）采用外部振动器时，振动时间和有效作用随结构形状、模板坚固程度、混凝土坍落度及振动器功率大小等各项因素而定。一般每隔 1~1.5 m 的距离设置一个振动器。当混凝土呈水平面且不再出现气泡时，可停止振动。必要时应通过试验确定振动时间。待混凝土入模后方可开动振动器，混凝土浇筑高度要高于振动器安装部位。当钢筋较密和构件断面较深、较窄时，也可采取边浇筑、边振动的方法。外部振动器的振动作用深度在 250 mm 左右，如构件尺寸较厚，需在构件两侧安设振动器同时振捣。

五、混凝土养护

混凝土浇筑捣实后，逐渐凝固硬化，这个过程主要由水泥的水化作用来实现，而水化作用必须在适当的温度和湿度条件下才能完成。因此，为了保证混凝土有适宜的硬化条件，使其强度不断增长，必须对混凝土进行养护。

混凝土浇筑后，如气候炎热、空气干燥，不及时进行养护，混凝土中的水分蒸发过快，易出现脱水现象，使已形成凝胶体的水泥颗粒不能充分水化，不能转化为稳定的结晶，缺乏足够的黏结力，从而使混凝土表面出现片状或粉状剥落，影响混凝土的强度。另外，在混凝土尚未具备足够的强度时，水分过早地蒸发，还会产生较大的变形，出现干缩裂缝，影响混凝土的整体性和耐久性。因此，混凝土养护绝不是一件可有可无的事，而是一个重要的环节，应严格按照规定要求进行。

混凝土养护方法分自然养护和蒸汽养护两种。

（一）自然养护

自然养护是指利用平均气温高于 5 ℃的自然条件，用保水材料或草帘等对混凝土加以覆盖后适当浇水，使混凝土在一定的时间内在湿润状态下硬化。

1. 开始养护时间

当最高气温低于 25 ℃时，混凝土浇筑完毕后应在 12 h 以内开始养护；当最高气温高于 25 ℃时，应在 6 h 以内开始养护。

2. 养护天数

浇水养护时间的长短视水泥品种而定，硅酸盐水泥、普通硅酸盐水泥和矿渣硅酸盐水泥拌制的混凝土，不得少于 7 d；火山灰质硅酸盐水泥和粉煤灰硅酸盐水泥拌制的混凝土或有抗渗性要求的混凝土，不得少于 14 d。混凝土必须养护至其强度达到 1.2 MPa 以后，方准在其上踩踏和安装模板及支架。

3. 浇水次数

应使混凝土保持适当的湿润状态。养护初期，水泥的水化反应较快，需水也较多，所以要特别注意在浇筑以后头几天的养护工作。另外，在气温高、湿度低时，也应增加洒水的次数。

4. 喷洒塑料薄膜养护

将过氯乙烯树脂塑料溶液用喷枪洒在混凝土表面，溶液挥发后在混凝土表面形成一层塑料薄膜，使混凝土与空气隔绝，阻止水分的蒸发，以保证水化作用的正常进行。所选薄膜在养护完成后，能自行老化脱落。在构件表面喷洒塑料薄膜来养护混凝土，适用于不易洒水养护的高耸构筑物和大面积混凝土结构。

（二）蒸汽养护

蒸汽养护就是将构件放置在有饱和蒸汽或蒸汽–空气混合物的养护室内，在较高的温度和相对湿度的环境中进行养护，以加速混凝土的硬化，使混凝土在较短的时间内达到规定的强度标准值。蒸汽养护过程分为静停、升温、恒温、降温四个阶段。

1. 静停阶段

混凝土构件成型后在室温下停放养护，时间为 2~6 h，以防止构件表面产生裂缝和疏松现象。

2. 升温阶段

此阶段是构件的吸热阶段。升温速度不宜过快，以免构件表面和内部产生过大温差而出现裂纹。对于薄壁构件（如多肋楼板、多孔楼板等），每小时不得超过 25 ℃；其他构件不得超过 20 ℃；用干硬性混凝土制作的构件，不得超过 40 ℃。

3. 恒温阶段

此阶段是升温后温度保持不变的过程。此时强度增长最快，这个阶段应保持 90%~100% 的相对湿度；最高温度不得大于 95 ℃，时间为 3~5 h。

4. 降温阶段

此阶段是构件散热过程。降温速度不宜过快，每小时不得超过 10 ℃，出池后，构件表面与外界温差不得大于 20 ℃。

第五章 装饰工程

第一节 抹灰工程

一、抹灰工程的分类、组成及抹灰层的总厚度

（一）抹灰工程分类

抹灰工程按使用的材料及其装饰效果，可分为一般抹灰和装饰抹灰。

1. 一般抹灰

一般抹灰是指采用石灰砂浆、水泥混合砂浆、水泥砂浆、聚合物水泥砂浆、麻刀灰、纸筋石灰和石膏灰等抹灰材料进行的抹灰工程施工。按建筑物标准和质量要求，一般抹灰可分为以下两类：

（1）高级抹灰

高级抹灰由一层底层、数层中层和一层面层组成。抹灰要求阴阳角找方，设置标筋，分层赶平、修整。表面压光，要求表面光滑、洁净，颜色均匀，线角平直，清晰美观，无抹纹。高级抹灰用于大型公共建筑物、纪念性建筑物和有特殊要求的高级建筑物等。

（2）普通抹灰

普通抹灰由一层底层、一层中层和一层面层（或一层底层和一层面层）组成。抹灰要求阳角找方，设置标筋，分层赶平、修整。表面压光，要求表面洁净，线角顺直、清晰，接槎平整。普通抹灰用于一般居住、公用和工业建筑以及建筑物中的附属用房，如汽车库、仓库、锅炉房、地下室、储藏室等。

2. 装饰抹灰

装饰抹灰是指通过操作工艺及选用材料等方面的改进，使抹灰更富于装饰效果，主要包括水刷石、斩假石、干粘石和假面砖等。

（二）抹灰层组成

为了使抹灰层与基层黏结牢固，防止起鼓开裂，并使抹灰层的表面平整，保证工程质量，抹灰层应分层涂抹。

1. 底层

底层主要起与基层黏结的作用，厚度一般为 5~9 mm。

2. 中层

中层起找平作用，砂浆的种类基本与底层相同，只是稠度较小，每层厚度应控制在 5~9 mm。

3. 面层

面层主要起装饰作用，要求面层表面平整、无裂痕、颜色均匀。

（三）抹灰层的总厚度

抹灰层的平均总厚度要根据具体部位及基层材料而定。钢筋混凝土顶棚抹灰厚度不大于 15 mm；内墙普通抹灰厚度不大于 20 mm，高级抹灰厚度不大于 25 mm；外墙抹灰厚度不大于 20 mm；勒脚及凸出墙面部分抹灰厚度不大于 25 mm。

二、一般抹灰施工

（一）基层处理

抹灰前应对基层进行必要的处理，对于凹凸不平的部位应剔平补齐，填平孔洞沟槽；对表面太光的部位要凿毛，或用 1∶1 水泥浆掺 10% 环保胶薄抹一层，使之易于挂灰。不同材料交接处应铺设金属网，搭缝宽度从缝边起每边不得小于 100 mm。

（二）施工方法

一般抹灰的施工，按部位可分为墙面抹灰、顶棚抹灰和楼地面抹灰。

1. 墙面抹灰

（1）弹准线

对于普通抹灰，先用托线板全面检查墙面的垂直、平整程度，根据检查的实际情况及抹灰等级和抹灰总厚度，决定墙面的抹灰厚度（最薄处一般不小于 7 mm）。对于高级抹灰，先将房间规方，小房间可以一面墙作为基线，用方尺规方即可；如果房间面积较大，要在地面上先弹出十字线，作为墙角抹灰的准线，在距离墙角约 10 mm 处，用线坠吊直，在墙面弹一立线，再按房间规方地线（十字线）及墙面平整程度，向里反弹出墙角抹灰准线，并在准线上下两端挂通线，作为抹灰饼、冲筋的依据。

（2）抹灰饼

首先，用与抹底层灰相同的砂浆做墙体上部的两个灰饼，其位置距离顶棚约为 200 mm，灰饼大小一般为 50 mm^2，厚度由墙面平整、垂直的情况而定。其次，根据这两个灰饼将托线板或线坠挂垂直，做墙面下角两个标准灰饼（高低位置一般在踢脚线上方 200~250 mm 处），厚度以垂直为准，最后在灰饼附近墙缝内钉上钉子，拴上小线挂好通线，并根据通线位置加设中间灰饼，间距为 1.2~1.5 m。

（3）设置标筋（冲筋）

待灰饼砂浆基本进入终凝后，用抹底层灰的砂浆在上、下两个灰饼之间抹一条宽约为 100 mm 的灰梗，用刮尺刮平，厚度与灰饼一致，用来作为墙面抹灰的标准，这就是标筋。同时，还应将标筋两边用刮尺修成斜面，使其与抹灰层接槎平顺。

（4）阴阳角找方

普通抹灰要求阳角找方，对于除门窗外还有阳角的房间，则应首先将房间大致规方，其方法是：先在阳角一侧做基线，用方尺将阳角先规方，然后在墙角弹出抹灰准线，并在准线上、下两端挂通线做灰饼。高级抹灰要求阴阳角都要找方，因此，阴阳角两边都要弹出基线。为了便于做角和保证阴阳角方正，必须在阴阳角两边做灰饼和标筋。

（5）做护角

对于室内墙面、柱面的阳角和门窗洞的阳角，当设计对护角线无规定时，一般可用 1：2 水泥砂浆抹出护角，护角高度不应低于 2 m，每侧宽度不小于 50 mm。其做法是：根据灰饼厚度抹灰，然后粘好八字靠尺，并找方吊直，用 1：2 水泥砂浆分层抹平。待砂浆稍干后，再用量角器和水泥浆抹出小圆角。

（6）抹底层灰

当标筋稍干后，用刮尺操作不致损坏时，即可抹底层灰。抹底层灰前，应先对基体表面进行处理。其做法是：自上而下在标筋间抹满底灰，随抹随用刮尺对齐标筋刮平。刮尺操作用力要均匀，不准将标筋刮坏或使抹灰层出现不平的现象。待刮尺基本刮平后，再用木抹子修补、压实、搓平、搓毛。

（7）抹中层灰

待底层灰凝结，达七八成干后（用手指按压不软，但有指印和潮湿感），就可以抹中层灰，依标筋厚以抹满砂浆为准，随抹随用刮尺刮平压实，再用木抹子搓平。中层灰抹完后，对墙的阴角用阴角抹子上下抽动抹平。中层砂浆凝固前，也可以在层面上交叉画出斜痕，以增强与面层的黏结。

（8）抹面层灰（也称罩面）

中层灰干至七八成后，即可抹面层灰。如果中层灰已经干透发白，应先适度洒水湿润后，再抹罩面灰。用于罩面的常有麻刀灰、纸筋灰。抹灰时，应用铁抹子抹平，并分两遍压光，使面层灰平整、光滑、厚度一致。

2. 顶棚抹灰

（1）弹线

顶棚抹灰通常不做灰饼和标筋，而用目测的方法控制其平整度，以无明显高低不平及接槎痕迹为准。先根据顶棚的水平面，确定抹灰厚度，然后在墙面的四周与顶棚交接处弹出水平线，作为抹灰的水平标准。弹出的水平线只能从结构中的"50线"向上量测，不允许直接从顶棚向下量测。

（2）底层、中层抹灰

顶棚抹灰时，由于砂浆自重力的影响，一般在底层抹灰施工前，先以水胶比为 0.4 的素水泥浆刷一遍作为结合层，该结合层所采用的方法宜为甩浆法，即用扫帚蘸上水泥浆，甩于顶棚。如顶棚非常平整，甩浆前可对其进行凿毛处理。待其结合层凝结后就可以抹底层、中层砂浆，其配合比一般采用水泥∶石灰膏∶砂 =1∶3∶9 的水泥混合砂浆或 1∶3 水泥砂浆，然后用刮尺刮平，随刮随用长毛刷子蘸水刷一遍。

（3）面层抹灰

待中层灰达到六七成干后，即用手按不软但有指印时，再开始面层抹灰。面层抹灰的施工方法及抹灰厚度与内墙抹灰相同。一般分两遍成活：第一遍抹得越薄越好，紧接着抹第二遍，抹子要稍平，抹平后待灰浆稍干，再用铁抹子顺着抹纹压实、压光。

3. 楼地面抹灰

楼地面抹灰主要为水泥砂浆面层，常用配合比为 1∶2，面层厚度不应小于 20 mm，强度等级不应小于 M15。厨房、浴室、厕所等房间的地面，必须将流水坡度找好，有地漏的房间，要在地漏四周找出不小于 5% 的泛水，以利于流水畅通。

面层施工前，先将基层清理干净，浇水湿润，刷一道水胶比为 0.4~0.5 的结合层，随即进行面层的铺抹，随抹随用木抹子拍实，并做好面层的抹平和压光工作。压光一般分三遍成活：第一遍宜轻压，以压光后表面不出现水纹为宜；第二遍压光在砂浆开始凝结、人踩上去有脚印但不下陷时进行，并要求用钢皮抹子将表面的气泡和孔隙清除，把凹坑、砂眼和脚印都压平；第三遍压光在砂浆终凝前进行，此时人踩上去有细微脚印，抹子抹上去不再有抹子纹，并要求用力稍大，把第二遍压光留下的抹子纹、毛细孔等压平、压实、压光。

地面面积较大时，可以按设计要求进行分格。水泥砂浆面层如果遇管线等出现局部面层厚度减薄处在 10 mm 以下时，必须采取防止开裂措施，一般沿管线走向放置钢筋网片，或者符合设计要求后方可铺设面层。

踢脚板底层砂浆和面层砂浆分两次抹成，可以参照墙面抹灰工艺操作。

水泥砂浆面层按要求抹压后，应进行养护，养护时间不少于 7 d。还应该注意对成品的保护，水泥砂浆面层强度未达到 5 MPa 以前，不得在其上行走或进行其他作业。对地漏、出水口等部位要做好保护措施，以免灌入杂物，造成堵塞。

三、装饰抹灰施工

（一）水刷石

水刷石主要用于室外的装饰抹灰，具有外观稳重、立体感强、无新旧之分、能使墙面达到天然美观的艺术效果的优点。

底层和中层抹灰操作要点与一般抹灰相同，抹好的中层表面要划毛。中层砂浆抹好后，弹线分格，粘分格条。当中层砂浆达到六成干时（终凝之后），先浇水湿润，紧接着薄刮一遍水胶比为 0.4~0.7 的水泥浆作为结合层，随即抹水泥石粒浆或水泥石灰膏石粒浆。抹水泥石粒浆时，应边抹边用铁抹子压实、压平，待稍收水后再用铁抹子整面，将露出的石粒尖棱轻轻拍平使表面平整密实。待面层凝固尚未硬化（用手指按上无压痕）时，即用刷子蘸清水自上而下刷掉面层水泥浆，使石粒露出灰浆面 1~2 mm 高度。最后用喷水壶由上往下将表面水泥浆洗掉，使外观石粒清晰，分布均匀，紧密平整，色泽一致，不得有掉粒和接槎痕迹。

水刷石完成第二天起要经常洒水养护，养护时间不应少于 7 d。

（二）干粘石

干粘石是将干石粒直接粘在砂浆层上的一种装饰抹灰做法。其装饰效果与水刷石相似，但湿作业量少，既可节约原材料，又能明显提高工效。其具体做法是：在中层水泥砂浆上洒水湿润，粘贴分格条后刷一道水胶比为 0.4~0.5 的水泥浆结合层，在其上抹一层 4~5 cm 厚的聚合物水泥砂浆黏结层 [水泥：石灰膏：砂：108 胶 =100 ： 50 ： 200 ：（5~15）]，随即将小八厘彩色石粒甩上黏结层，先甩四周易干部位，然后甩中间。要由上而下快速进行，做到大面均匀，边角和分格条两侧不露粘。石粒使用前应用水冲洗干净晾干，甩时要用托盘盛装和盛接，托盘底部用窗纱钉成，以便筛净石粒中的残留粉末，随即要用铁抹子将黏结上的石粒拍入黏结层 1/2 深度，要求拍实、拍平，但不得将石浆拍出而影响美观。在干粘石墙面达到表面平整、石粒饱满后，即可将分格条取出，并用小溜子和水泥浆将分格条修补好，达到顺直清晰。待成品达到一定强度后须洒水养护。

（三）斩假石

斩假石又称剁斧石，是仿制天然石料的一种建筑饰面，但由于造价高、工效低，一般用于小面积的外装饰工程。

施工时底层与中层表面应划毛，涂抹面层砂浆前，要认真浇水湿润中层抹灰，并满刮一道水胶比为 0.37~0.40 的纯水泥浆，按设计要求弹线分格，粘贴分格条。罩面时一般分两次进行：先薄抹一层砂浆，稍收水后再抹一遍砂浆，用刮尺与分格条撑平，待收水后再用木抹子打磨压实。面层抹灰完成后，不得受烈日暴晒或遭冰冻，应在常温下养护

2~3 d，其强度应控制在 5 MPa。然后开始试斩，以石子不脱落为准。斩剁前，应先弹顺线，相距约为 100 mm，按线操作，以免剁纹跑斜。斩剁时应由上而下进行，先仔细剁好四周边缘和棱角，再斩中间墙面。在墙角、柱子等处，宜横向剁出边条或留有 15~20 mm 宽的窄小条不剁。

斩假石装饰抹灰要求剁纹均匀顺直、深浅一致、质感典雅。阳角处横剁和留出不剁的边条，应宽窄一致，棱角不得有损坏。

第二节　饰面工程

饰面工程是在墙、柱表面镶贴或安装具有保护和装饰功能的块料而形成的饰面层。块料的种类可分为饰面板和饰面砖两大类。

一、饰面板安装

饰面板工程是将天然石材、人造石材、金属饰面板等安装到基层上，以形成装饰面的一种施工方法。建筑装饰用的天然石材主要有大理石和花岗石两大类，人造石材一般有人造大理石（花岗石）和预制水磨石饰面板。金属饰面板主要有铝合金板、塑铝板、彩色涂层钢板、彩色不锈钢板、镜面不锈钢面板等。

（一）大理石、花岗石、预制水磨石饰面板施工

大理石、花岗石、预制水磨石板等安装工艺基本相同，以大理石为例，其安装工艺流程为：材料准备与验收→基层处理→板材钻孔→饰面板固定→灌浆→清理→嵌缝→打蜡。

1. 材料准备与验收

大理石拆除包装后，应按照设计要求挑选规格、品种、颜色一致，无裂纹、无缺边、掉角及局部污染变色的块料，分别堆放。按设计尺寸要求在平地上进行试拼，校正尺寸，使宽度符合要求，缝隙平直均匀，并调整颜色、花纹，力求色调一致，上下左右纹理通顺，不得有花纹横、竖突变现象。试拼后分部位逐块按安装顺序予以编号，以便安装时对号入座。对轻微破裂的石材，可用环氧树脂胶黏剂黏结；对表面有洼坑、麻点或缺棱、掉角的石材，可用环氧树脂腻子进行修补。

2. 基层处理

安装前检查基层的实际偏差，墙面还应检查垂直度、平整度情况，偏差较大者应剔凿、修补。对表面光滑的基层进行凿毛处理，然后将基层表面清理干净，并浇水湿润，抹水

泥砂浆找平层。待找平层干燥后，在基层上分块弹出水平线和垂直线，并在地面上顺墙（柱）弹出大理石外廊尺寸线，在外廓尺寸线上再弹出每块大理石板的就位线，板缝应符合相关规定。

3. 饰面板湿挂法铺贴工艺

湿挂法铺贴工艺适用于板材厚为 20~30 mm 的大理石、花岗石或预制水磨石板，墙体为砖墙或混凝土墙。

湿挂法铺贴工艺是传统的铺贴方法，即在竖向基体上预挂钢筋网，用铜丝或镀锌钢丝绑扎板材并灌水泥砂浆粘牢。这种方法的优点是牢固可靠，缺点是工序烦琐、卡箍多样、板材上钻孔易损坏，特别是灌注砂浆时易污染板面和使板材移位。

采用湿挂法铺贴工艺，墙体应设置锚固体。砖墙体应在灰缝中预埋 φ 钢筋钩，钢筋钩中距为 500 mm 或按板材尺寸，当挂贴高度大于 3 m 时，钢筋钩改用 φ10 钢筋，钢筋钩埋入墙体内深度应不小于 120 mm，伸出墙面 30 mm；混凝土墙体可射入 φ3.7×62 的射钉，中距也为 500 mm 或按板材尺寸，射钉打入墙体内 30 mm，伸出墙面 32 mm。

挂贴饰面板之前，将 φ6 钢筋网焊接或绑扎于锚固件上。钢筋网双向中距为 500 mm 或按板材尺寸。在饰面板上、下边各钻不少于两个直径 5 mm 的孔，孔深为 15 mm，清理饰面板的背面。用双股 18 号铜丝穿过钻孔，把饰面板绑牢于钢筋网上。饰面板的背面距墙面应不小于 50 mm。饰面板的接缝宽度可垫木楔调整，应确保饰面板外表面平整、垂直及板的上沿平顺。

每安装好一行横向饰面板即进行灌浆。灌浆前，应浇水将饰面板背面及墙体表面湿润，在饰面板的竖向接缝内填塞 15~20 mm 深的麻丝或泡沫塑料条以防漏浆（光面、镜面和水磨石饰面板的竖缝，可用石膏灰临时封闭，并在缝内填塞泡沫塑料条）。

拌和好 1∶2.5 的水泥砂浆，将砂浆分层灌注到饰面板背面与墙面之间的空隙内，每层灌注高度为 150~200 mm，且不得大于板高的 1/3，并插捣密实。待砂浆初凝后，应检查板面位置，如有移动错位应拆除重新安装；若无移位，方可安装上一行板。施工缝应留在饰面板水平接缝以下 50~100 mm 处。凸出墙面的勒脚饰面板安装，应待墙面饰面板安装完工后进行。待水泥砂浆硬化后，将填缝材料清除。板面经清洗晾干后，方可打蜡擦亮。

4. 饰面板干挂法铺贴工艺

干挂工艺是利用高强度螺栓和耐腐蚀、强度高的柔性连接件，将石材挂在建筑结构的外表面，石材与结构之间留出 40~50 mm 的空隙。此工艺多用于 30 m 以下的钢筋混凝土结构，不适用于砖墙或加气混凝土墙。其施工工艺如下：

（1）石材准备

根据设计图纸要求在现场进行板材切割并磨边，要求板块边角挺直、光滑。然后在石材侧面钻孔，用于穿插不锈钢销钉连接固定相邻板块。在板材背面涂刷防水材料，以增强其防水性能。

（2）基体处理

清理结构表面，弹出安装石材的水平和垂直控制线。

（3）固定锚固体

在结构上定位钻孔，埋置膨胀螺栓；支底层饰面板托架，安装连接件。

（4）安装固定石材

先安装底层石板，将连接件上的不锈钢针插入板材的预留接孔中，调整面板，当确定位置准确无误后，即可紧固螺栓，然后用环氧树脂或密封膏堵塞连接孔。底层石板安装完毕后，经过检查合格可依次循环安装上层面板，每层应注意上口水平、板面垂直。

（5）嵌缝

嵌缝前，先在缝隙内嵌入泡沫塑料条，然后用胶枪注入密封胶。为防止污染板面，注胶前应沿面板边缘粘贴胶纸带覆盖缝两边板面，注胶后将胶带揭去。

（二）金属饰面板安装

1. 彩色涂层钢板饰面安装

（1）施工顺序

彩色涂层钢板饰面安装施工顺序：预埋连接件→立墙筋→安装墙板→板缝处理。

（2）施工要点

1）安装墙板要按照设计节点详图进行，安装前要检查墙筋位置，计算板材及缝隙宽度，进行排板、画线定位。

2）要特别注意异形板的使用。在窗口和墙转角处使用异形板可以简化施工，增加防水效果。

3）墙板与墙筋用铁钉、螺钉及木卡条连接。安装板的原则是按节点连接，沿一个方向顺序安装，方向相反则不易施工。如墙筋或墙板过长，可用切割机切割。

4）板缝处理。尽管彩色涂层钢板在加工时已考虑了防水性能，但若遇到材料弯曲、接缝处高低不平，其防水功能可能会失去作用，在边角部位这种情况尤为明显，因此，对一些板缝填放防水材料也是必要的。

2. 铝合金板饰面安装

铝合金板饰面安装施工要点如图 5-1 所示。

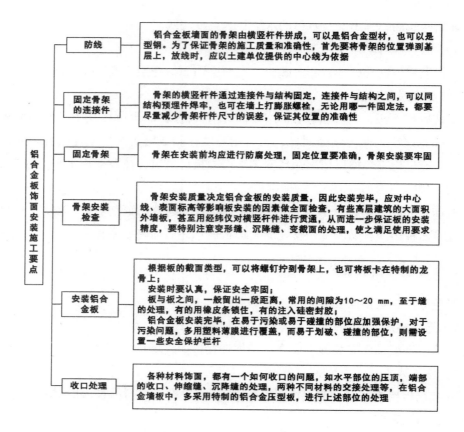

图 5-1　铝合金板饰面安装施工要点

二、饰面砖安装

（一）内墙釉面砖安装施工

1. 镶贴前

镶贴前用水平尺找平，校核方正。计算好纵横皮数和镶贴块数，画出皮数杆，定出水平标准，进行排序，特别是阳角必须垂直。

2. 连接处理

（1）在有脸盆镜箱的墙面，应按脸盆下水管部位分中，往两边排砖。肥皂盒、电器开关插座等，可按预定尺寸和砖数排砖，尽量保证外表美观。

（2）根据已弹好的水平线，稳好水平尺板，作为镶贴第一层瓷砖的依据，一般由下往上逐层镶贴。为了保证间隙均匀美观，每块砖的方正可采用塑料十字架，镶贴后在半干时再取出十字架，进行嵌缝。

（3）一般采用掺 108 胶素水泥砂浆做黏结层，当温度在 15 ℃以上时（不可使用防冻剂），可随调随用。将水泥砂浆满铺在瓷砖背面，中间鼓四角低，逐块进行镶贴，随时用塑料十字架找正，全部工作应在 3 h 内完成。一面墙不能一次贴到顶，以防塌落。随时用干布或棉纱将缝隙中挤出的浆液擦干净。

（4）镶贴后的每块瓷砖，可用小铲轻轻敲打牢固。工程完工后，应对其加强养护。同时，可用稀盐酸刷洗表面，随时用水冲洗干净。

（5）粘贴 48 h 后，用同色素水泥擦缝。

（6）工程全部完成后，应根据不同的污染程度用稀盐酸刷洗，随即再用清水冲洗。

3. 基层凿毛甩浆

对于坚硬光滑的基层，如混凝土墙面，必须先对基层进行凿毛、甩浆处理。凿毛的深度为 5~10 mm、间距为 30 mm，毛面要求均匀，并用钢丝刷子刷干净，用水冲洗。然后在凿毛面上甩水泥砂浆，其配合比为水泥∶中砂∶胶黏剂 =1∶1.5∶0.2。甩浆厚度为 5 mm 左右，甩浆前先润湿基层面，甩浆后注意养护。

4. 贴结牢固检查

凡敲打瓷砖面发出空声时，证明贴结不牢或缺灰，应取下瓷砖重贴。

（二）外墙面砖安装施工

1. 基层为混凝土墙的外墙面砖安装

（1）吊垂直、找方、找规矩、贴灰饼

若建筑物为高层，应在四大角和门窗口用经纬仪打垂直线找直；如果建筑物为多层，则可从顶层开始用特制的大线坠绷钢丝吊垂直，然后根据面砖的规格尺寸分层设点、做灰饼。横线则以楼层为水平基线交圈控制，竖向则以四周大角和通天柱、垛子为基线控制，应全部是整砖。每层打底时则以此灰饼作为基准点进行冲筋，使其底层灰做到横平竖直。同时要注意找好凸出檐口、腰线、窗台、雨篷等饰面的流水坡度。

（2）抹底层砂浆

先刷一遍水泥素浆，紧接着分遍抹底层砂浆（常温时采用配合比为 1∶0.5∶4 水泥白灰膏混合砂浆，也可用 1∶3 水泥砂浆）。第一遍厚度宜为 5 mm，抹后用扫帚扫毛；待第一遍达到六七成干时，即可抹第二遍，厚度为 8~12 mm，随即用木杠刮平，木抹搓毛，终凝后浇水养护。

（3）弹线分格

待基层灰达到六七成干时，即可按图纸要求进行分格弹线，同时进行面层贴标准点的工作，以控制面层出墙尺寸及墙面垂直、平整。

（4）排砖

根据大样图及墙面尺寸进行横竖排砖，以保证面砖缝隙均匀，符合设计图纸要求，注意大面和通天柱、垛子排整砖以及在同一墙面上的横竖排列，均不得有一行以上的非整砖。非整砖行应排在次要部位，如窗间墙或阴角处等，但也要注意一致和对称。如遇凸出的卡件，应用整砖套割吻合，不得用非整砖拼凑镶贴。

（5）浸砖

外墙面砖镶贴前，首先要将面砖清扫干净，放入净水中浸泡 2 h 以上，取出待表面晾干或擦干净后方可使用。

（6）镶贴面砖

在每一分段或分块内的面砖，均为自下向上镶贴。从最下一层砖下皮的位置线先稳好靠尺，以此托住第一皮面砖。在面砖外皮上口拉水平通线，作为镶贴的标准。

在面砖背面宜采用 1：2 水泥砂浆或水泥：白灰膏：砂 =1：0.2：2 的混合砂浆镶贴。砂浆厚度为 6~10 mm，贴上后用灰铲柄轻轻敲打，使之附线，再用钢片开刀调整竖缝，并用小杠通过标准点调整平面垂直度。另一种做法是用 1：1 水泥砂浆加含水率 20% 的胶黏剂，在砖背面抹 3~4 mm 厚粘贴即可。但采用此种做法时，基层灰浆必须抹得平整，而且砂子必须过筛后使用。

（7）面砖勾缝与擦缝

宽缝一般为 8 mm 以上，用 1：1 水泥砂浆勾缝，先勾水平缝再勾竖缝，勾好后要求凹进面砖外表面 2~3 mm。若横竖缝为干挤缝，或小于 3 mm 者，应用白水泥配颜料进行擦缝处理。面砖缝勾完后用布或棉丝蘸稀盐酸擦洗干净。

2. 基层为砖墙的外墙面砖安装

基层为砖墙的外墙面砖安装施工要点如图 5-2 所示。

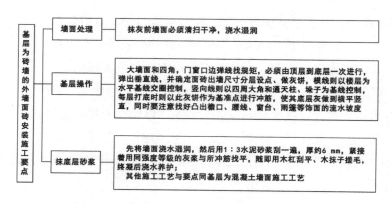

图 5-2　基层为砖墙的外墙面砖安装施工要点

（三）玻璃马赛克安装施工

玻璃马赛克与陶瓷马赛克的差别在于坯料中掺入了石英材料，故烧成后呈半透明玻璃质状。其规格为 20 mm×20 mm×4 mm，反贴在纸板上，每张标准尺寸为 325 mm×325 mm（每张纸板上粘贴 225 块玻璃马赛克）。玻璃马赛克安装施工工艺及要点如下：

（1）中层表面的平整度、阴阳角垂直度和方正偏差宜控制在 2 mm 以内，以保证面层的铺贴质量。中层做好后，要根据玻璃马赛克的整张规格尺寸弹出水平线和垂直线。如要求分格，应根据设计要求定出留缝宽度，制备分格条。

（2）注意选择黏结灰浆的颜色和配合比。用白水泥浆粘贴白色和淡色玻璃马赛克，用加颜料的深色水泥浆粘贴深色玻璃马赛克。白水泥浆配合比为水泥：石灰膏 =1 ： 0.15~0.20。

（3）抹黏结灰浆时要注意使其填满玻璃马赛克之间的缝隙。铺贴玻璃马赛克时，先在中层上涂抹一层黏结灰浆，厚度为 2~3 mm。再在玻璃马赛克底面薄薄地涂抹一层黏结灰浆，涂抹时要确保缝隙中（粒与粒之间）灰浆饱满，否则用水洗刷玻璃马赛克表面时，易产生砂眼洞。

（4）铺贴时要力求一次铺准，稍做校正，即可达到缝格对齐、横平竖直的要求。铺贴后，应将玻璃马赛克拍平、拍实，使其缝中挤满黏结灰浆，以保证黏结牢固。

（5）要掌握好揭纸和洗刷余浆时间，过早会影响黏结强度，易产生掉粒和小砂眼洞现象；过晚则难洗净余浆，而影响表面清洁度和色泽。一般要求上午铺贴的要在上午完成，下午铺贴的要在下午完成。

（6）擦缝刮浆时，不能在表面满涂满刮，否则水泥浆会将玻璃毛面填满而失去光泽。擦缝时应及时用棉丝将污染玻璃马赛克表面的水泥浆擦洗干净。

第三节　楼地面工程

楼地面工程是人们工作和生活中接触最频繁的一个分部工程，其反映楼地面工程档次和质量水平，具有地面的承载能力、耐磨性、耐腐蚀性、抗渗漏能力、隔声性能、弹性、光洁程度、平整度等指标以及色泽、图案等艺术效果。

一、楼地面工程组成和分类

（一）楼地面的组成

楼地面是房屋建筑底层地坪与楼层地坪的总称，由面层、垫层和基层等部分构成。

（二）楼地面的分类

1. 按材料划分

楼地面可分为土、灰土、三合土、菱苦土、水泥砂浆混凝土、水磨石、陶瓷马赛克、木、砖和塑料地面等。

2. 按结构划分

楼地面可分为整体地面（如灰土、菱苦土、三合土、水泥砂浆、混凝土、现浇水磨石、沥青砂浆和沥青混凝土等）、块料地面（如缸砖、塑料地板、拼花木地板、陶瓷地砖、马赛克、水泥花砖、预制水磨石块、大理石板材、花岗石板材等）和涂布地面等。以下简要介绍前两种。

二、整体地面

现浇整体地面一般包括水泥砂浆地面和水磨石地面，现以水泥砂浆地面为例，简述整体地面的施工技术要求和方法。

（一）施工准备

（1）材料：

1）水泥。优先采用硅酸盐水泥、普通硅酸盐水泥，强度等级不低于42.5级，严禁不同品种、不同强度等级的水泥混用。

2）砂。采用中砂、粗砂，含泥量不大于7%，过8 mm孔径筛子；如采用细砂，砂浆强度偏低，易产生裂缝；采用石屑代砂，粒径宜为6~7 mm，含泥量不大于7%，可拌制成水泥石屑浆。

（2）地面垫层中各种预埋管线已完成，穿过楼面的方管已安装完毕，管洞已落实，有地漏的房间已找泛水。

（3）施工前应在四周墙身弹好50 cm的水平墨线。

（4）门框已立好，再一次核查找正，对于有室内外高差的门口位，如果是安装有下槛的铁门，还应顾及室内、室外能各在下槛两侧收口。

（5）墙、顶抹灰已完成，屋面防水已做好。

（二）施工方法

1. 基层处理

水泥砂浆面层是铺抹在楼面、地面的混凝土、水泥炉渣、碎砖三合土等垫层上的，垫层处理是防止水泥砂浆面层空鼓、裂纹、起砂等质量通病的关键工序。因此，要求垫层应具有粗糙、洁净和潮湿的表面，一切浮灰、油渍、杂质必须清除，否则会形成一层隔离层，使面层结合不牢。基层处理方法：将基层上的灰尘扫掉，用钢丝刷和腻子刷净，剔掉灰浆皮和灰渣层，用10%的火碱水溶液刷掉基层上的油污，并用清水及时将碱液冲净。对表面比较光滑的基层，应进行凿毛，并用清水冲洗干净。冲洗后的基层最好不要上人。

2. 抹灰饼和标筋（或称冲筋）

根据水平基准线把楼地面层上皮的水平基准线弹出。面积不大的房间，可根据水平基准线直接用长木杠标筋，施工中进行几次复尺即可。对面积较大的房间，应根据水平基准线，在四周墙角处每隔 1.5~2.0 m 用 1 ∶ 2 水泥砂浆抹标志块，标志块大小一般是 8~10 cm²。待标志块结硬后，再以标志块的高度做出纵横方向通长的标筋以控制面层的厚度。标筋用 1 ∶ 2 水泥砂浆，宽度一般为 8~10 cm。做标筋时，要注意控制面层厚度，面层的厚度应与门框的锯口线吻合。

3. 设置分格条

为防止水泥砂浆在凝结硬化时体积收缩产生裂缝，应根据设计要求设置分格缝。首先根据设计要求在找平层上弹线确定分格缝位置，然后在分格线位置上粘贴分格条，分格条应黏结牢固。若无设计要求，可在室内与走道邻接的门扇下设置；当开间较大时，在结构易变形处设置。分格缝顶面应与水泥砂浆面层顶面相平。

4. 铺设砂浆

铺设砂浆要点如下：

（1）水泥砂浆的强度等级不应小于 M15，水泥与砂的体积比宜为 1 ∶ 2，其稠度不宜大于 35 mm，并应根据取样要求留设试块。

（2）水泥砂浆铺设前，应提前一天浇水湿润。铺设时，在湿润的基层上涂刷一道水胶比为 0.4~0.5 的水泥素浆作为加强黏结，随即铺设水泥砂浆。水泥砂浆的标高应略高于标筋，以便刮平。

（3）当水泥砂浆凝结到六七成干时，用木刮杠沿标筋刮平，并用靠尺检查平整度。

5. 面层压光

（1）第一遍压光。砂浆收水后，即可用铁抹子进行第一遍压光，直至出浆。如砂浆局部过干，可在其上洒水湿润后再进行压光；如局部砂浆过稀，可在其上均匀撒一层体积比为 1 ∶ 2 的干水泥砂吸水。

（2）第二遍压光。砂浆初凝后，当人站上去有脚印但不下陷时，即可进行第二遍压光，用铁抹子边抹边压，使表面平整，要求不漏压，平面出光。

（3）第三遍压光。砂浆终凝前，即人踩上去稍有脚印，用抹子压光无抹痕时，即可进行第三遍压光。抹压时用力要大且均匀，将整个面层全部压实、压光，使表面密实、光滑。

6. 养护

水泥砂浆面层抹压后，应在常温湿润条件下养护。养护要适时，浇水过早易起皮，浇水过晚则会使面层强度降低而加剧其干缩和开裂倾向。一般夏季应在 24 h 后养护，春秋季节应在 48 h 后养护，养护一般不少于 7 d。最好是在铺上锯末屑（或以草垫覆盖）后再浇水养护，浇水时宜用喷壶喷洒，使锯末屑（或草垫等）保持湿润即可。如采用矿渣水泥，养护时间应延长到 14 d。在水泥砂浆面层强度达不到 5 MPa 之前，不准在上面行走或进行其他作业，以免损坏地面。

三、块料地面

（一）陶瓷地砖地面

1. 铺找平层

将基层清理干净后提前浇水湿润。铺设找平层时应先刷一道素水泥浆，随刷随铺砂浆。

2. 排砖弹线

根据 0.5 cm 水平线，在墙面上弹出地面标高线。根据地面的平面几何尺寸及砖的大小进行计算排砖。排砖时统筹兼顾以下几点：一是尽可能对称；二是房间与通道的砖缝应相通；三是不割或少割砖，可利用砖缝宽窄、镶边来调节；四是房间与通道如用不同颜色的砖，分色线应留置于门扇处。排砖后直接在找平层上弹纵横控制线（小砖可每隔四块弹一跟控制线），并严格控制好方正。

3. 选砖

由于砖的大小及颜色有差异，铺砖前一定要选砖分类。将尺寸大小及颜色相近的砖铺设在同一房间内。同时保证砖缝均匀顺直、砖的颜色一致。

4. 铺砖

纵向先铺几行砖，找好位置和标高，并以此为准，拉线铺砖。铺砖时应从里向外退向门口的方向逐排铺设，每块砖应跟线。铺砖的操作是，在找平层上刷水泥浆（随刷随铺），将预先浸水晾干的砖的背面朝上，抹 1：2 水泥砂浆黏结层，厚度不小于 10 mm，将抹好砂浆的砖铺砌到找平层上，砖上楞应跟线找正、找直，用橡皮锤敲实。

5. 拨缝修整

拉线拨缝修整，将缝找直，并用靠尺板检查平整度，将缝内多余的砂浆扫出，将砖拍实。

6. 勾缝

铺好的地面砖，应养护 48 h 才能勾缝。勾缝用 1：1 水泥砂浆，要求勾缝密实、灰缝平整光洁、深浅一致，一般灰缝低于地面 3~4 mm；如设计要求不留缝，则需要灌缝擦缝，可用撒干水泥并喷水的方法灌缝。

（二）大理石及花岗石地面

1. 弹线

根据墙面 0.5 m 标高线，在墙上做出面层顶面标高标志，室内与楼道面层顶面标高应一致。当大面积铺设时，用水准仪向地面中部引测标高，并做出标志。

2. 试拼和试排

在正式铺设前，对每一个房间使用的砖石图案、颜色、花纹应按照图样要求进行试拼。

试拼后按两个方向排列编号，然后按编号排放整齐。板材试拼时，应注意与相通房间和楼道的协调关系。

试排时，在房间两个垂直的方向，铺两条干砂带，其宽度大于板块，厚度不小于30 mm。根据图样要求把板材排好，核对板材与墙面、柱、洞口等的相对位置；板材之间的缝隙宽度，当设计无规定时不应大于 1 mm。

3. 铺结合层

将找平层上试排时用过的干砂和板材移开，清扫干净，将找平层湿润，刷一道水胶比为 0.4~0.5 的水泥浆，但面积不要过大，应随刷随铺砂浆。结合层采用 1∶2 或 1∶3 的水泥砂浆，稠度为 25~35 mm，用砂浆搅拌机拌制均匀，应严格控制加水量，拌好的砂浆以手握成团、手捏或手颠即散为宜。砂浆厚度控制在放上板材时高出地面顶面标高 1~3 mm 即可。铺好后用刮尺刮平，再用抹子拍实、抹平，铺摊面积不得过大。

4. 铺贴板材

所采用的板材应先用清水浸湿，但包装纸不得一同浸泡，待擦干或晾干后铺贴。铺贴时应根据试拼时的编号及试排时确定的缝隙，从十字控制线的交点开始拉线铺贴。铺贴纵横行后，可分区按行列控制线依次铺贴，一般房间宜由里向外，逐步退至门口。

铺贴时为了保证铺贴质量，应进行试铺。试铺时，搬起板材对好横纵控制线，水平下落在已铺好的干硬性砂浆结合层上，用橡胶锤敲击板材顶面，振实砂浆至铺贴高度后，将板材掀起移至一旁；检查砂浆表面与板材之间是否吻合，如发现有空虚之处，应用砂浆填补，然后正式铺贴。正式铺贴时，先在水泥砂浆结合层上均匀浇一层水胶比为 0.5 的水泥浆，再铺板材，安放时四角同时在原位下落，用橡胶锤轻敲板材，使板材平实，根据水平线用水平尺检查板材平整度。

5. 擦缝

在板材铺贴完成 1~2 d 后进行灌浆擦缝。根据板材颜色，选用相同颜色的矿物颜料和水泥拌和均匀，调成 1∶1 稀水泥浆，将其徐徐灌入板材之间的缝隙内，至基本灌满为止。灌浆 1~2 h 后，用棉纱蘸原稀水泥浆擦缝并与板面擦平，同时将板面上的稀水泥浆擦除干净，接缝应保证平整、密实。完成后，面层加以覆盖，养护时间不应少于 7 d。

6. 打蜡

当水泥砂浆结合层抗压强度达到 11.2 MPa 后，各工序均完成，将面层表面用草酸溶液清洗干净并晾干后，将成品蜡放于布中薄薄地涂在板材表面，待蜡干后，用木块代替油石进行磨光，直至板材表面光滑洁亮为止。

第四节 涂饰工程

涂料敷于建筑物表面并与基体材料很好地黏结，干结成膜后，既对建筑物表面起到一定的保护作用，又具有建筑装饰的效果。

一、涂饰工程材料质量要求

（一）涂料质量要求

（1）涂料工程所用的涂料和半成品（包括施涂现场配制的），均应有品名、种类、颜色、制作时间、储存有效期、使用说明和产品合格证书、性能检测报告及进场验收记录。

（2）内墙涂料要求耐碱性、耐水性、耐粉化性良好，以及有一定的透气性。

（3）外墙涂料要求耐水性、耐污染性和耐候性良好。

（二）腻子质量要求

涂料工程使用的腻子的塑性和易涂性应满足施工要求，干燥后应坚固，无粉化、起皮和开裂，并按基层、底涂料和面涂料的性能配套使用。另外，处于潮湿环境的腻子应具有耐水性。

二、涂饰工程基层处理要求

（一）基体或基层的含水率

混凝土和抹灰表面涂刷溶剂型涂料时，含水率不得大于 8%；涂刷乳液型涂料时，含水率不得大于 10%；木料制品含水率不得大于 12%。

（二）涂刷抗碱封闭底漆、刷界面剂

新建建筑物的混凝土或抹灰基层在涂饰涂料前应涂刷抗碱封闭底漆；旧墙面在涂刷涂料前应清除疏松的旧装修层，并涂刷界面剂。

（三）涂饰工程墙面基层

表面应平整、洁净，并有足够的强度，不得酥松、脱皮、起砂、粉化等。

三、涂饰工程施工方法

（一）刷涂

刷涂宜采用细料状或云母片状涂料。刷涂时，用刷子蘸上涂料直接涂刷于被涂饰基层表面，其涂刷方向和行程长短应一致。涂刷层次，一般不少于两度。在前一度涂层表面干燥后再进行后一度涂刷。两度涂刷间隔时间与施工现场的温度、湿度有关，一般不少于 2~4 h。

（二）喷涂

喷涂宜采用含粗填料或云母片的涂料。喷涂是借助喷涂机具将涂料呈雾状或粒状喷出，分散沉积在物体表面上。喷射距离一般为 40~60 cm，施工压力为 0.4~0.8 MPa。喷枪运行中喷嘴中心线必须与墙面垂直，喷枪与墙面平行移动，运行速度保持一致。室内喷涂一般先喷顶后喷墙，两遍成活，间隔时间约为 2 h；外墙喷涂一般为两遍，较好的饰面为三遍。

（三）滚涂

滚涂宜采用细料状或云母片状涂料。滚涂是利用涂料辊子蘸匀适量涂料，在待涂物体表面施加轻微压力上下垂直来回滚动，避免歪扭呈蛇形，以保证涂层的厚度、色泽、质感一致。

（四）弹涂

弹涂宜采用细料状或云母片状涂料。先在基层刷涂 1 道或 2 道底色涂层，待其干燥后进行弹涂。弹涂时，弹涂器的出口应垂直对正墙面，距离为 300~500 mm，按一定速度自上而下、自左至右地弹涂。注意弹点密度均匀适当，上下左右接头不明显。

第五节　门窗工程

常见的门窗类型有木门窗、铝合金门窗、塑料门窗、钢门窗、彩板门窗和特种门窗等。门窗工程的施工可分为两大类：一类是由工厂预先加工拼装成型，在现场安装；另一类是在现场根据设计要求加工、制作，即时安装。

一、木门窗安装

（一）弹线找规矩

以顶层门窗位置为准，从窗中心线向两侧量出边线，用垂线或经纬仪将顶层门窗控制线逐层引下，分别确定各层门窗的安装位置；再根据室内墙面上已确定的"50线"，确定门窗安装标高；然后根据墙身大样图及窗台板的宽度，确定门窗安装的平面位置，在侧面墙上弹出竖向控制线。

（二）洞口修复

门窗框安装前，应检查洞口尺寸大小、平面位置是否准确，如有缺陷应及时进行剔凿处理。检查预埋木砖的数量及固定方法并应符合以下要求：

（1）高为 1.2 m 的洞口，每边预埋 2 块木砖；高为 1.2~2 m 的洞口，每边预埋 3 块木砖；高为 2~3 m 的洞口，每边预埋 4 块木砖。

（2）当墙体为轻质隔墙和 120 mm 厚的隔墙时，应采用预埋木砖的混凝土预制块，混凝土强度等级不低于 C15。

（三）门窗安装

门窗框安装时，应根据门窗扇的开启方向，确定门窗框安装的裁口方向；有窗台板的窗，应根据窗台板的宽度确定窗框位置；有贴脸的门窗，立框应与抹灰面齐平；中立的外窗以遮盖住砖墙立缝为宜。门窗框安装标高以室内"50线"为准，用木楔将框临时固定于门窗洞口内，并立即使用线坠检查，达到要求后塞紧固定。

（四）嵌缝处理

门窗框安装完经自检合格后，在抹灰前应进行塞缝处理，塞缝材料应符合设计要求，无特殊要求者用掺有纤维的水泥砂浆嵌实缝隙，经检验无漏嵌和空嵌现象后，方可进行抹灰作业。

（五）门窗扇安装

安装前，按图样要求确定门窗的开启方向及装锁位置，以及门窗口尺寸是否正确。将门扇靠在框上，画出第一次修刨线，如扇小应在下口和装合页的一面绑粘木条，然后修刨合适。第一次修刨后的门窗扇，应以能塞入口内为宜；第二次修刨门窗扇后，缝隙尺寸合适，同时在框、扇上标出合页位置，定出合页安装边线。

二、铝合金门窗安装

铝合金门窗框一般是用后塞口方法安装。门窗框加工的尺寸应比洞口尺寸略小，门窗框与结构之间的间隙，应视不同的饰面材料而定。

安装前，应逐个检查门、窗洞口的尺寸与铝合金门、窗框的规格是否相适应，对于尺寸偏差较大的部位，应剔凿或填补处理。然后按室内地面弹出的"50线"和垂直线，标出门窗框安装的基准线。要求同一立面的门窗在水平与垂直方向应做到整齐一致。按在洞口弹出的门窗位置线，将门窗框立于墙体中心线部位或内侧，并用木楔临时固定，待检查立面垂直度、左右间隙、上下位置等符合要求后，将镀锌锚固板固定在门窗洞口内。锚固板是铝合金门、窗框与墙体固定的连接件，锚固板的一端固定在门窗框的外侧，另一端固定在密实的洞口墙内。锚固板与结构的固定方法有射钉固定法、膨胀螺丝固定法和燕尾铁脚固定法。

铝合金门窗框安装固定后，应按设计要求及时处理窗框与墙体缝隙。若设计未规定具体堵塞材料，应采用矿棉或玻璃棉毡分层填塞缝隙，外表面留5~8 mm深槽口，槽内填嵌密封材料。

门窗扇的安装，需在室内外装修基本完成后进行，框装上扇后应保证框扇的立面在同一平面内，窗扇就位准确，启闭灵活。平开窗的窗扇安装前应先将合页固定在窗框上，再将窗扇固定在合页上；推拉式门窗扇，应先装室内侧门窗扇，后装室外侧门窗扇；固定扇应装在室外侧，并固定牢固，确保使用安全。

玻璃安装是铝合金门、窗安装的最后一道工序，包括玻璃裁割、玻璃就位、玻璃密封与固定。玻璃裁割时，应根据门窗扇的尺寸来计算下料尺寸。玻璃单块尺寸较小时，可用双手夹住就位；若单块玻璃尺寸较大，可用玻璃吸盘就位。玻璃就位后，及时用橡胶条固定。玻璃应放在凹槽的中间，内、外侧间距不应小于2 mm，也不宜大于5 mm。同时为防止因玻璃的胀缩而造成型材的变形，型材下凹槽内可放置3 mm厚氯丁橡胶垫块将玻璃垫起。

铝合金门窗交工前，应将型材表面的保护胶纸撕掉，如有胶迹，可用香蕉水清理干净，玻璃应用清水擦洗干净。

三、塑料门窗安装

（一）工艺流程

弹线找规矩→门窗洞口处理→安装连接件的检查→塑料门窗外观检查→运到安装地点→塑料门窗安装→门窗四周嵌缝→安装五金配件→清理。

（二）工艺要点

（1）本工艺应采用后塞口施工，不得先立口后再进行结构施工。

（2）检查门窗洞口尺寸是否比门窗框尺寸大 30 mm，否则应先进行剔凿处理。

（3）按图样尺寸放好门窗框的安装位置线及立口的标高控制线。

（4）安装门窗框上的铁脚。

（5）安装门窗框，并按线就位找好垂直度及标高，用木楔临时固定，检查正、侧面垂直及对角线，合格后用膨胀螺栓将铁脚与结构固定牢固。

（6）嵌缝：门窗框与墙体的缝隙应按设计要求的材料嵌缝，如设计无要求，可用沥青麻丝或泡沫塑料填实，表面用厚度为 5~8 mm 的密封胶封闭。

（7）门窗附件安装：安装时应先用电钻钻孔，再用自攻螺钉拧入。严禁用铁锤或硬物敲打，防止损坏框料。

（8）安装后注意成品保护，防污染，防焊接火花烧伤。

第六章 工程施工管理

第一节 施工进度管理

一、施工进度管理概述

（一）施工进度管理的含义

施工进度管理指为实现预定的进度目标而进行的计划、组织、指挥、协调和控制等活动。施工进度管理的内容主要包括：根据限定的工期确定进度目标；编制施工进度计划；在进度计划实施过程中，及时检查实际施工进度，并与计划进度进行比较，分析实际进度与计划进度是否相符。若出现偏差，则分析产生的原因及对后续工作和工期的影响程度，并及时调整，直至工程竣工验收。

（二）施工进度管理程序

施工进度管理是一个动态的循环过程，主要包括施工进度目标的确定，施工进度计划的编制和施工进度计划的跟踪、检查、调整等内容。

（三）施工进度影响因素分析

要想有效地控制施工进度，就必须对影响施工进度的因素进行全面分析和预测。这样，一方面可以促进对有利因素的充分利用和对不利因素的妥善预防；另一方面也便于事先制定预防措施，事中采取有效对策，事后进行妥善补救，以缩小实际进度与计划进度的偏差，实现对建设工程施工进度的主动控制和动态控制。

影响施工进度的主要因素有：

（1）工程建设相关单位的影响。影响建设工程施工进度的单位不只是施工承包单位，只要是与工程建设有关的单位,其工作进度的拖后必将对施工进度产生影响,如政府部门、业主、设计单位、物资供应单位、资金贷款单位等。

（2）承包单位自身管理水平的影响,包括施工技术因素和组织管理因素。施工技术因素包括施工工艺错误、不合理的施工方案和不可靠技术的应用等;组织管理因素包括计划安排不周密,组织协调不力,导致停工待料、相关作业脱节、指挥失当等,影响施工进度。

（3）各种原材料、设备等物资供应进度的影响。

（4）自然环境因素,如工程地质条件、水文气象条件、洪水、地震、台风等。

（5）设计变更的影响。

（6）资金因素,如有关方拖欠资金、资金短缺等。

（7）各种风险因素的影响,包括政治、经济、技术及自然等方面的各种可预见或不可预见的因素。

二、施工进度计划的实施与检查

（一）施工进度计划的实施

在施工进度计划实施过程中,为保证各阶段进度目标和总进度目标的顺利实现,应做好以下工作:

1. 施工进度计划应满足工程施工的需要

为进一步实施施工进度计划,施工单位在施工开始前和施工中应及时编制本月（旬）的作业计划,该实施计划在编制时应结合当前的具体施工情况,从而使施工进度计划更具体、更切合实际、更加可行。此外,施工项目的完成需要人员、材料、机具、设备等诸多资源的及时配合。应注意考虑主要资源的优化配置,使其既满足施工要求,又降低施工成本。

2. 实行计划层层交底,按要求签发施工任务书,保证逐层落实

在施工进度计划实施前,根据任务书、进度计划文件的要求进行逐层交底落实,使有关人员明确各项计划的目标、任务、实施方案、预控措施、开始日期、结束日期、有关保证条件、协作配合要求等,使项目管理层和作业层协调一致,保证施工有计划、有步骤、连续均衡地进行。

3. 做好施工记录,掌握现场实际情况

在工程施工过程中,对于施工总进度计划、单位工程施工进度计划、分部工程施工进度计划等各级进度计划都要做好跟踪记录,如实记录每项工作的开始日期、工作进程和完成日期,记录每日完成数量、影响施工进度的因素等,以便为进度计划的检查、分析、调整等提供基础资料。

4. 预测干扰因素，采取预控措施

在项目实施前和实施过程中，应经常根据所掌握的各种数据资料，对可能会导致施工进度计划出现偏差的因素进行预测，并积极采取措施予以规避，保证施工进度计划的正常进行。

（二）施工进度计划的检查

在工程项目实施过程中，施工进度管理人员应经常性地、定期地检查实际进度情况，收集实际进度资料，并进行实际进度与计划进度的对比。主要内容如下：

1. 跟踪检查施工实际进度

进度计划检查按时间可划分为定期检查和不定期检查。定期检查包括按规定的年、季、月、旬、周、日检查。不定期检查指根据需要由检查人确定的专题或专项检查。检查内容应包括工程量的完成情况、工作时间的执行情况、资源使用及与进度的匹配情况、上次检查提出问题的整改情况等内容。检查方式一般采用收集进度报表、定期召开进度工作汇报会或现场实地检查工程进展情况等。

2. 整理统计检查数据

将收集到的实际进度数据进行必要的加工处理，以形成与计划进度具有可比性的数据。例如，对检查时段实际完成工作量的进度数据进行整理、统计和分析，确定本期累计完成的工作量、本期已完成的工作量占计划总工作量的百分比等。

3. 将实际进度数据与计划进度数据进行对比分析

将实际进度数据与计划进度数据进行比较，可以确定建设工程实际执行状况与计划目标之间的差距。通常采用的比较方法有横道图比较法、S曲线比较法、香蕉曲线比较法、前锋线比较法等。通过比较得出实际进度与计划进度相一致、超前和拖后三种情况。

4. 施工项目进度检查结果的处理

对施工进度检查的结果要形成进度报告。进度报告的内容包括：进度执行情况的综合描述，实际进度与计划进度的对比资料，进度计划的实施问题及原因分析，进度执行情况对质量、安全和成本等的影响情况，采取的措施和对未来计划进度的预测等。

三、施工进度计划的调整

当实际进度偏差影响到后续工作、总工期而需要调整进度计划时，其调整方法主要有两种。一种是改变某些工作间的逻辑关系，另一种是缩短某些工作的持续时间。

（一）改变某些工作间的逻辑关系

当工程项目实施中产生的进度偏差影响到总工期，且有关工作的逻辑关系允许改变时，可以改变关键线路和超过计划工期的非关键线路上的有关工作之间的逻辑关系，达到缩短工期的目的。例如，将顺序进行的工作改为平行作业、搭接作业以及分段组织流水作业等，都可以有效地缩短工期。

对于大型建设工程，由于其单位工程较多且相互间的制约比较小，可调整的幅度比较大，所以容易采用平行作业的方法来调整施工进度计划。而对于单位工程项目，由于受工作之间工艺关系的限制，可调整的幅度比较小，所以通常采用搭接作业的方法来调整施工进度计划。不管是搭接作业还是平行作业，建设工程在单位时间内的资源需求量都将会增加。

（二）缩短某些工作的持续时间

该种方法是在不改变工程项目中各项工作之间逻辑关系的基础上，通过采取增加资源投入、提高劳动效率等措施来缩短某些工作的持续时间，这些被压缩持续时间的工作应是位于关键线路或超过计划工期的非关键线路上的工作，以保证按计划工期完成该工程项目。

1. 调整方法

采用缩短某些工作的持续时间进行施工进度的调整时，通常在网络计划图上直接进行，一般分为以下三种情况：

（1）网络计划中某项工作进度拖延的时间已超过其自由时差但未超过其总时差。在此种情况下，该工作进度的拖延不会影响总工期，只是对其后续工作产生影响。因此，需要首先确定其后续工作允许拖延的时间限制条件，并以此为条件进行调整。

当后续工作拖延的时间无限制条件，则可将拖延后的时间参数代入原计划，绘制出未实施部分的进度计划，即得到调整方案。

如果后续工作不允许拖延或拖延的时间有限制时，需要根据限制条件对网络计划进行调整，寻求最优方案。该种情形下应特别注意当后续工作由多个平行的承包单位负责实施时，后续工作如不能按原计划进行，在时间上产生的任何变化都可能使合同不能正常履行，会引起受损失方的索赔，应尤为慎重。

（2）网络计划中某项工作进度拖延的时间超过其总时差。在此种情况下，无论该工作是否为关键工作，其实际进度都将对后续工作和总工期产生影响。此时，进度计划的调整方法又可分为以下三种情况：

1）如果项目总工期不允许拖延，工程项目必须按照原计划工期完成，则只能采取缩短关键线路上后续工作持续时间的方法来调整进度计划。

2）如果项目总工期允许拖延，则只需以实际数据取代原计划数据，并重新绘制实际进度检查日期之后的网络计划即可。

3）如果项目总工期允许拖延，但允许拖延的时间有限，则应当以总工期的限制时间作为规定工期，对检查日期之后尚未实施的网络计划进行工期优化，即通过缩短关键线路上后续工作持续时间的方法使总工期满足规定工期的要求。

　　须引起注意的是，上述三种情况均是以总工期为限制条件进行的进度计划调整。除此之外，还应考虑网络计划中后续工作的限制条件。如果后续工作是若干个独立的合同段，则时间上的任何变化，都会影响独立合同段的进度计划，并进而引起索赔。因此，当网络计划中某些后续工作对时间的拖延有限制时，同样需要以此为条件，按前述方法进行调整。

　　（3）网络计划中某项工作进度超前。在进度计划执行过程中，工作进度的超前也会造成控制目标的失控。例如，会致使资源的需求发生变化，而打乱了原计划对人、财、物等资源的合理安排，从而需进一步调整资金使用计划，如果后期由多个平行的承包单位进行施工时，则势必会打乱各承包单位的进度计划，还会引起相应合同条款的调整等。因此，如果实施过程中出现进度超前的情况，进度控制人员必须综合分析进度超前对后续工作产生的影响，提出合理的进度调整方案，确保工期目标顺利实现。

　　2. 调整措施

　　具体措施包括：

　　（1）组织措施

　　1）增加工作面，组织更多的施工队伍。

　　2）增加每天的施工时间，如采用三班制等。

　　3）增加劳动力和施工机械的数量。

　　（2）技术措施

　　1）改进施工工艺和施工技术，缩短工艺技术间歇时间。

　　2）采用更先进的施工方法，以减少施工过程的数量。

　　3）采用更先进的施工机械。

　　（3）经济措施

　　1）实行包干奖励。

　　2）提高奖金数额。

　　3）对所采取的技术措施给予相应的经济补偿。

　　（4）其他配套措施

　　1）改善外部配合条件。

　　2）改善劳动条件。

　　3）实施强有力的调度等。

　　一般来说，不管采取哪种措施，都会增加费用。因此，在调整施工进度计划时，应利用费用优化的原理选择费用增加量最小的关键工作作为压缩对象。

第二节 施工质量管理

一、施工质量管理概述

（一）工程质量的特性

工程质量指建设工程满足相关标准规定和合同约定要求的程度。建筑工程质量的特性主要表现在适用性、耐久性、安全性、可靠性、经济性、节能性以及与环境的协调性七方面。

1. 适用性

适用性指工程满足使用要求所具备的各种性能。主要包括理化性能、结构性能、使用性能和外观性能等。

2. 耐久性

耐久性即寿命，指工程在规定的条件下，满足规定功能要求使用的年限，也就是工程竣工后的合理使用寿命周期。

3. 安全性

安全性指工程建成后在使用过程中保证结构安全、保证人身和环境免受危害的程度。

4. 可靠性

可靠性指工程在规定的时间内和规定的条件下，完成规定功能的能力。工程不仅要求在交工验收时达到规定的指标，而且在一定的使用时期内要保持应有的正常功能。

5. 经济性

经济性指工程整个寿命周期内的成本和消耗的费用，具体表现为设计成本、施工成本、使用成本三者之和。

6. 节能性

节能性是工程在设计与建造过程及使用过程中满足节能减排、降低能耗的标准和有关要求的程度。

7. 与环境的协调性

与环境的协调性指工程与其周围生态环境协调，与所在地区经济环境协调以及与周围已建工程相协调，以适应可持续发展的要求。

上述七个方面的质量特性相互依存、缺一不可。对于不同门类、不同专业的工程，可根据其所处的特定地域环境条件、技术经济条件的差异，有不同的侧重面。

（二）影响工程质量的因素

在工程施工中，影响工程质量的因素很多，主要归纳为人、材料、机械、方法和环境五方面。

1. 人员素质

人是生产经营活动的主体，也是工程项目建设的决策者、管理者、操作者，工程项目建设的全过程都是通过人来完成的。人员的素质、管理水平、技术和操作水平的高低都将最终影响工程实体质量，所以人员素质是影响工程质量的一个重要因素。

2. 工程材料

工程材料指构成工程实体的各类建筑材料、构配件、半成品等，是工程建设的物质条件，是工程质量的基础。工程材料选用是否合理、产品质量是否合格、保管使用是否得当等，都将直接影响工程的结构安全和使用功能。

3. 机械设备

机械设备可以划分为两类：一类是构成工程实体及配套的工艺设备和各类机具，如电梯、采暖、通风设备等，它们构成了工程项目的一部分；另一类是施工过程中使用的各类机具设备，包括大型垂直运输设备、各类施工操作工具、各类测量仪器和计量器具等，施工机具设备产品质量的优劣会直接影响工程的使用功能质量，此外，施工机具设备的类型是否符合工程施工特点、性能是否先进稳定、操作是否方便安全等，都会影响工程项目的质量。

4. 方法

方法指工艺方法、操作方法和施工方案。在工程施工中，施工方案是否合理、施工工艺是否先进、施工方法是否正确，都将对工程质量产生重大影响。积极推进采用新技术、新工艺、新方法，不断提高工艺技术水平，是保证工程质量稳定提高的重要因素。

5. 环境条件

环境条件是指对工程质量特性起重要作用的环境因素，主要包括以下四方面：

（1）工程技术环境，如工程地质、水文、气象等。

（2）工程作业环境，如施工作业面大小、防护设施、通风照明、通信条件等。

（3）工程管理环境，如工程实施的合同结构与管理关系的确定、组织体制与管理制度等。

（4）周边环境，如工程临近的地下管线、建筑物等。

加强环境管理，把握好技术环境，改进作业条件，辅以必要的措施，是控制环境对质量影响的重要保证。

（三）施工质量控制的工作程序

在工程开工前，施工单位必须做好施工准备工作，待开工条件具备时，应向项目监理机构报送工程开工报审表及相关资料。专业监理工程师审查合格后，由总监理工程师签署审核意见，并报建设单位批准后，总监理工程师签发开工令。

在施工过程中，每道工序完成后，施工单位应进行自检，只有上一道工序被确认质量合格后，才可进行下道工序施工。当隐蔽工程、检验批、分项工程完成后，施工单位应自检合格，填写相应的隐蔽工程或检验批或分项工程报审、报验表，并附有相应工序和部位的工程质量检查记录，报送项目监理机构验收。

施工单位完成分部工程施工，且分部工程所包含的分项工程全部检验合格后，应填写相应分部工程报验表，并附有分部工程质量控制资料，报送项目监理机构验收。

施工单位已完成施工合同所约定的所有工程量，并完成自检工作，工程验收资料已整理完毕，应填报单位工程竣工验收报审表，报送项目监理机构竣工验收。

二、施工企业质量管理体系的建立和运行

质量管理的各项要求是通过质量管理体系实现的。建立完善的质量管理体系并使之有效地运行，是企业质量管理的核心。质量管理体系是在质量方面指挥和控制组织的管理体系，是建立质量方针和质量目标并实现这些目标的相互关联或相互作用的一个要素。施工企业应结合自身特点和质量管理的需要，对质量管理体系中的各项活动进行策划，建立质量管理体系，并在运行过程中遵循持续改进的原则，及时进行检查、分析、改进质量管理的过程和结果。

质量管理体系的建立和运行一般可分为三个阶段，即质量管理体系的策划和建立、质量管理体系文件的编制和质量管理体系的实施运行。

（一）质量管理体系的策划和建立

1.质量管理体系的策划

质量管理体系的策划应以有效实施质量方针和实现质量目标为目的，使质量管理体系的建立满足质量管理的需要,通过质量管理活动的策划,明确其目的、职责、步骤和方法。策划的内容包括：

（1）确定质量管理活动、相互关系及活动顺序。

（2）确定质量管理组织机构。

（3）制定质量管理制度。

（4）确定质量管理所需的资源。

2.质量管理体系的建立

质量管理体系的建立是企业根据质量管理八项原则，在确定市场及顾客需求的前提下，制定企业的质量方针、质量目标、质量手册、程序文件和质量记录等体系文件，并将质量目标落实到相关层次、相关岗位的职能和职责中，形成企业质量管理体系执行系

统的一系列工作。

（二）质量管理体系文件的编制

质量管理体系文件是质量管理体系的重要组成部分，也是企业进行质量管理和质量保证的基础。编制质量管理体系文件是建立和保持体系有效运行的重要基础工作。质量管理体系文件包括质量手册、质量计划、质量管理体系程序、详细作业文件和质量记录。

（三）质量管理体系的实施运行

在质量管理体系运行阶段，施工企业应建立内部质量管理监控检查和考核机制，确保质量管理制度有效执行。施工企业对所有质量管理活动应采取适当的方式进行监督检查，明确监督检查的职责、依据和方法，对其结果进行分析。根据分析结果明确改进目标，采取适当的改进措施，以提高质量管理活动的效率。

1. 对过程及其结果进行监视和测量

在质量管理体系运行过程中，应对各项质量活动过程及其结果进行监视和测量，通过对监视和测量所收集的信息进行分析，确定各个过程满足预定目标的程度，并对过程质量进行评价和确定纠正措施。

同时，在质量管理体系运行中，还应针对质量计划和程序文件的执行情况进行监视，针对质量管理体系中的某些关键点跟踪检查、监督其是否按计划要求和有关程序要求实施。

2. 组织协调

质量管理体系的运行是依靠体系中组织机构内各个部门和全体员工的共同参与，所以为保证质量管理体系有序、高效地运行，各部门及其人员之间的活动必须协调一致。为此，管理者应做好组织内部和外部的协调工作，建立稳定有序的协调机制，明确责任和权限，实行分层次协调的机制，使组织内部各层次和各部门都能了解规定的质量要求、质量目标和完成情况，对存在的问题和分歧能够取得共识；对组织外部的协作单位和部门也能相互配合、协调活动，建立起积极的协作互利的关系。

3. 信息管理

在质量管理体系运行中，通过质量信息的反馈，可以对异常信息进行分析、处理，实施动态控制，使各项质量活动和过程处于受控状态，从而保证质量管理体系的正常运行。

为做好信息管理工作，企业应建立公司、分公司、项目部等多级信息系统，并规定相应的工作制度，而且信息系统必须延伸到分包企业或外联劳务队伍的管理工作中。

4. 定期进行内部（或外部）审核

审核的目的是确定质量管理体系过程和要素是否符合规定要求，能否实现质量目标，并为质量管理体系的改进提供意见。审核的内容一般包括质量管理体系的组织结构及其相应的职责和权限；有关的管理程序和工作程序；人员、设备和材料；质量管理体系中各阶段的质量活动；有关文件、报告记录。

审核人员应该是与被审核部门的工作无直接关系的人员，以保证审核工作及其结果的公正性。审核人员应具备相应的工作能力，具有有关机关颁发的资格证书。质量管理体系的内审工作是由内审员来完成的，对内审员的管理和监督将直接关系到内审工作的好坏。因此，企业应加强对内审员的监督管理、改进内审员的选择和聘用制度，提高内审员的素质。

三、施工质量控制的内容和方法

施工质量控制是一个由对投入的资源和条件的质量控制，进而对生产过程及各环节质量进行控制，直到对所完成的工程产出品的质量检验与控制为止的全过程的系统控制工程。施工质量控制的划分方式有以下三种。

（1）按工程实体质量形成过程的时间阶段可以划分为施工现场准备的质量控制、施工过程的质量控制、竣工验收控制三个环节。

（2）按工程实体形成过程中物质形态转化的阶段可以划分为对投入的物质资源质量的控制、施工过程质量控制、对完成的工程产出品质量的控制与验收。

（3）按工程项目施工层次划分。例如，对于建筑工程项目，可以划分为单位工程、分部工程、分项工程、检验批等层次。

以下按工程实体质量形成过程的时间阶段分别介绍质量控制内容。

（一）施工现场准备的质量控制

施工准备工作指在工程项目正式施工之前，从组织、技术、经济、劳动、物资、生活等方面做好施工的各项准备工作，以保证工程的顺利施工。

施工现场准备的质量控制主要包括以下内容：

1. 工程定位及标高基准控制

工程施工测量放线是建设工程产品由设计转化为实体的第一步。施工测量的质量好坏，将直接影响工程产品的质量。因此要求施工单位对建设单位提供的原始基准点、基准线和标高等测量控制点进行复测，并将复测结果报监理工程师审核，经批准后施工单位方能据以建立施工测量控制网，进行测量放线。

2. 施工平面布置的控制

建设单位应按照合同约定并考虑施工单位施工的需要，事先划定并提供施工用地和现场临时设施用地的范围。施工单位应合理规划施工场地，合理安排各种临时设施、材料加工场地、机械设备的位置，保持施工现场的道路畅通、材料的合理堆放、临水临电的合理布置等。合理的施工平面布置不仅有利于工程施工的顺利进行，还能够进一步减少材料的运距、减少二次搬运，降低施工成本。

3.工程材料的质量控制

（1）把好采购订货关

凡由承包单位负责采购的原材料、半成品或构配件，在采购订货前应向监理工程师申报。对于重要的材料，还应提交样品，供试验或鉴定，有些材料则要求供货单位提交理化试验单（如预应力钢筋的硫、磷含量等），经监理工程师审查认可后，方可进行订货采购。

（2）把好进场检验关

对于工程材料，施工单位必须按照规范要求的检验批数量、取样方法、检验指标要求等内容进行抽样检验或试验。如，水泥物理力学性能检验要求同一生产厂、同一等级、同一品种、同一批号且连续进场的水泥，袋装不超过 200 t 为一检验批、散装不超过 500 t 为一检验批，每批抽样不少于一次。取样应在同一批水泥的不同部位等量采集，取样点不少于 20 个，并应具有代表性，且总重量不少于 12 kg。

（3）把好存储和使用关

施工单位必须加强材料进场后的存储和使用管理，避免材料变质，如水泥受潮结块、钢筋锈蚀等。若将变质材料应用于工程将导致结构承载力的下降，引发质量事故。防止使用规格、性能不符合要求的材料造成工程质量事故。施工单位应根据材料的性质、存放周期等做好材料的合理调度，合理安排储存量，合理堆放，并做到正确使用材料。

4.施工机械设备的质量控制

施工机械设备的质量控制就是要使施工机械设备的类型、性能、参数等与施工现场的实际条件、施工工艺、技术要求等因素相匹配，符合施工生产要求。

机械设备的选型应按照技术上先进、生产上适用、经济上合理、使用上安全、操作上方便的原则进行。主要性能参数的确定必须满足施工需要和保证质量要求。例如，选择起重机进行吊装施工，其起重量、起重高度及起重半径均应满足吊装要求。为正确操作机械设备，实行定机、定人、定岗位职责的使用管理制度，规范机械设备操作规程、例行保养制度等。在施工前，应审查所需的施工机械设备是否已按批准的计划备妥，是否处于完好的可用状态，以确保工程施工质量。

（二）施工过程的质量控制

施工过程的质量控制主要包括以下内容：

1.工序施工质量控制

施工过程是由一系列相互联系与制约的工序构成。对施工过程的质量控制，必须以工序质量控制为基础和核心。工序的特征是工作者、劳动对象、劳动工具和工作地点均不变。例如，钢筋制作施工过程是由平直钢筋、钢筋除锈、切断钢筋、弯曲钢筋等工序组成的。

工序施工质量控制主要包括工序施工条件质量控制和工序施工效果质量控制。工序施工条件质量控制就是控制工序活动的各种投入要素质量和环境条件质量。采用检查、测试、试验、跟踪监督等手段判断是否满足设计质量标准、材料质量标准、机械设备技术性能标准、施工工艺标准以及操作规程等。工序施工效果质量控制就是控制工序产品的质量特性和特性指标达到设计质量标准以及施工质量验收标准的要求。工序施工效果质量控制通过实测获取的数据、统计分析所获取的数据来判断认定质量等级和纠正质量偏差，因此属于事后质量控制。

2.质量控制点的设置

质量控制点指为了保证作业过程质量而确定的重点控制对象、关键部位或薄弱环节。施工单位在工程施工前应根据施工过程质量控制的要求，列出质量控制点明细表，并详细列出各质量控制点的名称或控制内容、检验标准及方法等，提交监理工程师审查批准，在此基础上实施质量预控。

（1）选择质量控制点

选择以下质量控制点：对工程质量产生直接影响的关键部位、关键工序或某一环节、隐蔽工程；施工中的薄弱环节，质量不稳定的工序、部位或对象；对后续工序质量或安全有重大影响的工序、部位或对象；采用新技术、新工艺、新材料的部位或环节；施工上无足够把握的、施工条件困难的或技术难度大的工序或环节。

（2）质量控制点重点控制的对象

1）人的行为。对某些操作或工序，应以人为重点控制对象，如技术难度大、操作要求高的工序，钢筋焊接、模板支设、复杂设备安装等；对人的身体素质或心理要求较高的作业，如高温、高空作业等。

2）材料的质量与性能。材料是直接影响工程质量和安全的重要因素，应作为控制的重点。

3）施工方法与关键操作。例如，预应力钢筋的张拉操作过程及张拉力的控制，屋架的吊装工艺等应列为控制的重点。

4）施工技术参数。例如，回填土的含水量、压实系数，砌体的砂浆饱满度，混凝土冬期施工的受冻临界强度等参数均应作为重点控制的质量参数与指标。

5）技术间歇。有些工序之间必须留有必要的技术间歇时间。例如，混凝土养护技术间歇应使混凝土达到规定拆模强度后方可拆除。卷材防水屋面须待找平层干燥后才能刷冷底子油。

6）施工顺序。对于某些工序之间必须严格控制先后的施工顺序，如冷拉钢筋应先焊接后冷拉，否则会失去冷拉强化效应。

7）易发生或常见的质量通病。

8）新技术、新工艺、新材料的应用。由于缺乏经验，施工时应将其作为重点进行控制。

9）产品质量不稳定、不合格率较高及易发生质量通病的工序。

10）特殊地基或特种结构。例如，对于湿陷性黄土、膨胀土等特殊土地基的处理，以及大跨度结构、高耸结构等技术难度较大的环节和重要部位，均应予以特别重视。

3.技术交底

做好技术交底是保证工程施工质量的一项重要措施。项目开工前应由项目技术负责人向承担施工的负责人或分包人进行书面技术交底。每一分项工程开工前均应进行作业技术交底。作业技术交底是对施工组织设计或施工方案的具体化，是工序施工或分项工程施工的具体指导文件。作业技术交底应由施工项目技术人员编制，并经项目技术负责人批准实施。作业技术交底的内容主要包括任务范围、施工方法、质量要求和验收标准、施工过程中须注意的问题、可能出现意外的措施及应急方案、文明施工和安全防护措施以及成品保护要求等。技术交底的形式有书面、口头、会议、挂牌、样板、示范操作等。

4.承包单位的自检系统

施工单位是施工质量的直接实施者和责任者。施工单位内部应建立有效的自检系统，主要表现在以下几点：

（1）作业者在作业结束后必须自检。

（2）不同工序交接、转换必须由相关人员交接检查。

（3）承包单位专职质检员专检。

为保证施工单位自检系统、有效，施工单位必须建立完善的管理制度及工作程序，具有相应的试验设备及检测仪器，并配备相应的专职质检人员及试验检测人员。而监理工程师的检查必须在施工单位自检并确认合格的基础上进行，专职质检员没有检查或检查不合格的，不能报监理工程师检查。

（三）竣工验收控制

1.建筑工程施工质量验收的划分

建筑工程施工质量验收划分为单位工程、分部工程、分项工程和检验批4级。根据工程特点，按结构分解的原则将单位或子单位工程划分为若干个分部工程。在分部工程中，按相近工作内容和系统又划分为若干个子分部工程。每个分部工程或子分部工程又可划分为若干个分项工程。每个分项工程中又可划分为若干个检验批。检验批是工程施工质量验收的最小单位，是分项工程乃至整个建筑工程质量验收的基础。

（1）单位工程的划分

单位工程应按下列原则划分：

1）具备独立施工条件并能形成独立使用功能的建筑物或构筑物为一个单位工程，如一个工厂的一栋办公楼、车间，一所学校的一栋教学楼等。

2）对于规模较大的单位工程，可将其能形成独立使用功能的部分划分为一个子单位工程。子单位工程的划分一般可根据工程的建筑设计分区、使用功能的显著差异、变形缝的位置等因素综合考虑，施工前由建设、监理、施工单位商定划分方案，并据此收集整理施工技术资料和验收。

（2）分部工程的划分

分部工程应按下列原则划分：

1）可按专业性质、工程部位确定。例如，建筑工程划分为地基与基础、主体结构、建筑装饰装修、屋面、建筑给水排水及供暖、通风与空调、建筑电气、智能建筑、建筑节能、电梯十个分部工程。

2）当分部工程较大或较复杂时，可按材料种类、施工特点、施工程序、专业系统及类别将分部工程划分为若干子分部工程。例如，主体结构划分为混凝土结构、砌体结构、钢结构、钢管混凝土结构、型钢混凝土结构、铝合金结构、木结构七个子分部工程。

（3）分项工程的划分

分项工程可按主要工种、材料、施工工艺、设备类别进行划分。如砌体结构子分部工程中，按材料划分为砖砌体、混凝土小型空心砌块砌体、石砌体、配筋砌体和填充墙砌体等分项工程。

（4）检验批的划分

检验批是按相同的生产条件或规定的方式汇总起来供抽样检验用的，由一定数量样本组成的检验体。分项工程可由一个或若干个检验批组成，检验批可根据施工、质量控制和专业验收的需要按工程量、楼层、施工段、变形缝进行划分。

例如，多层及高层建筑的分项工程可按楼层或施工段来划分检验批，单层建筑的分项工程可按变形缝等划分检验批；地基基础的分项工程一般划分为一个检验批，有地下层的基础工程可按不同地下层划分检验批；屋面工程的分项工程可按不同楼层屋面划分为不同的检验批。

施工前，应由施工单位制订分项工程和检验批的划分方案，并由监理单位审核。

2.建筑工程施工质量验收合格规定

（1）检验批质量验收合格规定

1）主控项目的质量经抽样检验均应合格

主控项目是对检验批的基本质量起决定性影响的检验项目，是保证工程安全和使用功能的重要检验项目，因此必须全部符合有关专业验收规范的规定。

2）一般项目的质量经抽样检验合格

当采用计数抽样时，合格点率应符合有关专业验收规范的规定，且不得存在严重缺陷。

一般项目指除主控项目以外的检验项目，如在混凝土结构工程施工质量验收规范中规定，一般项目的合格点率应达到80%及以上。各专业工程质量验收规范对各检验批的一般项目的合格质量均给予了明确的规定。对于一般项目，虽然允许存在一定数量的不合格点，但某些不合格点的指标与合格要求偏差较大或存在严重缺陷时，仍将影响施工功能或观感质量，因此对这些部位应进行维修处理。

3）具有完整的施工操作依据、质量验收记录

质量控制资料反映了检验批从原材料到最终验收的各施工工序的操作依据、检查情况以及保证质量所必需的管理制度等。对质量控制资料完整性的检查，实际是对过程控制的确认，这是检验批质量验收合格的前提。

（2）分项工程质量验收合格规定

1）所含检验批的质量均应验收合格。

2）所含检验批的质量验收记录应完整。

分项工程的验收在检验批质量验收合格的基础上进行。一般情况下，两者具有相同或相近的性质，只是批量的大小不同而已。因此，将有关的检验批汇集构成分项工程即可，该层次验收属于汇总性验收。

（3）分部工程质量验收合格规定

1）所含分项工程的质量均应验收合格。

2）质量控制资料应完整。

3）有关安全、节能、环境保护和主要使用功能的抽样检验结果应符合相应规定。

4）观感质量应符合要求。

分部工程的验收是以所含各分项工程验收为基础进行的。首先，组成分部工程的各分项工程已验收合格且相应的质量控制资料齐全、完整。其次，分部工程验收必须进行以下两类检验：一类是使用功能检验，涉及安全、节能、环境保护和主要使用功能的地基与基础、主体结构、设备安装、建筑节能等分部工程应进行的有关见证检验或抽样检验；另一类是观感质量检验，即以观察、触摸或简单量测的方式进行观感质量验收，并由验收人根据经验判断，给出"好""一般""差"的质量评价，对于"差"的检查点应进行返修处理。

（4）单位工程质量验收合格规定

1）所含分部工程的质量均应验收合格。

2）质量控制资料应完整。

3）所含分部工程中有关安全、节能、环境保护和主要使用功能的检验资料应完整。

4）主要使用功能的抽查结果应符合相关专业验收规范的规定。

5）观感质量应符合要求。

单位工程质量验收也称为质量竣工验收，是建筑工程投入使用前的最后一次验收，也是最重要的一次验收。参建各方责任主体和有关单位及人员，应加以重视，认真做好

单位工程质量竣工验收，把好工程质量关。

所含分部工程的质量验收合格和质量控制资料完整，属于汇总性验收的内容。在此基础上，对涉及安全、节能、环境保护和主要使用功能的分部工程的检验资料应复查合格。资料复查不仅要全面检查其完整性，不得有漏检缺项，而且对分部工程验收时的见证抽样检验报告也要进行复核，这体现了对安全和主要使用功能的重视。

对主要使用功能的检查是对建筑工程和设备安装工程最终质量的综合检验，体现了过程控制的原则，该项检查的实施减少了工程投入使用后的质量投诉和纠纷。抽检项目是在检查资料文件的基础上由参加验收的各方人员商定，并用计量、计数的方法抽样检验，检验结果应符合有关专业工程施工质量验收规范的要求。

观感质量验收不仅是对工程外表质量进行检查，同时也是对部分使用功能和使用安全所做的一次全面检查。例如，门窗启闭是否灵活、关闭后是否严密；顶棚、墙面抹灰是否空鼓等。涉及使用的安全，在检查时应加以关注。

第三节 施工成本管理

一、施工成本管理概述

（一）施工成本的概念

施工成本指在建设工程项目施工过程中所发生的全部生产费用的总和，包括所消耗的原材料、辅助材料、构配件的费用，周转材料的摊销费或租赁费，施工机械的使用费或租赁费，支付给生产工人的工资、奖金、津贴补贴等，以及进行施工组织与管理发生的全部费用支出。

施工成本在很大程度上反映出企业各方面活动的经济效果。例如，劳动生产效率的高低、材料物资消耗的多少、设备利用的好坏、资金周转的快慢等，都能够在成本上反映出来。建筑企业应编制成本计划，有计划地降低生产消耗，定期分析、考核，使企业不断降低成本，增加盈利。

（二）施工成本的分类

为实施施工成本管理，可以从不同角度将施工成本划分为不同的成本形式。施工成本主要有以下几种划分形式：

1. 按照成本控制要求划分

（1）预算成本

预算成本是以国家或地区的预算定额或企业定额及取费标准为基础计算的社会平均成本或企业平均成本，是以施工图预算为基础进行分析、预测和计算确定的。预算成本反映的是该地区或该企业的平均成本水平，是确定工程造价的基础，也是编制计划成本和评价实际成本的依据。

（2）计划成本

计划成本，也称为目标成本，是在预算成本的基础上，根据企业自身的要求，结合施工项目的技术特征、自然地理特征、劳动力素质、设备情况等确定的标准成本。计划成本对于加强施工企业和项目经理部的经济核算，建立和健全施工项目成本管理责任制，降低施工项目成本具有重要作用。

（3）实际成本

实际成本是工程项目在施工过程中实际发生的可以列入成本支出的各项费用的总和，是工程项目施工活动中劳动耗费的综合反映。

将实际成本与计划成本比较，可以反映成本的节约和超支，考核企业施工技术与组织管理水平及企业经营效果。通过实际成本与预算成本的比较，可以反映工程盈亏情况。

2. 按生产费用与工程量的关系划分

（1）固定成本

固定成本指在一定期间和一定的工程量范围内，发生的成本额不受工程量增减变动的影响相对固定的成本，如折旧费、大修理费、管理人员工资、办公费等。所谓固定，是就其总额而言，对于分配到每个项目单位工程量上的固定成本，与工程量的增减成反比例关系。

（2）变动成本

变动成本指发生总额随着工程量的增减而成正比例变动的费用，如直接用于工程的材料费、人工费等。所谓变动，是就其总额而言，对于单位分项工程上的成本往往是不变的。

3. 按成本项目的构成要素划分

按费用构成要素划分，企业施工成本主要包括：

（1）人工费

人工费指支付给从事建筑安装工程施工的生产工人和附属生产单位工人的各项费用。它包括计时或计件工资、奖金、津贴补贴、加班加点工资和特殊情况下支付的工资。

（2）材料费

材料费指施工过程中耗费的原材料、辅助材料、构配件、零件、半成品或成品、工程设备的费用。它包括材料原价、运杂费、运输损耗费及采购和保管费。

（3）施工机具使用费

施工机具使用费指施工作业所发生的施工机械、仪器仪表使用费或租赁费，包括施工机械使用费和仪器仪表使用费。其中,施工机械使用费由折旧费、大修理费、经常修理费、安拆费及场外运费、人工费、燃料动力费、按照国家规定应缴纳的车船使用税、保险费及年检费等费用组成。

（4）企业管理费

企业管理费指建筑安装企业组织施工生产和经营管理所需的费用。它包括管理人员工资、办公费、差旅交通费、固定资产使用费、工具用具使用费、劳动保险和职工福利费、劳动保护费、检验试验费、工会经费、职工教育经费、财产保险费、财务费、税金等。

（5）规费

规费指按国家法律、法规规定，由省级政府和省级有关权力部门规定必须缴纳或计取的费用。它包括社会保险费、住房公积金、工程排污费。其中，社会保险费由养老保险费、失业保险费、医疗保险费、生育保险费和工伤保险费五个部分组成。

根据建筑产品成本运行规律，成本管理责任体系包括组织管理层和项目管理层，项目管理层的施工成本主要包括生产成本，组织管理层的成本除生产成本外，还包括经营管理费用。

施工成本管理的任务主要包括施工成本预测与计划、施工成本控制、施工成本核算、施工成本分析和施工成本考核。

二、施工成本预测与计划

施工成本预测是根据成本信息和施工项目的具体情况，在工程施工前运用一定的专门方法，对未来的成本水平及其可能的发展趋势做出科学的估计。通过成本预测，可以在满足业主和本企业要求的前提下，选择效益好、成本低的最佳方案，并能够在工程项目实施过程中，针对薄弱环节，加强成本控制，进一步提高预见性。

（一）施工成本预测的程序

1. 制订成本预测计划

制订成本预测计划主要包括确定预测对象和目标、组织领导及工作布置、有关部门提供的配合、时间进程安排、搜集材料的范围等。

如果在预测过程中发现新情况或计划有缺陷，则可修订预测计划，以保证预测工作的顺利进行并获得较好的预测质量。

2. 环境调查

环境调查主要是了解本行业各种类型工程的成本水平，本企业在各地区、各类型工程项目的成本水平和目标利润情况，劳务、建筑材料、设备租赁等供应情况和市场价格及其变化趋势。此外，还包括国内外新技术、新工艺、新材料等采用的可能性及其对成本的影响程度等内容。

3. 收集整理成本预测资料

相关的成本预测资料可以划分为两类：一类是纵向数据资料，如施工企业各类材料、机械设备、工时的消耗量及单价的历年动态资料，历史上同类项目的成本资料等，据以分析发展趋势；另一类是横向数据资料，如近期同类施工项目的成本资料，项目所在地的成本水平等，据以分析预测项目与同类项目的差异。

在收集资料的过程中，应随时注意分析资料的可靠性和完整性，对资料进行鉴别和整理，这是保证成本预测质量的基础。

4. 选择成本预测方法

（1）近似预测法

成本近似预测方法分为定性预测和定量预测两类。定性预测方法主要有德尔菲法、主观概率法和专家会议法等，是在数据资料不足或难以定量描述时，依靠个人经验和主观判断，进行推断预测。定量预测方法主要有两类：一类是时间序列预测法，时间序列预测法又可以划分为简单平均法、加权平均法、移动平均法和指数平均法等，即通过对时间序列进行加工、整理和分析，利用数列所反映出来的发展趋势和发展速度，进行外推和延伸用以预测今后可能达到的水平；另一类是回归预测法，即通过分析预测值与其影响因素的历史数据，找出相互之间的关系，作为预测未来值的依据。

（2）详细预测法

即以近期内的类似工程成本为基数，考虑建筑与结构上的差异，通过修正人工费、材料费、机械使用费、其他直接成本和间接成本来预测当前施工项目的成本。

5. 进行成本预测

通过对影响施工项目成本的因素，如物价变化、劳动生产效率、物料消耗、间接费用等进行详细预测，根据市场行情、近期其他工程实施情况等，推测影响施工项目水平的因素、影响程度，确定施工项目的预测成本。

6. 分析、评价预测结果，提出预测报告

通过专业人员、技术人员的检查来判断预测结果是否合理，是否存在较大偏差，也可以通过其他预测方法进行验证，通过采用多种预测方法对同一对象进行预测，以充分进行预测分析、判断，最终确定目标成本。

（二）施工成本计划

施工成本计划是以货币形式编制施工项目在计划期内的生产费用、成本水平、成本降低率以及为降低成本所采取的主要措施的方案。施工成本计划应在优化施工方案、合理配置生产要素、进行工料机消耗分析、制定节约成本和挖潜措施的基础上确定。同时，通过成本计划把目标层层分解，落实到施工过程和每个环节，以调动全员的积极性，有效地进行成本控制。

由公司经营或预算部门负责标价分离的测算工作，在既定的施工环境和市场条件下，根据企业现有的生产力水平、管理特点，按企业费用支出标准，计算项目部为完成工程合同约定而支出的各项费用总和（或项目部为完成所签订的项目管理目标责任书的预计支出），即项目责任成本。它不包含企业经营效益、企业管理效益、政府规费、税金、企业管理成本、企业管理风险、市场风险和合同外的资金风险。

项目施工成本计划的编制步骤主要包括：

（1）项目部按照项目的承包目标，确定项目施工成本控制目标和降低成本控制目标。

（2）对项目施工成本控制目标和降低成本控制目标按分部分项工程进行分解，确定各分部分项工程的成本目标。

（3）按分部分项工程的目标成本实行项目施工内部成本承包，确定各分包方的成本承包责任。

（4）由项目部组织各承包队确定降低成本技术、组织措施，计算其降低成本值，编制降低成本计划。

（5）编制组织措施计划表、降低成本计划表和项目施工成本计划表。

三、施工成本控制

施工成本控制指在施工过程中，对影响施工成本的各种因素加以管理，并采取各种有效措施，将施工中实际发生的各种消耗和支出严格控制在成本计划范围内，严格审查各项费用是否符合标准，计算实际成本和计划成本之间的差异并进行分析，进而采取措施消除施工中的损失浪费现象。

（一）施工成本控制的步骤

在确定了施工项目成本计划之后，必须定期进行施工项目成本计划值与实际值的比较，如有偏差，及时分析产生偏差的原因，采取适当的纠偏措施，以确保实现施工项目成本控制目标。施工项目成本控制的步骤如下：

（1）将施工项目成本计划值与实际值逐项进行比较，判断施工项目成本是否出现超支。

（2）对比较结果进行分析，确定发生偏差的程度并分析产生偏差的原因。

（3）按照完成情况预测完成整个施工项目所需的总费用。

（4）若工程项目的实际施工项目成本出现偏差，应当根据工程的具体情况、偏差分析和预测的结果，采取适当的措施予以纠偏，以期达到尽可能减小施工项目成本偏差的目的。

（5）对工程的进展进行跟踪和检查，及时了解工程进展状况及纠偏措施的执行情况和效果。

（二）施工成本控制方法

1. 人工费的控制

人工费的控制实行"量价分离"的方法，将作业用工及零星用工按定额工日的一定比例综合确定用工数量与单价，通过劳务合同进行控制。项目部与作业队签订劳务合同时，可预留一部分人工费用于定额外人工费和关键工序的奖励，既避免了人工费超支，又能有效地进行管理。

2. 材料费的控制

材料费的控制包括控制材料用量和材料价格两方面。

（1）材料用量的控制

对于有消耗定额的材料，以材料消耗定额为依据，实行限额领料制度。在规定限额内分期分批领用，超过限额的材料，必须先查明原因，办理审批手续后方可领料。

对于没有消耗定额的材料，实行计划管理和指标控制相结合的办法。根据以往项目的实际耗用情况，并结合本项目的具体内容和要求，制定领用材料指标，据以控制发料。超过指标的材料，必须办理审批手续方可领用。

对部分小型及零星材料（如钢钉、钢丝等），根据工程量计算出所需材料量，将其折算成费用，由作业者包干控制。

（2）材料价格的控制

材料价格主要由材料采购部门控制。材料价格由材料原价、运杂费、运输损耗费和采保费组成，主要是通过掌握市场信息，应用招标和询价等方式控制材料、设备的采购价格。

3. 施工机械使用费的控制

施工机械使用费主要由台班数量和台班单价两方面决定。为有效减少施工机械使用费，应合理安排施工生产，加强设备租赁计划管理，减少因安排不当引起的设备闲置。加强机械设备的调度工作，尽量避免窝工，提高现场设备利用率。做好机上人员与辅助生产人员的协调与配合，提高施工机械台班产量。加强现场设备的维修保养，避免由于不正确使用而造成机械设备的停置。

4. 施工分包费用的控制

分包工程价格的高低，必然对施工项目成本产生一定的影响。对分包费用的控制，主要是要做好分包工程的询价、订立平等互利的分包合同、建立稳定的分包关系网络、加强施工验收和分包结算等工作。

（三）施工成本控制措施

1. 组织措施

应明确工程项目成本控制人员，项目成本控制人员是建筑企业项目部的成员，他们从投标估算开始，直至工程合同终止的全部过程中，对成本控制工作负责。成本控制人员的工作与投标估算、工程合同、施工方案、施工计划、材料和设备供应、财务等多方面工作有关，应由既懂经济又懂技术的工程师担任。此外，还应明确工程项目的管理组织对项目成本控制职能的分工，以保证对项目成本的控制。

2. 技术措施

在施工准备阶段，对多种施工方案进行技术经济比较，然后确定有利于缩短工期、提高质量、降低成本的最佳方案。在施工过程中，研究、确定、执行各种降低消耗、提高工效的新工艺、新技术、新材料等降低成本的技术措施。在竣工验收阶段，注意保护成品，缩短验收时间，提高交付使用效率。

3.经济措施

关键是抓计划成本，并按其贯彻执行，不断地将项目预算成本与实际成本进行比较分析，将实际成本控制在预算成本之内。

四、施工成本核算

施工成本核算指项目施工过程中所发生的各项费用和形成项目施工成本的核算。施工成本核算包括两个基本环节：一是按照规定的成本开支范围对施工费用进行归集和分配，计算出施工费用的实际发生额；二是根据成本核算对象，采用适当的方法，计算该项目施工的总成本和单位成本。

（一）施工成本核算的任务

（1）执行国家有关成本开支范围、费用开支标准、工程预算定额、企业施工预算和成本计划的有关规定，控制费用，促使项目合理、节约地使用人力、物力和财力。

（2）正确、及时地核算施工过程中发生的各项费用，计算施工项目的实际成本。

（3）反映和监督工程项目成本计划的完成情况，为项目成本预测以及参与施工项目生产、技术和经营决策提供可靠的成本报告和有关资料，促使项目改善经营管理，降低成本，提高经济效益。

（二）施工成本核算内容

项目施工实际成本是由人工费、材料费、施工机具使用费、措施费和企业管理费构成的。

1.人工费核算

人工费指支付给从事建筑安装工程施工的生产工人的各项费用。人工费的核算方法应根据企业实行的具体工资制度而定。采用计件工资制度的，应根据工程任务单计算并计入各个成本核算对象"人工费"项目；采用计时工资制度的，计入成本的工资一般是按照当月工资总额和工人总的出勤工日计算的日平均工资及各工程当月实际用工数计算分配的。

2.材料费核算

材料费指施工过程中耗费的原材料、辅助材料、构配件、零件、半成品或成品、工程设备的费用。由于建筑安装工程耗用的材料品种多、数量大、领用次数频繁，在核算工程材料费时，应区别不同材料，根据不同的情况采取不同的方法进行汇集和分配。

（1）凡领用时能够点清数量、分清用料对象的，应在领料单上填明受益成本核算对象的名称，财会部门据以直接汇入受益成本核算对象成本的"材料费"项目。

（2）领用时虽能点清数量，但属于集中配料或统一下料的，如油漆、玻璃等，则应在领料单上注明"集中配料"字样，月末由材料部门会同领料班组，根据配料情况结合材料消耗定额编制"集中配料耗用计算单"，据以分配计入各受益成本核算对象。

（3）既不易点清数量又难分清成本对象的材料，如砂、石等材料，可根据具体情况，先由材料员或施工生产班组保管，月末进行实地盘点，并根据"月初结存量＋本月收入量－月末盘点结存量＝本月耗用量"的计算公式确定本月实际耗用总量。然后根据各工程成本对象所完成的实物工程量及材料消耗定额，编制"大堆材料耗用计算单"，据以分配计入有关成本核算对象。

（4）周转使用的模板、脚手架等周转材料，如属于企业自有材料，可按各工程成本核算对象实际领用数量及规定的摊销方法编制"周转材料摊销计算单"，确定各工程成本核算对象应摊销费用数额。对周转材料实行内部租赁或外部租赁的工程，应按实际支付的租赁费直接计入受益成本核算对象。

工程竣工后的剩余材料应填制"退料单"，或者用红字填制"领料单"，据以办理材料退库手续。

3. 施工机具使用费核算

施工机具使用费是指施工作业所发生的施工机械、仪器仪表使用费或其租赁费。

施工机械使用费包括以下费用：

（1）折旧费：指施工机械在规定的使用年限内，陆续收回其原值及购置资金的时间价值。

（2）大修理费：指施工机械按规定的大修理间隔台班进行必要的大修理，以恢复其正常功能所需的费用。

（3）经常修理费：指施工机械除大修理以外的各级保养和临时故障排除所需的费用。

（4）安拆费及场外运费：安拆费指施工机械在现场进行安装与拆卸所需的人工、材料、机械和试运转费用以及机械辅助设施的折旧、搭设、拆除等费用；场外运费指施工机械整体或分体自停放地点运至施工现场或由一施工地点运至另一施工地点的运输、装卸、辅助材料及架线等费用。

（5）人工费：指机上司机（司炉）和其他操作人员的工作日人工费及上述人员在施工机械规定的年工作台班以外的人工费。

（6）燃料动力费：指施工机械在运转作业中所消耗的固体燃料（煤、木柴）、液体燃料（汽油、柴油）及水、电等。

（7）养路费及车船使用税：指施工机械按照国家规定和有关部门规定应缴纳的养路费、车船使用税、保险费及年检费等。

施工机具使用费相关计算：

机械台班单价＝台班折旧费＋台班大修理费＋台班经常修理费＋台班安拆费及场外运费＋台班人工费＋台班燃料动力费＋台班车船税费

4. 措施费的核算

措施费一般都可分清受益对象。发生时可以直接计入受益成本核算对象的成本。例如，工具用具使用费与临时设施摊销费等可按使用工具用具与临时设施的工地，直接计入各成本核算对象。

5. 企业管理费的核算

企业管理费指企业各施工单位，如工程处、施工队、工区等为组织和管理施工生产活动所发生的支出。企业管理费从其费用性质看属于企业的制造成本，应计入有关工程成本。由于在实际工作中一个工区或工程处往往同时从事多个工程项目的建设，有若干成本核算对象，所以企业管理费不能由某一个成本核算对象负担，而应采取一定的分配方法，将其分配计入各工程成本。

五、施工成本分析

施工成本分析指在施工成本核算的基础上，检查成本计划的合理性，对成本的形成过程和影响成本升降的因素进行分析，寻找降低施工项目成本的途径，以便有效进行成本控制。常用的施工成本分析的方法包括比较法、因素分析法、差额计算法和比率法等。

（一）比较法

比较法又称为指标对比分析法，就是通过技术经济指标的对比，检查计划的完成情况，分析产生差异的原因，进而找出解决问题的方法。这种方法通俗易懂、简单易行、便于掌握，得到了广泛的应用。

常见的比较形式有实际指标与计划指标对比、本期实际指标与上期实际指标对比、项目实际成本与本行业先进水平对比。

（二）因素分析法

因素分析法又称为连环置换法，这种方法可用来分析各种因素对成本的影响程度。在进行分析时，首先要假定众多因素中某一个因素发生了变化而其他因素不变，然后逐个替换，并分别比较其计算结果，以确定各个因素的变化对成本的影响程度。因素分析法的计算步骤如下：

（1）确定分析对象，并计算实际数与计划数的差异。

（2）确定该指标是由哪几个因素组成的，并按先实物量、后价值量，先绝对值、后相对值的规则进行排序。

（3）以计划数为基础，将各因素的计划数相乘，作为分析替代的基数。

（4）将各个因素的实际数按照上面的排列顺序进行替换计算，并将替换后的实际数保留下来。

（5）将每次替换计算所得的结果与前一次的计算结果比较，两者的差异即为该因素对成本的影响程度。

（6）各个因素的影响程度之和，应与分析对象的总差异相等。

（三）差额计算法

差额计算法是因素分析法的一种简化形式，它利用各个因素的目标值与实际值的差额来计算其对成本的影响程度。

（四）比率法

比率法指利用两个以上的指标的比例进行分析的方法。该方法把分析对比的数值变成相对数，观察其相互之间的关系及动态变化状况。常用的比率法有以下几种：

1. 相关比率法

相关比率法是将两个性质不同但相关的指标加以对比，求出比率，以此考察经营效果的好坏。

2. 构成比率法

构成比率法又称为比重分析法或结构对比分析法。通过构成比率，考察成本总量的构成情况及各成本项目占成本总量的比重，可从中找出构成总体的重点，从而为寻求降低成本的途径指明方向。例如，通过分析项目总成本中人工费、材料费、机械费、企业管理费等各项费用的比例关系，进一步寻找降低成本的有效途径。

3. 动态比率法

动态比率法是将不同时期的数值进行对比，求出比率，以分析该指标的发展方向和发展速度，观察其变化趋势。动态比率法又分基期指数和环比指数。基期指数指各个时期指数都是采用同一固定时期为基期计算的。环比指数指以前一时期为基期计算的指数。

六、施工成本考核

施工成本考核指在施工过程中和项目竣工时对施工项目成本形成中的各责任者，按施工项目成本目标责任制的有关规定，将成本的实际指标与预算成本、计划成本进行比较和考核，评定施工项目成本计划的完成情况和各责任者的业绩，并以此给予相应的奖励和处罚，以有效调动员工的积极性。

项目施工成本考核一般可划分为两个层次：一是企业对项目部的考核；二是项目部内部考核。具体施工成本考核内容如下：

（一）企业对项目部成本考核的内容

（1）检查项目部的项目成本计划编制和落实情况。

（2）检查、考核项目成本计划的完成情况。为了完成或超额完成项目成本计划，企业应经常地和定期地进行检查和考核，特别是一个施工项目竣工时，应组织力量全面分析，考核各项成本指标的完成情况，即将项目施工的实际成本与预算成本、计划成本进行对比分析，按照成本项目逐项检查分析，查明成本节超原因。

（3）检查考核成本责任制的执行情况。企业应根据成本管理责任制规定，检查项目部是否认真贯彻执行成本管理责任制。特别是对工程结算、资金使用、技术方案执行、材料消耗、分包支出情况等方面进行检查。对于通过严格管理提高项目收益率的，应给予奖励。如果发现有违反国家、企业有关规定的，应严肃处理。

（二）项目部内部施工成本考核内容

检查、考核施工项目的各个分项工程施工成本降低率是否符合计划，并考核整个项目成本降低额和降低率是否符合计划。

项目部内部施工成本考核的重点是分包成本、物资消耗成本、周转材料摊销（或租赁）成本、临建投入成本，对照项目部的成本计划进行检查，检查各项内容以及整个工程项目的成本降低额和成本降低率是否符合计划。

第四节 施工资源管理

一、施工资源管理概述

施工资源管理指对各种生产要素的管理，包括人力资源、材料、机械设备等形成生产力的各种要素。施工资源管理是施工企业完成施工任务的重要手段，也是施工项目目标得以实现的重要保证。

施工资源管理的目的是节约活劳动和物化劳动，将资源进行适时、适量的优化配置，优化组合，使其更有效地形成生产力，并在施工项目运行过程中，对资源进行动态管理，合理、节约使用资源。

施工资源费用一般占到工程总费用的 80% 以上，因此节约资源是节约工程成本的主要途径。施工资源管理的任务就是按照施工项目的实施计划，将施工项目所需的资源按正确的时间、数量，供应到正确的地点，并降低施工项目资源的成本消耗。

施工项目资源管理的主要环节包括以下内容：

（一）编制资源计划

根据施工进度计划、各分部分项工程量，编制资源需用计划表，对资源投入量、投入时间和投入顺序做出合理安排，以满足施工项目实施的需要。

（二）资源的管理

按照编制的各种资源计划，从资源的来源到资源的投入进行管理，使资源计划得以实现。

（三）节约使用资源

根据每种资源的特性，制定出科学的措施，进行动态配置和组合，协调投入、合理使用、不断纠正偏差，以尽可能少的资源来满足项目的使用，达到节约资源的目的。

（四）进行资源使用效果分析

对资源使用效果进行分析，一方面对管理效果进行总结，找出经验和问题，评价管理活动；另一方面为管理提供储备和反馈信息，以指导以后的管理工作。

二、施工人力资源管理

人力资源一般指能够从事生产活动的体力和脑力劳动者。人力资源是一种特殊的资源，是具有创造性的，充分使用，能激发其潜力。在施工中，应利用行为科学，从劳动力个人的需要和行为的关系观点出发，有计划地对人力资源进行合理的调配，进行恰当的激励，发挥其潜能，提高劳动效率。

施工项目人力资源管理指在施工项目实施过程中，项目部需要的劳动力的取得、计划与配置、供应、培训教育、使用和评价等工作，其主要内容包括施工项目人力资源管理体制、劳动力的优化配置与动态管理、人员培训和持证上岗、劳动绩效评价与激励等。

（一）施工项目人力资源管理体制

施工总承包、专业承包企业可通过自有劳务人员或劳务分包、劳务派遣等多种方式完成劳务作业。施工总承包、专业承包企业应拥有一定数量的与其建立稳定劳动关系的骨干技术工人，或拥有独资或控股的施工劳务企业，组织自有劳务人员完成劳务作业；也可以将劳务作业分包给具有施工劳务资质的企业；还可以将部分临时性、辅助性工作交给劳务派遣人员来完成。

施工劳务企业应组织自有劳务人员完成劳务分包作业。施工劳务企业应依法承接施工总承包、专业承包企业发包的劳务作业，并组织自有劳务人员完成作业，不得将劳务作业再次分包或转包。

建筑施工企业对自有劳务人员承担用工主体责任。建筑施工企业应对自有劳务人员的施工现场用工管理、持证上岗作业和工资发放承担直接责任。建筑施工企业应与自有劳务人员依法签订书面劳动合同，办理工伤、医疗等社会保险，并按劳动合同约定及时将工资直接发放给劳务人员本人，保障其合法权益。

施工总承包、专业承包企业承担相应的劳务用工管理责任。按照"谁承包、谁负责"的原则，施工总承包企业应对所承包工程的劳务管理全面负责。施工总承包、专业承包企业将劳务作业分包时，应对劳务费结算支付负责，对劳务分包企业的日常管理、劳务作业和用工情况、工资支付负监督管理责任。

（二）劳动力的优化配置

劳动力的优化配置就是根据劳动力需要量计划，通过双向选择，择优汰劣，能进能出，并保证人员的相对稳定，使人力资源得到充分利用，降低工程成本，以实现最佳方案。具体应做好以下几方面的工作：

（1）在劳动力需用量计划的基础上，按照施工进度计划和工种需要数量进行配置，必要时根据实际情况对劳动力计划进行调整。

（2）配置劳动力时应掌握劳动生产效率水平，使工人有超额完成的可能，以获得奖励，进而激发工人的劳动热情。

（3）如果现有人员在专业技术或其他素质上不能满足要求，应提前进行培训，再上岗作业。

（4）尽量使劳动力和劳动组织保持稳定，防止频繁调动。当使用的劳动组织不适应任务要求时，则应进行劳动组织调整。

（5）劳动力均衡配置，劳动资源强度适当，各工种组合合理、配套。

（三）劳动力的动态管理

劳动力的动态管理指根据生产任务和施工条件的变化对劳动力进行跟踪、协调、平衡，以解决劳动力失衡、劳务与生产要求脱节的动态过程。

劳动力动态管理的原则是：以进度计划与劳务合同为依据，以劳动力市场为依托，以动态平衡和日常调度为手段，以达到劳动力优化组合和充分调动作业人员的积极性为目的，允许劳动力在市场内做充分的合理流动。

劳动力的动态管理应从以下几方面着手：

（1）按劳动力需求计划下达生产任务书或承包任务书，合理安排劳务人员。

（2）在施工过程中不断进行劳动力平衡、调整，解决施工要求与劳动力数量、工种、技术能力、相互配合中存在的矛盾，并与企业管理层保持信息沟通、人员使用和管理工作的协调。

（3）对作业效率和质量进行检查，根据执行结果进行考核，按合同支付劳务报酬。

（四）人员培训和持证上岗

劳动者的素质、劳动技能不同，在施工中所起的作用和获得的劳动成果也不同。当前建筑施工企业缺少的是有知识、有技能、适应施工企业发展要求的劳务人员。因此，相关部门应采取措施全面开展培训，达到预定的目标和水平后，经过考核取得合格证，劳务人员才能上岗。具体要求如下：

建筑施工企业承担劳务人员的教育培训责任。施工企业应通过积极创建农民工业余学校、建立培训基地、师傅带徒弟、现场培训等多种方式，提高劳务人员职业素质和技能水平，使其满足工作岗位需求。

施工企业应对自有劳务人员的技能和岗位培训负责，建立劳务人员分类培训制度，实施全员培训、持证上岗。对新进入建筑市场的劳务人员，应组织相应的上岗培训，考核合格后方可上岗；对因岗位调整或需要转岗的劳务人员，应重新组织培训，考核合格后方可上岗；对从事建筑电工、架子工、起重信号司索工等岗位的劳务人员，应组织培训并取得住房城乡建设主管部门颁发的证书后方可上岗。施工总承包、专业承包企业应对所承包工程项目施工现场劳务人员的岗前培训负责，对施工现场劳务人员持证上岗作业负监督管理责任。

（五）劳动绩效评价与激励

绩效评价指按照既定标准，采用具体的评价方法，检查和评定劳动者工作过程、工作结果，以确定工作成绩，并将评价结果反馈给劳动者的过程。

施工企业劳动定额是进行绩效评价的重要依据。企业应建立编制企业定额的专门机构，收集本单位及行业定额水平资料，结合生产工艺、操作方法及技术条件，编制企业劳动定额，并定期进行修改、完善，使其反映新技术、新工艺，起到鼓励先进、鞭策落后的作用。

有效的激励措施是做好项目管理的必要手段，管理者必须深入了解员工的各种需要，正确选择激励手段，制定合理的奖惩制度并适时地采取相应的奖惩和激励措施，以提高员工的工作效率。

此外，对员工的激励必须坚持一定的原则，如为实现项目目标而努力的目标原则、员工的报酬与贡献和他们的待遇是否公平的原则、是否满足项目员工需求的按需激励原则等。

三、施工材料管理

施工材料管理指按照一定的原则、程序和方法，合理做好材料的供需平衡、运输与保管工作，以保证施工生产的顺利进行。

（一）材料采购与供应管理

材料供应是材料管理的首要环节。施工项目的材料供应通常划分为企业管理层和项目部两个层次。

1.企业管理层的材料采购供应

企业应建立统一的材料供应部门，对各工程项目所需的主要材料、大宗材料实行统一计划、统一采购、统一供应、统一调度和统一核算。企业材料部门应建立合格供应方名录，对供应方进行考核，签订供货合同，确保供应工作质量和材料质量。同时，企业统一采购有助于进一步降低材料成本，还可以避免由于多渠道、多层次采购而导致的低效状态。

企业管理层材料采购供应的主要内容包括：

（1）根据各项目部材料需用计划，编制材料采购和供应计划，确定并考核施工项目的材料管理目标。

（2）建立稳定的供货渠道和资源供应基地，发展多种形式的横向联合，建立长期、稳定、多渠道可供选择的货源，为提高工程质量、降低工程成本打下牢固的物质基础。施工企业应对供应方进行评价，合理选择材料供应方。评价内容主要包括经营资格和信誉，供货能力，建筑材料及构配件的质量、价格、售后服务等。

（3）组织好招标采购报价工作，建立材料管理制度，包括材料目标管理制度、材料供应和使用制度，并进行有效的控制、监督和考核。

2.项目部的材料采购供应

由于工程项目所用材料种类繁多，用量不一，为便于管理，企业应给与项目部必要的材料采购权，负责采购企业物资部门授权范围内的材料，这样有利于两级采购相互弥补，保证供应不留缺口。

项目部材料采购供应的主要内容包括：

（1）准确编制各种材料需用量计划，并及时上报企业物资采购部门。

（2）按计划供应材料，把好材料进场关，保证材料质量符合要求。

（二）施工材料的现场管理

1.现场材料管理的责任

项目经理是现场材料管理的全面领导者和责任者。项目部主管材料人员是施工现场材料管理的直接责任人。班组材料员在项目材料员的指导下，协助班组长组织和监督本班组合理进行领料、用料和退料工作。现场材料人员应建立材料管理岗位责任制。

2.现场材料管理的内容

（1）材料计划管理

项目开工前，项目部向企业材料部门提交一次性计划，作为供应备料的依据。在施工中，再根据工程变更及调整的施工进度计划，及时向企业材料部门提出调整供料计划。材料供应部门按月对材料计划的执行情况进行检查，不断改进材料供应。

（2）材料验收

材料进场验收应遵守下列规定：

1）清理存放场地，做好材料进场准备工作。

2）检查进场材料的凭证、票据、进场计划、合同、质量证明文件等有关资料是否与供应材料要求一致。

3）检查材料品种、规格、包装、外观、尺寸等，检查外观质量是否满足要求。在外观质量满足要求的基础上，再按要求取样进行材料复验。

4）按照规定分别采取称重、点件、检尺等方法，检查材料数量是否满足要求。

5）验收要做好记录，办理验收手续。

（3）材料的储存、保管与领发

进场的材料应验收入库，建立台账；入库的材料应按型号、品种分区堆放，施工现场材料按总平面布置图实施，要求位置正确、保管处置得当、符合堆放保管制度；要日清、月结、定期盘点，账物相符。

施工现场的材料领发，应建立限额领料制度。超过限额的用料，在用料前应办理手续，填报限额领料单，注明超出原因，经签发批准后实施。此外，还应建立领发料台账，记录领发状况和节超状况。

（4）材料的使用监督

项目部应实行材料使用监督制度，由现场材料管理责任者对材料的使用进行监督，填写监督记录，对存在的问题及时分析并予以处理。监督的内容主要包括：是否按平面图要求堆放材料，是否按要求保管材料，是否合理使用材料，是否认真执行领发料手续，是否做到工完料清、场清等。

（5）材料的回收

班组余料必须回收，及时办理退料手续，并在限额领料单中登记扣除。余料要造表上报，按供应部门的要求办理调拨或退料，建立回收台账，处理好经济关系。

四、施工机械设备管理

施工机械设备管理指按照机械设备运转的客观规律，通过对施工所需要的机械设备进行合理配置，优化组合，在项目施工生产活动中充分发挥机械设备的效能，获得最佳经济效益而进行的计划、组织、指挥、调节和监督等工作。

施工机械设备管理的任务是正确贯彻国家的方针政策，通过采取一系列技术、经济和组织措施，搞好机械设备的选配、管理、保养和修理，提高机械设备的完好率、利用率和工作效率，保证机械的合理有效使用，实现低消耗、低成本，为项目机械化施工服务。

（一）施工项目机械设备的供应形式

1.企业自有装备

施工企业应根据自身经济实力、任务类型、施工工艺特点和技术发展趋势购置自有机械，自有机械应当是企业常年大量使用的机械，以保证较高的机械利用率和经济效果。

2. 租赁

对于某些大型、专业的特殊建筑机械，当施工企业自行装备会导致经济上的不合理时，可以租赁方式供施工企业使用。

3. 机械施工承包

对某些操作复杂或要求人与机械密切配合的机械，可由专业机械化分包公司装备，如大型构件吊装、大型土方等工程。

无论采用哪种形式进行机械设备供应，提供给项目部使用的施工机械设备都必须符合相关要求，保证施工的正常进行。

（二）机械设备的选择

机械设备的选择是机械设备管理的首要环节。其选择原则是：切合需要、技术上先进、经济上合理、充分发挥现有机械设备能力、减少闲置。

机械设备的选择应根据企业装备规划，有计划、有目的地进行，防止盲目性。选择机械设备时，首先要挖掘企业潜力，充分发挥现有机械设备的作用。在此基础上，对新增机械设备，应从生产性、可靠性、节约性、维修性、环保性、耐用性、成套性、安全性、灵活性等方面进行技术经济分析。

（三）施工项目机械设备的使用管理

1. 机械设备的安全管理

机械设备的安全管理主要包括以下内容：

（1）项目要建立健全设备安全检查、监督制度，要定期和不定期地进行设备安全检查，及时消除隐患，确保设备和人身安全。

（2）对于起重设备的安全管理，要认真执行当地政府的有关规定，由具有相应资质的专业施工单位承担设备的安装、拆除、顶升、锚固、轨道铺设等工作任务。

（3）各种机械必须按照国家标准安装安全保险装置。机械设备转移施工现场，重新安装后必须对设备安全保险装置重新调试，并经试运转，以确认各种安全保险装置符合标准要求，方可交付使用。

（4）严格遵守建筑机械使用安全技术规程，按要求进行设备操作和维护。

（5）项目应建立健全设备安全使用岗位责任制。

2. 机械设备的制度管理

机械设备的制度管理主要包括以下内容：

（1）实行机械设备中的交接班制度。采用交接班制度，能保持施工的连续性，使作业班组能够交清问题，防止机械损坏和附件丢失。机械设备操作人员要及时填写台班工作记录，记载设备运转小时、运转情况、故障及处理办法、设备附件和工具情况、岗位其他需要注意的问题等，以明确设备管理责任并为机械设备的维修、保养提供依据。

（2）机械设备使用中应定机、定人、定岗位责任，即实行"三定制度"。

（3）健全机械设备管理的奖励与惩罚制度。

3.严格进行机械设备的进场验收

工程项目要严格进行机械设备进场验收，一般中小型机械设备由施工员（工长）会同专业技术管理人员和使用人员共同验收；大型设备、成套设备须在项目部自检基础上报请公司有关部门组织技术负责人及有关部门人员验收；对于重点设备要组织第三方具有认证或相关验收资质单位进行验收，如塔式起重机、外用施工电梯等。

4.机械设备使用注意事项

（1）人机固定，实行机械使用、保养责任制，将机械设备的使用效益与个人经济利益相结合。

（2）实行持证上岗制度，操作人员必须经过培训和统一考试，考试合格取得操作证后，方可独立操作。

（3）遵守磨合期使用规定，以防止机件早期磨损，延长机械使用寿命和修理周期。

（4）做好机械设备的综合利用，现场安装的施工机械应尽量做到一机多用。

（5）组织机械设备的流水施工，当施工中某些施工过程主要通过机械而不是人力时，划分施工段必须考虑机械设备的服务能力，尽量使机械连续作业，不停歇。一个施工项目有多个单位工程时，应使机械在单位工程之间流水作业，减少机械设备进出场时间和装卸费用。

5.施工项目机械设备的保养与维修

为保持机械设备的良好运行状态，提高设备运转的可靠性和安全性，减少零件的磨损，降低消耗，延长使用寿命，进一步提高机械施工的经济效益，应按要求及时进行机械设备的保养。

机械设备保养分为例行保养和强制保养。例行保养不占用机械设备的运转时间，由操作人员在机械运转间隙进行，主要保养内容包括保持机械的清洁、检查运转情况、按技术要求润滑等。强制保养是按照一定周期，占用机械设备的运转时间而停工进行的保养，保养周期须根据不同机械设备的磨损规律、作业条件、操作维护水平及经济性四个主要因素确定。强制保养的内容是按一定周期分级进行的，例如，起重机、挖掘机等大型建筑机械应进行一至四级保养；汽车、空气压缩机等应进行一至三级保养；其他一般机械设备只进行一二级保养。

第五节　施工合同管理

一、施工合同管理概述

工程施工合同是发包人与承包人之间完成商定的建设工程项目，确定合同主体权利与义务的协议。建设工程施工合同也称为建筑安装承包合同，建筑是对工程进行建造的行为，安装主要是与工程有关的线路、管道、设备等设施的装配。

二、施工投标

（一）建筑工程施工投标程序

建筑工程施工投标的一般程序如下：

报告参加投标→办理资格审查→取得招标文件→研究招标文件→调查招标环境→确定投标策略→编制施工方案→编制标书→投送标书。

（二）建筑工程施工投标的准备工作

1. 收集招投标信息

在确定招标组织后，收集招标信息，从中了解工程制约因素，可以帮助投标单位在投标报价时做到心中有数，这是施工企业在投标过程中成败的关键。可收集的招投标信息包括：工程所在地的交通运输、材料和设备价格及劳动力供应状况；当地施工环境、自然条件、主要材料供应情况及专业分包能力和条件；类似工程的技术经济指标、施工方案及形象进度执行情况；参加投标企业的技术水平、经营管理水平及社会信誉等。

2. 研究招标文件

投标单位取得投标资格，获得招标文件之后，首先就是认真仔细地研究招标文件，充分了解其内容与要求，以便有针对性地开展投标工作。研究招标文件的重点应该放在投标者须知、合同条款、设计图纸、工程范围及工程量表上，还要研究技术规范要求，看是否有特殊要求。投标人应该把重点放在投标人须知、投标附录和合同条件、技术说明、永久性工程之外的报价补充文件上。

3. 编制施工方案

施工方案是投标报价的一个前提条件，也是招标单位评标时要考虑的因素之一。施工方案由投标单位的技术负责人主持编制，主要考虑施工方法、施工机具的配置，各个工种劳动力的安排及现场施工人员的平衡，施工进度的安排，质量安全措施等。施工方案的编制应该在技术和工期两方面对招标单位有吸引力，同时又能降低施工成本。

（三）建筑工程的投标报价

建筑工程的投标报价指投标单位为了中标而向招标单位报出的该建筑工程的价格。投标报价的正确与否，对投标单位能否中标以及中标后的盈利情况将起决定性作用。

1. 报价的基本原则

报价按照国家规定，并且体现企业的生产经营管理水平；报价计算主次分明，并从实际出发，把实际可能发生的一切费用计算在内，避免出现遗漏和重复；报价以施工方案为基础。

2. 投标报价的基本程序

（1）准备阶段

熟悉招标文件，参加招标会议，了解、调查施工现场以及建筑原材料的供应情况。

（2）投标报价费用计算阶段

分析并计算报价的有关费用，确定费率标准。

（3）决策阶段

投标决策并且编写投标文件。所谓投标决策，主要包括：决定是否投标、决定采用怎样的投标策略、投标报价、中标后的应对策略四方面的内容。

3. 复核工程量

在报价前，应该对工程量清单进行复核，确保标价计算的准确性。对于单价合同，虽然以实测工程量结算工程款，但投标人仍然应该根据图纸仔细核算工程量，若发现差异较大，投标人应该向招标人要求澄清。对于总价固定合同，是以总报价为基础进行结算的，如果工程量出现差异，可能对施工方不利。对于总价合同，如果业主在投标前对争议工程量不予以更正，而且是对投标者不利的情况，则投标者在投标时要附上声明：工程量表中某项工程量有错误，施工结算应该按照实际完成量计算。

4. 选择施工方案

施工方案是报价的基础和前提，也是招标人评标时考虑的重要因素之一，有什么样的方案，就会有什么样的人工、机械和材料消耗，也就会有相应的报价。因此，必须弄清楚分项工程的内容、工程量、所包含的相关工作、工程进度计划的各项要求、机械设备状态、劳动与组织状况等关键环节，据此制订施工方案。

5. 正式投标

投标人经过多方面情况分析、运用报价策略和技巧确定投标报价，并且按照招标人的要求完成标书的准备与填报之后，就可以向招标人正式提交投标文件，但是需要注意投标的截止日期、投标文件的完整性、标书的基本要求和投标的担保。

三、施工合同的订立

订立施工合同要经过要约和承诺两个过程。要约指当事人一方向另一方提出签订合同的建议与要求，拟定合同的初步内容。承诺是指受约人完全同意要约人提出的要约内容的一种表示。承诺后合同即成立。

招标、投标、中标的过程实质就是要约、承诺的一种具体方式。招标人通过媒体发布招标公告，或向符合条件的投标人发出招标文件，为要约邀请；投标人根据招标文件内容在约定的期限内向招标人提交投标文件，为要约；招标人通过评标确定中标人，发出中标通知书，为承诺；招标人和中标人按照中标通知书、招标文件和中标人的投标文件等订立书面合同时，合同成立并生效。

四、施工合同执行过程的管理

合同的履行指工程建设项目的发包方和承包方根据合同规定的时间、地点、方式、内容和标准等要求，各自完成合同义务的行为。合同的履行是合同当事人双方都应尽的义务，任何一方违反合同，不履行合同义务，或者未完全履行合同义务，给对方造成损失时，都应当承担赔偿责任。合同签订后，当事人必须认真分析合同条款，向参与项目实施的有关责任人做好合同交底工作，在合同履行过程中进行跟踪与控制，并加强合同的变更管理，保证合同的顺利履行。

（一）掌握施工合同跟踪与控制

合同签订以后，合同中各项任务的执行要落实到具体的项目经理部或具体的项目参与人员身上，承包单位作为履行合同义务的主体，必须对合同执行者（项目经理部或项目参与人）的履行情况进行跟踪、监督和控制，确保合同义务的完全履行。施工合同跟踪有两个方面的含义，一是承包单位的合同管理职能部门对合同执行者的跟踪；二是合同执行者本身对合同计划的执行情况进行的跟踪、检查与对比，在合同实施过程中二者缺一不可。对合同执行者而言，应该掌握合同跟踪的以下内容：

1. 合同跟踪的依据

合同跟踪的重要依据首先是合同以及依据合同而编制的各种计划文件；其次，要依据各种实际工程文件，如原始记录、报表、验收报告等；最后还要依据管理人员对现场情况的直观了解，如现场巡视、交谈、会议、质量检查等。

2. 合同跟踪的对象

施工合同实施情况跟踪的对象主要包括以下几个方面：

（1）具体合同事件

工程施工的质量包括材料、构件、制品和设备等的质量以及施工或安装质量，是否符合合同要求；工程进度是否在预定期限内，工期有无延长，延长的原因是什么；工程数量是否按照合同要求全部完成，有无合同规定以外的施工任务；施工成本的增加和减少等。

（2）工程小组或分包商的工程和工作

可以将工程施工任务分解交由不同的工程小组或发包给专业分包单位完成，工程承包人必须对这些工程小组或分包人及其所负责的工程进行跟踪检查，协调关系，提出意见、建议或警告，保证工程总体质量和进度。对专业分包人的工作和负责的工程，总承包商负有协调和管理的责任，并承担由此造成的损失，所以专业分包人的工作和负责的工程必须纳入总承包工程的计划和控制中，防止因分包人工程管理失误而影响全局。

（3）业主及其委托的工程师的工作

业主是否及时、完整地提供了工程施工的实施条件，如场地、图纸、资料等；业主和工程师是否及时给予了指令、答复和确认等；业主是否及时并足额地支付了应付的工程款项。

3.合同实施的偏差分析

通过合同跟踪，可能会发现合同实施中存在着偏差，即工程实施实际情况偏离了工程计划和工程目标，若遇到这种情况，则应该及时分析原因，采取措施，纠正偏差，避免损失。

合同实施偏差分析的内容包括以下几个方面：

（1）产生偏差的原因分析

通过对合同执行实际情况与实施计划的对比分析，不仅可以发现合同实施的偏差，而且可以分析引起差异的原因。原因分析可以采用鱼刺图、因果关系分析图（表）、成本量差、价差、效率差分析等方法定性或定量地进行。

（2）合同实施偏差的责任分析

即分析产生合同偏差的原因是由谁引起的，应该由谁承担责任。责任分析必须以合同为依据，按合同规定落实双方责任。

（3）合同实施趋势分析

针对合同实施偏差情况，可以采取不同的措施，分析在不同措施下合同执行的结果与趋势，包括：最终的工程状况、总工期的延误、总成本的超支、质量标准、所能达到的生产能力（或功能要求）等；承包商将承担什么样的后果，如被罚款、被清算甚至被起诉等，对承包商资信、企业形象、经营战略的影响等；最终工程经济效益（利润）水平。

4.合同实施偏差处理

根据合同实施偏差分析的结果，承包商应该采取相应的调整措施，调整措施可以分为：

（1）组织措施

如增加人员投入，调整人员安排，调整工作流程和工作计划等。

（2）技术措施

如变更技术方案，采取新的高效率的施工方案等。

（3）经济措施

如增加投入、采取经济激励措施等。

（4）合同措施

如进行合同变更，签订附加协议，采取索赔手段等。

（二）掌握工程合同变更管理

工程合同变更是一种特殊的合同变更，一般指在工程施工过程中，根据合同约定对施工程序、工程内容、数量、质量要求及标准等做出的变更。

工程合同变更指合同成立以后和履行完毕以前由双方当事人依法对合同的内容所进行的修改，包括合同价款、工程内容、工程数量、质量要求和标准、实施程序等的一切改变。

1. 工程合同变更的原因

工程合同变更一般主要有以下几个方面原因：

（1）业主新的变更指令，对建筑的新要求，如业主有新的意图，业主修改项目计划、削减项目预算等。

（2）由于设计人员、监理人员、承包商事先没能很好地理解业主的意图或设计的错误，导致图纸修改。

（3）工程环境的变化，预定的工程条件不准确，要求实施方案或实施计划变更。

（4）由于新技术的出现，有必要改变原设计、原实施方案或实施计划，或由于业主指令及业主责任的原因造成承包商施工方案的改变。

（5）政府部门对工程提出新的要求，如国家计划变化、环境保护要求、城市规划变动等。

（6）由于合同实施出现问题，必须调整合同目标或修改合同条款。

2. 变更的范围和内容

（1）取消合同中任何一项工作，但被取消的工作不能转由发包人或其他人实施。

（2）改变合同中任何一项工作的质量或其他特性。

（3）改变合同工程的基线、标高、位置或尺寸。

（4）改变合同中任何一项工作的施工时间或改变已批准的施工工艺或顺序。

（5）为完成工程需要追加的额外工作。

3. 变更程序

（1）工程合同变更的提出

1）承包商提出工程合同变更

承包商在提出工程合同变更时，一般情况是工程遇到不能预见的地质条件或地下障碍，或者是承包商为了节约工程成本或加快工程施工进度。

2）业主方提出工程合同变更

业主一般可通过工程师提出工程合同变更。如果业主方提出的工程合同变更内容超出合同限定的范围，则属于新增工程，只能另签合同处理，除非承包方同意变更。

3）工程师提出工程合同变更

工程师根据工地现场工程进展的具体情况，认为确有必要时，可以提出工程合同变更。若提出的工程合同变更超出了原来合同规定范围，新增了很多工程内容和项目，则属于不合理的工程变更请求，工程师应该和承包商协商后酌情处理。

（2）工程合同变更的批准

由承包商提出的工程合同变更，应交予工程师审查并批准。由业主提出的工程合同变更，为便于工程的统一管理，一般可由工程师代为发出。而工程师发出工程合同变更通知的权力，一般由工程施工合同明确约定。当然，该权力也可约定为业主所有，然后业主通过书面授权的方式使工程师拥有该权力。如果合同对工程师提出工程合同变更的权力做了具体限制，而约定其余均应由业主批准，在工程师就超出其权限范围的工程合同变更发出指令时应附上业主的书面批准文件，否则承包商可以拒绝执行。在紧急情况下，不应限制工程师向承包商发布其认为必要的此类变更指示。如果在上述紧急情况下采取行动，工程师应将情况尽快通知业主。

（3）工程合同变更指示

工程合同变更指示的发出有两种形式：书面形式和口头形式。一般情况下，要求工程师签发书面变更通知令，当工程师书面通知承包商工程合同变更时，承包商才可执行该项变更。当工程师发出口头指令要求工程合同变更时，事后一定要补签一份书面的工程合同变更指示。如果工程师口头指示后忘了补签书面指示，承包商（须 7d 内）应以书面形式证实此项指示，交予工程师签字，工程师若在 14d 内没有提出反对意见，应视为认可，所有工程合同变更必须按照规定格式用书面形式写明。对于要取消的任何一项分部工程，工程合同变更应在该部分工程还未施工前进行，以免造成人力物力的浪费，避免造成业主多支付工程款项。

4. 工程合同变更价格调整

除专用合同条款另有约定外，因变更引起的价格调整按照以下约定处理：

（1）已标价工程量清单中有适用于变更工作的子目的，采用该子目的单价。

（2）已标价工程量清单中无适用于变更工作的子目的，但有类似子目的，可在合理范围内参照类似子目的单价。

（3）已标价工程量清单中无适用或类似子目的单价，可按照成本加利润的原则，变更工作的单价。

5. 工程合同变更的管理

（1）注意对工程合同变更条款的分析，如工程合同变更不能超过合同规定的工程范围。若超过这个范围，则承包商有权不执行变更或坚持先商定价格后再进行变更。

（2）若施工中发现施工图纸错误或其他问题需要进行变更，则首先须通知工程师，经过工程师同意或变更程序后再进行变更；否则，承包商可能不仅得不到应有的补偿，还有可能需要承担相应的责任。

（3）迅速、全面地落实变更指令。

（4）分析工程合同变更的影响，合同变更是索赔机会，应该在合同规定的索赔期限内完成索赔事项，并在合同变更过程中记录、收集、整理所涉及的各种文件。

五、施工合同的索赔

（一）建设工程索赔概述

建设工程索赔通常指在工程合同履行过程中，合同当事人一方因对方不履行或未能正确履行合同或者由于其他非自身因素而受到经济损失或权利损害，通过合同规定的程序向对方提出经济或时间补偿要求的行为。索赔是一种正当的权力要求，它是合同当事人之间一项正常的而且普遍存在的合同管理业务，是一种以法律和合同为依据的合情合理的行为。

在建设工程施工承包合同执行过程中，业主可以向承包商提出索赔要求，承包商也可以向业主提出索赔要求，即合同的双方都可以向对方提出索赔要求。当一方向另一方提出索赔要求，被索赔方应采取适当的反驳、应对和防范措施，即反索赔。

（二）工程索赔的主要特点

工程索赔的主要特点是由于业主或者其他非承包商的原因，致使承包商在项目施工中付出了额外的费用或造成损失，承包商通过合法途径和程序，运用谈判、仲裁、诉讼等手段，要求业主偿付其在施工中的费用损失或延长工期。通常，承包商可以提起索赔的事件有：

（1）发包人违反合同给承包人造成时间、费用的损失。

（2）因工程变更（含设计变更、发包人提出的工程变更等）造成的时间、费用的损失。

（3）由于监理工程师对合同文件的歧义解释、技术资料不确切，或由于不可抗力导致施工条件的改变，造成了时间、费用的增加。

（4）发包人提出提前完成项目或缩短工期而造成承包人的费用增加。

（5）发包人延误支付期限造成承包人的损失。

（6）合同规定以外的项目进行检验，且检验合格，或非承包人的原因导致项目缺陷的修复所发生的损失或费用。

（7）非承包人的原因导致工程暂时停工。

（8）物价上涨、法规变化及其他。

（三）索赔工作程序

索赔工作程序指从索赔事件产生到最终处理结束全过程所包含的工作内容和工作步骤。在项目施工阶段，每出现一个索赔事件，承包人和发包人都应该按照国家规定和工程项目合同条件规定，认真及时地协商解决。以下是我国工程施工合同有关的索赔工作程序：

1. 索赔意向通知

在工程实施过程中发生索赔事件以后，或者承包人发现索赔机会，首先要提出索赔意向，即在合同规定时间内将索赔意向用书面形式及时通知发包人或者工程师，向对方表明索赔愿望、要求或者声明保留索赔权利，这是索赔工作程序的第一步。

2. 索赔处理

工程师核查后初步确定应予补偿的额度，往往与承包人索赔报告中要求的额度不一致，甚至差额较大，因此双方应就索赔的处理进行协商。通过协商达不成共识的话，工程师有权单方面做出处理决定，承包人仅有权得到所提供的证据满足工程师认为索赔成立那部分的付款和工期顺延。不论工程师通过协商与承包人达成一致，还是他单方面做出的处理决定，批准给予补偿的款额和顺延工期的天数如果在授权范围之内，则可将此结果通知承包人，并抄送业主。补偿款将计入下月支付工程进度款的支付证书内，业主应在合同规定的期限内支付，顺延的工期加到原合同工期中去。如果批准的额度超过工程师的权限，则应该报请业主批准。

如果承包人同意接受最终的处理决定，则索赔事件的处理即告结束。如果承包人不同意，则可根据合同约定，将索赔争议提交仲裁或诉讼，使索赔问题得到最终解决。

（四）索赔的依据和索赔报告

1. 索赔的依据

承包商向业主提出索赔，希望费用补偿或工期延长。为此，承包商需要进行索赔论证工作。在工程项目实施过程中，会产生大量的工程信息和资料，这些信息和资料是进行索赔的重要依据。因此，在施工工程中应该自始至终做好资料积累工作，建立完善的资料记录和资料管理制度，认真系统地积累和管理合同、质量、进度以及财务收支等方面的资料。

常见的索赔依据有：

（1）各种合同文件，包括施工合同协议书及其附件、中标通知书、投标书、标准和技术规范、图纸、工程量清单、工程报价单或者预算书、有关技术资料和要求、施工过程中的补充协议等。

（2）经过发包人或者工程师批准的承包人的施工进度计划、施工方案、施工组织设计和现场实施情况记录。

（3）施工日记和现场记录，包括有关设计交底、设计变更、施工变更指令，工程材料和机械设备的采购、验收与使用等方面的凭证及材料供应清单、合格证书，工程现场水、电、道路等开通、封闭的记录，停水、停电等各种干扰事件的时间和影响记录等。

（4）工程有关照片和录像等。

（5）备忘录，对工程师或业主的口头指示和电话应随时用书面记录，并请给予书面确认。

（6）发包人或工程师签认的签证。

（7）工程各种往来函件、通知、答复等。

（8）工程各项会议纪要。

（9）发包人或者工程师发布的各种书面指令和确认书，以及承包人的要求、请求、通知书等。

（10）气象报告和资料，如有关温度、风力、雨雪的资料。

（11）投标前发包人提供的参考资料和现场资料。

（12）各种验收报告和技术鉴定等。

（13）工程核算资料、财务报告、财务凭证等。

（14）其他，如官方发布的物价指数、汇率、规定等。

2. 索赔报告

索赔报告的具体内容随索赔事件的性质和特点而有所不同，但是一个完整的索赔报告应该包括以下内容。

（1）总述部分

首先概要论述索赔事项发生的日期和过程；承包人为该索赔事项付出的努力和附加开支；承包人的具体索赔要求。在总述部分最后，附上索赔报告编写组主要人员及审核人员，注明其职称、职位及施工经验，以表示该索赔报告的严肃性和权威性。

（2）论证部分

论证部分是索赔报告的关键部分，其目的是说明自己有索赔权，是索赔能否成立的关键。论证部分主要来自工程项目合同文件，并且参照有关法律规定，一般来说，论证部分包括索赔发生情况、已递交索赔意向通知书的情况、索赔事件的处理过程、所附证据资料。

（3）索赔款项（或工期）计算部分

如果说索赔报告论证部分的任务是解决索赔权能否成立，则款项计算是为解决能获得多少索赔款项。前者定性，后者定量。在索赔款项（或工期）计算部分，承包商必须说明索赔款总额，各项索赔款计算，指明各项开支计算依据及证明资料。

（4）证据部分

要注意引用的每个证据的效力或可信程度，对重要的证据资料最好附以文字说明，或附以确认件。例如，对一个重要的电话内容，仅附上自己的记录本是不够的，最好附上经过双方签字确认的电话记录。

（五）工程索赔处理的原则

工程索赔的处理应该遵循以下原则：

1. 索赔必须以合同为依据

工程师依据合同和事实对索赔进行处理是其公平性的重要体现。在不同的合同条件下，这些依据很可能是不同的。例如，因为不可抗力、异常恶劣气候条件、特殊社会事件、其他第三方等原因引起延误。对于这类延误，一般合同规定：业主只给予承包人延长工期，不给予费用损失的补偿，但在有些合同条件如国际咨询工程师联合会（FIDIC）中对一些不可控制因素引起的延误，如"特殊风险"和"业主风险"引起的延误，业主还应给予承包人费用损失的补偿。

2. 及时、合理地处理索赔

索赔事件发生后，必须依据合同及时地对索赔进行处理。如果承包人的合理索赔要求长时间得不到解决，则单项工程的索赔积累下来，有时可能影响整个工程的进度。此外，拖到后期综合索赔，往往还牵涉利息、预期利润补偿、工程结算以及责任的划分、质量的处理等，大大增加了处理索赔的难度。因此，尽量将单项索赔在执行过程中加以解决。

3. 加强主动控制，减少工程索赔

对于工程索赔应当加强主动控制，尽量减少索赔。这就要求在工程管理过程中，应当尽量将工作做在前面，减少索赔事件的发生。这样能够使工程更顺利地进行，降低工程投资，保证施工工期。

（六）反索赔

反索赔指业主向承包商提出的索赔要求。反索赔分为工期索赔和费用索赔。一般包括工程师依据合同内容，对承包商的违约行为提出反索赔要求。此外，也包括工程师在对承包商提出的索赔进行审核评价时，指出其错误的合同依据和计算方法，否定其中部分索赔款项或全部款额。反索赔的工作内容可以包括两个方面：一是防止对方提出索赔；二是反击或反驳对方的索赔要求。

要成功地防止对方提出索赔，应采取积极防御的策略。首先是自己严格履行合同规定的各项义务，防止自己违约，并通过加强合同管理，使对方找不到索赔的理由和根据，使自己处于不被索赔的地位；其次，如果在工程实施过程中发生了干扰事件，则应立即着手研究和分析合同依据，收集证据，为提出索赔和反索赔做好两手准备。

如果对方提出了索赔要求或索赔报告，则自己一方应采取各种措施来反击或反驳对方的索赔要求。常用的措施有：

（1）抓对方的失误，直接向对方提出索赔，以对抗或平衡对方的索赔要求，以求在最终解决索赔时互相让步或者互不支付。

（2）针对对方的索赔报告，进行认真、仔细研究和分析，找出理由和证据，证明对方索赔要求或索赔报告不符合实际情况和合同规定，没有合同依据或事实证据，索赔计算不合理或不准确等问题，反击对方的不合理索赔要求，减轻自己的责任，使自己不受或少受损失。

第七章 安全文明施工管理

第一节　施工现场场容管理

一、文明施工

文明施工是指工程建设实施阶段中，有序、规范、标准、整洁、科学的建设施工生产活动。

实现文明施工主要包括以下几个方面的工作：规范施工现场的场容，保持作业环境的整洁卫生；科学组织施工，使生产有序进行；减少施工对周围居民和环境的影响；保证职工的安全和身体健康；做好现场材料、机械、安全、技术、保卫、消防和生活卫生等方面的管理工作。

（一）文明施工的意义

文明施工的意义主要体现在以下几个方面：

1. 文明施工能促进建筑企业综合管理水平的提高

保持良好的作业环境和秩序，对促进安全生产、加快施工进度、保证工程质量、降低工程成本、提高经济和社会效益有较大作用。文明施工涉及人、财、物各个方面，贯穿于施工全过程之中。一个工地的文明施工水平是该工地乃至所在建筑企业在工程项目施工现场的综合管理水平的体现。

2. 文明施工是适应现代化施工的客观要求

现代化施工需要采用先进的技术、工艺、材料、设备和科学的施工方案，需要严密组织、严格要求、标准化管理和高素质的职工。文明施工能适应现代化施工的要求，是实现优质、高效、低耗、安全、清洁、卫生的有效手段。

3. 文明施工有利于员工的身心健康，有利于培养和提高施工队伍的整体素质

文明施工可提高职工队伍的文化、技术和思想素质，培养尊重科学、遵守纪律、团结协作的大生产意识，促进建筑企业精神文明建设，从而可以促进施工队伍整体素质的提高。

4. 文明施工代表建筑企业的形象

良好的施工环境与施工秩序，可以得到社会的支持和信赖，提高建筑企业的知名度和市场竞争力。

（二）文明施工专项方案

工程开工前，施工单位须将文明施工纳入施工组织设计，编制文明施工专项方案，制定相应的文明施工措施，并确保文明施工措施费的投入。

文明施工专项方案应由工程项目技术负责人组织人员编制，送施工单位技术部门的专业技术人员审核，报施工单位技术负责人审批，经项目总监理工程师（建设单位项目负责人）审查同意后执行。文明施工专项方案一般包括以下内容：

（1）施工现场平面布置图，包括临时设施、现场交通、现场作业区、施工设备机具、安全通道、消防设施及通道的布置，成品、半成品、原材料的堆放等。大型工程施工中，平面布置图会受施工进程的影响而发生较大变动，可按基础、主体、装修三阶段进行施工平面布置图设计。

（2）施工现场围挡的设计。

（3）临时建筑物、构筑物、道路场地硬地化等单体的设计。

（4）现场污水排放、现场给水（含消防用水）系统设计。

（5）粉尘、噪声控制措施。

（6）现场卫生及安全保卫措施。

（7）施工区域内及周边地上建筑物、构筑物及地下管网的保护措施。

（8）制订并实施防高处坠落、物体打击、机械伤害、坍塌、触电、中毒、防台风、防雷、防汛、防火灾等应急救援预案（包括应急网络）。

（三）文明施工的组织和制度管理

1. 组织管理

文明施工是施工企业、建设单位、监理单位、材料供应单位等参建各方的共同目标和共同责任，建筑施工企业是文明施工的主体，也是主要责任者。

施工现场应成立以项目经理为第一责任人的文明施工管理组织。分包单位应服从总包单位的文明施工管理组织的统一管理，并接受监督检查。

2.制度管理

各项施工现场管理制度应有文明施工的规定，包括个人岗位责任制、经济责任制、安全检查制度、持证上岗制度、奖惩制度、竞赛制度和各项专业管理制度等。

加强和落实现场文明检查、考核及奖惩管理，以促进施工文明管理工作的提高。检查范围和内容应全面周到，包括生产区、生活区、场容场貌、环境文明及制度落实等内容。检查发现的问题应采取整改措施。

（四）文明施工的基本要求

（1）施工现场主出入口必须醒目，并在明显的位置设"五牌一图"。工程概况牌要标明工程规模、性质、用途、发包人、设计人、承初人、监理单位名称和开竣工日期、施工许可证批准文号等。

（2）工地内要设立"两栏一报"，针对施工现场情况，并适当更换内容，确实起到鼓舞士气、表扬先进的作用。

（3）建立文明施工责任制，划分区域，明确管理负责人，实行挂牌制，施工现场的管理人员在施工现场应当佩戴证明其身份的证卡。

（4）应当做好施工现场安全保卫工作，采取必要的防盗措施，在现场周边设立围护设施。

（5）施工现场场地平整，道路坚实畅通，有排水措施；在适当位置设置花草等绿化植物，美化环境；基础、地下管道施工完后要及时回填平整、清除积土；现场施工临时水电要有专人管理，不得有长流水、长明灯。

（6）施工区域与宿舍区域严格分隔，并有门卫值班；场容场貌整齐、有序，材料区域堆放整齐，在施工区域和危险区域设置醒目安全警示标志。

（7）施工现场的临时设施，包括生产、生活、办公用房、仓库、料具场、管道以及照明、动力线路，要严格按照施工组织设计确定的施工平面图布置、搭设或埋设整齐，并符合卫生、通风、照明等要求。职工的膳食、饮水供应等应符合卫生要求。

（8）施工现场的各种安全设施和劳动保护器具，必须定期进行检查和维护，及时消除隐患，保证其安全有效。有严格的成品保护措施，严禁损坏污染成品。

（9）在施工现场建立和执行防火管理制度，设置符合消防要求的消防设施，并保持完好的备用状态。在容易发生火灾的地区施工，或者储存、使用易燃易爆器材时，应采取特殊的消防安全措施。

（10）严格遵守各地政府及有关部门制定的与施工现场场容场貌有关的法规。

二、施工现场场容管理

（一）施工现场场容管理的意义和内容

1. 场容管理的意义

施工现场的场容管理，实际上是根据施工组织设计的施工总平面图，对施工现场进行的管理，它是保持良好的施工现场秩序，保证交通道路和水电畅通，实现文明施工的前提。场容管理的好坏，不仅关系到工程质量的优劣，人工材料消耗的多少，而且关系到生命财产的安全，因此，场容管理体现了建筑工地管理水平和施工人员的精神状态。

2. 场容管理的内容

施工现场场容管理的主要内容有：

（1）严格按照施工总平面图的规定建设各项临时设施，堆放大宗材料、成品、半成品及生产设备。

（2）审批各参建单位需用场地的申请，根据不同时间和不同需要，结合实际情况，在总平面图设计的基础上进行合理调整。

（3）贯彻当地政府关于场容管理有关条例，实行场容管理责任制度，做到场容整齐、清洁、卫生、安全，交通畅通，防止污染。

3. 常见的场容问题

开工之初，一般工地场容管理较好，随着工程铺开，由于控制不严，未按施工程序办事，场容逐渐乱起来，常见的场容问题有：

（1）随意弃土与取土，形成坑洼和堵塞道路。

（2）临时设施搭设杂乱无章。

（3）全场排水无统一规划，洗刷机械和混凝土养护排出的污水遍地流淌，道路积水，泥浆飞溅。

（4）材料进场，不按规定场地堆放，某些材料、构件过早进场，造成场地拥塞，特别是预制构件不分层和不分类堆放，随地乱摆，大量损坏。

（5）施工余料、残料清理不及时，日积月累，废物成堆。

（6）拆下的模板、支撑等周转材料任意堆放，甚至用来垫路铺沟，被埋入土中。

（7）管沟长期不回填，到处深沟壁垒，影响交通，危及安全。

（8）管道损坏，阀门不严，水流不断。

（9）乱接电源，乱拉电线。

（二）施工现场场容管理的原则和方法

1. 实行场容管理责任制度

按专业分工种实行场容管理责任制，把场容管理的目标进行分解，落实到有关专业和工种，是实行场容管理责任制的基本任务。例如：土方施工必须按指定地点堆土，谁挖土、谁负责；现场混凝土搅拌站、水泥库、砂石堆场的场容，由混凝土搅拌站人员管理；搅拌站前的道路清理、污水排放，由使用混凝土的单位负责；砌筑、抹灰用的砂浆搅拌机，水泥、砖、砂堆场和落地灰、余料的清理，由瓦工、抹灰工负责；模板、支撑及配件，钢木门窗的清理码放，由木工负责；钢筋及其半成品、余料的堆放，由钢筋工负责；脚手杆、跳板、扣件等的清理堆放，由架子工负责；水暖管材及配件的清理、归堆、码放，由管道工负责。

为了明确场容管理的责任，可以通过施工任务或承包合同落实到责任者。

2. 进行动态管理

施工现场的情况是随着工程进展不断变化的，为了适应这种变化，不可避免地要经常对现场平面布置进行调整，但必须在总平面图的控制下，严格按照场容管理的各项规定，进行动态管理。

3. 勤于检查，及时整改

场容管理检查工作要从工程施工开始直至竣工交验为止。检查结果要和各工种施工任务书的结算结合起来，凡是责任区内场容不符合规定的，不予结算，责令限期整改。

（三）施工现场场容要求

1. 现场围挡

（1）市区主要路段和市容景观道路及机场、码头、车站广场的工地，应设置高度不小于 2.5 m 的封闭围挡；一般路段的工地，应设置高度不小于 1.8 m 的封闭围挡。

（2）围挡须沿施工现场周边连续设置，不得留有缺口，做到坚固、平直、整洁、美观。

（3）围挡应采用砌体、金属板材等硬质材料，禁止使用彩条布、竹笆、石棉瓦、安全网等易变形材料。

（4）围挡应根据施工场地地质、周围环境、气象、材料等进行设计，确保围挡的稳定性、安全性。围挡禁止用于挡土、承重，禁止依靠围挡堆放物料、器具等。

（5）砌筑围墙厚度不得小于 180 mm，应砌筑基础大放脚和墙柱，基础大放脚埋地深度不小于 500 mm（在混凝土或沥青路上有坚实基础的除外），墙柱间距不大于 4 m，墙顶应做压顶，墙面应采用砂浆批光抹平、涂料刷白。

（6）板材围挡底里侧应砌筑高 300 mm、不小于 180 mm 厚砖墙护脚，外立压型钢板或镀锌钢板通过钢立柱与地面可靠固定，并刷上与周围环境协调的油漆和图案。围挡应横不留隙、竖不留缝，底部用直角扣牢。

（7）雨后、大风后以及春融季节应当检查围挡的稳定性，发现问题及时处理。

（8）施工现场道路应畅通，应有循环干道，满足运输、消防要求。

（9）路面应平整坚实，中间起拱，两侧设排水设施，主干道宽度不宜小于 3.5 m，载重汽车转弯半径不宜小于 15 m，如因条件限制，应当采取措施。

（10）道路布置要与现场的材料、构件、仓库等料场、吊车位置相协调；应尽可能利用永久性道路，或先建好永久性道路的路基，在土建工程结束之前再铺路面。

2.安全警示标志

安全警示标志是指提醒人们注意的各种标牌、文字、符号以及灯光等。一般来说，安全警示标志包括安全色和安全标志。安全色分为红、黄、蓝、绿4种颜色，分别表示禁止、警告、指令和提示。

安全标志分禁止标志（共40种）、警告标志（共39种）、指令标志（共16种）和提示标志（共8种）。安全警示标志的图形、尺寸、颜色、文字说明和制作材料等，均应符合国家标准规定。

根据国家有关规定，施工现场入口处、施工起重机械、临时用电设施、脚手架、出入通道口、楼梯口、电梯井口、孔洞口、桥梁口、隧道口、基坑边沿、爆破物及有害危险气体和液体存放处等属于危险部位，应当设置明显的安全警示标志。

三、临时设施管理

临时设施是指施工期间临时搭建、租赁的各种设施。临时设施的种类主要有办公设施、生活设施、生产设施、辅助设施，包括道路、现场排水设施、围墙、大门、供水处、吸烟处等。

（一）临时设施的选址

施工现场按照功能可划分为施工作业区、辅助作业区、材料堆放区和办公生活区。办公生活区内临时设施的选址首先应考虑与作业区相隔离，并保持一定的安全距离；其次，位置的周边环境必须具有安全性，例如，不得设置在高压线下，也不得设置在沟边、崖边、河流边、强风口处、高墙下以及滑坡、泥石流等灾害地质带上和山洪可能冲击到的区域。

保持安全距离是指办公生活区内的临时设施应设置在施工坠落半径和高压线防电距离之外。若建筑物高度为 2~5 m，其坠落半径为 2 m；高度为 30 m，其坠落半径为 5 m，如因条件限制，办公生活区内临时设施设置在坠落半径区域内，则必须有防护措施。1 kV 以下裸露输电线的安全距离为 4 m，330~550 kV 的安全距离为 15 m。临时设施选址的基本要求是：

（1）临时设施布置在工地现场以外时，按照生产需要选择适当的位置，行政管理的办公室等应靠近工地或是工地现场出入口。

（2）临时设施布置在工地现场以内时，一般布置在现场的四周或集中于一侧。

（3）临时设施如混凝土搅拌站、钢筋加工厂、木材加工厂等，应全面分析比较再确定位置。

（二）临时设施搭设的一般要求

（1）施工现场的办公区、生活区和施工区须分开设置，并采取有效隔离防护措施，保持安全距离；办公区、生活区的选址应符合安全性要求。尚未竣工的建筑物内禁止用于办公或设置员工宿舍。

（2）施工现场临时用房应进行必要的结构计算，符合安全使用要求，所用材料应满足卫生、环保和消防要求。宜采用轻钢结构拼装活动板房，或使用砌体材料砌筑，搭建层数不得超过两层。严禁使用竹棚、油毡、石棉瓦等柔性材料搭建。装配式活动房屋应具有产品合格证，应符合国家和本省的相关规定要求。

（3）临时用房应具备良好的防潮、防台风、通风、采光、保温、隔热等性能。墙壁应批光抹平刷白，顶棚应抹灰刷白或吊顶；办公室、宿舍、食堂等窗地面积比不应小于1：8；厕所、淋浴间窗地面积比不应小于1：10。

（4）配线必须采用绝缘导线或电缆，应根据配线类型采用瓷瓶、瓷（塑料）夹、嵌绝缘槽、穿管或钢索敷设，过墙处应穿管保护，非埋地明敷干线距地面高度不得小于2.5 m，低于2.5 m的必须采取穿管保护措施。室内配线必须有漏电保护、短路保护和过载保护，用电应做到"三级配电两级保护"，未使用安全电压的灯具距地高度应不低于2.4 m。

（5）生活区和施工区应设置饮水桶（或饮水器），供应符合卫生要求的饮用水，饮水器具应定期消毒。饮水桶（或饮水器）应加盖、上锁、有标志，并由专人负责管理。

（三）临时设施的搭设和使用管理

1. 办公室

办公室应建立卫生值日制度，保持卫生整洁、明亮美观，文件、图纸、用品、图表摆放整齐。办公用房的防火等级应符合规范要求。

2. 职工宿舍

（1）宿舍应当通风、干燥，防止雨水、污水流入；应设置可开启式窗户，并设置外开门。

（2）宿舍内应保证有必要的生活空间，室内净高不得小于2.5 m，通道宽度不得小于0.9 m，每间宿舍居住人员不应超过16人，人均面积不应小于2.5 m²；宿舍内的单人铺不得超过2层，严禁使用通铺，床铺应高于地面0.3 m，人均床铺面积不得小于1.9 m×0.9 m，床铺间距不得小于0.3 m。

（3）宿舍内应设置生活用品专柜，有条件的宿舍宜设置生活用品储藏室；室内严禁存放施工材料、施工机具和其他杂物。

（4）宿舍在炎热季节应有防暑降温和防蚊虫叮咬措施，设有盖垃圾桶，不乱泼乱倒，保持卫生清洁；寒冷地区冬季宿舍应有保暖措施、防煤气中毒措施，火炉应统一设置和管理。

（5）宿舍周围应当搞好环境卫生，应设置垃圾桶、鞋柜或鞋架，生活区内应为作业人员提供晾晒衣物的场地；房屋外应道路平整，排水沟涵畅通，晚间有充足的照明。

（6）应制定宿舍管理使用责任制，轮流负责卫生和使用管理或安排专人管理。严禁私拉乱接电线，严禁使用电炉、电饭锅、热得快等大功率设备和使用明火。防火等级应符合规范要求。

3. 食堂

（1）食堂应选择在通风、干燥的位置，防止雨水、污水流入；应当保持环境卫生，远离厕所、垃圾站、有毒有害场所等污染源，装修材料必须符合环保、消防要求。

（2）食堂应设置独立的制作间、储藏间；配备必要的排风设施和冷藏设施，安装纱门纱窗，室内不得有蚊蝇，门下方应设不低于 0.2 m 的防鼠挡板。

（3）食堂制作间灶台及其周边应贴瓷砖，瓷砖的高度不宜小于 1~5 m；地面应做硬化和防滑处理，按规定设置污水排放设施。

（4）制作间的刀、盆、案板等炊具必须生熟分开，食品必须有遮盖，遮盖物品应有正反面标志，炊具宜存放在封闭的橱柜内；应有存放各种佐料和副食的密闭器皿，并应有标志，粮食存放台距墙和地面应大于 0.2 m。

（5）食堂的燃气罐应单独设置存放间，存放间应通风良好并严禁存放其他物品。

（6）食堂外应设置密闭式垃圾桶，并应及时清运，保持清洁。

（7）应制订并在食堂张挂食堂卫生责任制表，责任落实到人，加强管理。

4. 厕所

（1）施工现场应保持卫生，不准随地大小便；应设置水冲式或移动式厕所，厕所地面应硬化，门窗齐全；蹲坑间宜设置搁板，搁板高度不宜低于 0.9 m。

（2）厕所大小应根据施工现场作业人员的数量设置。高层建筑施工超过 8 层以后，每隔 4 层宜设置临时厕所。

（3）厕所应设置三级化粪池，化粪池必须进行抗渗处理，污水通过化粪池后方可接入市政污水管线。卫生应有专人负责清扫、消毒，化粪池应及时清淘。

（4）厕所应设置洗手盆，厕所的进出口处应设有明显标志。

5. 淋浴间

（1）施工现场应设置男女淋浴间与更衣间，淋浴间地面应做防滑处理，淋浴喷头数量应按不少于住宿人员数量的 5% 设置，排水、通风良好，寒冷季节应供应热水。更衣间应与淋浴间隔离，设置挂衣架、橱柜等。

（2）淋浴间照明器具应采用防水灯头、防水开关，并设置漏电保护装置。

（3）淋浴室应有专人管理，经常清理，保持清洁。

四、料具管理

施工现场的料具管理，属于生产领域物资使用过程的管理，是建筑施工企业物资管理的基本环节；同时，也是安全生产、文明施工的重要内容。

（一）料具管理的概念及分类

料具是材料和工具的总称。材料是劳动对象，指人们为了获得某些物质财富在生产过程中以劳动作用其上的一些物品。按其在施工中的作用，可分为主要材料、辅助材料、周转材料等。工具是劳动资料，也称劳动手段，指人们用以改变或影响劳动对象的一切物质资料。

料具管理是指为了满足施工所需而对各种料具进行计划、供应、保管、使用、监督和调节等的总称。它包括流通（供应）和消费两个过程。

1. 现场材料管理

建筑工程施工现场是建筑材料（包括形成工程实体的主要材料、构配件以及有助于工程形成的其他材料）的消耗场所，现场材料管理在施工生产不同阶段有不同的管理内容。

（1）施工准备阶段现场材料管理工作的主要内容包括了解工程概况、调查现场条件、计算材料用量、编制材料计划、确定供料时间和存放位置。

（2）施工阶段现场材料管理工作的主要内容包括：进场材料验收，现场材料保管和使用。

材料管理人员应全面检查、验收入场材料，应特别注意规格、质量、数量等方面；还要妥善保管，减少损耗，严格按施工平面图计划的位置存放。

（3）施工收尾阶段现场材料管理工作的主要内容有：保证施工材料的顺利转移，对施工中产生的建筑垃圾及时过筛、挑拣复用，随时处理不能利用的建筑垃圾。

2. 工具管理

（1）工具的分类

按工具的价值和使用期限分为固定资产工具、低值易耗工具、消耗性工具；按工具的使用范围分为专用工具、通用工具；按工具的使用方式分为个人使用工具、班组共用工具。

（2）工具管理方法

大型工具和机械一般采用租赁办法，就是将大型工具集中到一个部门经营管理，对基层施工单位实行内部租赁，并独立核算。基层施工单位在使用前要提出计划，主管部门经平衡后，双方签订租赁合同，明确双方权利、义务和经济责任，规定奖罚界限。这样就可以适应大型工具专业性强、安全要求高的特点，使大型工具能够得到专业、经常的养护，确保安全生产。

小型工具和机械则可采取"定包"办法。小型工具是指不同工种班组配备使用的低值易耗工具和消耗性工具。这部分工具对班组实行定包，特别是一些劳保用品，要发放到每个工人，并监督工人正确使用，让工人养成一个良好的习惯。

周转材料、模板、脚手架料管理，则可以按照现场材料的管理办法进行管理。

（二）料具管理的一般要求

（1）施工现场外临时存放施工材料，必须经有关部门批准，并应按规定办理临时占地手续。

（2）施工现场内的施工材料必须严格按照平面图确定的场地码放，并设立标志牌。材料码放整齐，不得妨碍交通和影响市容，堆放散料时应进行围挡。

（3）施工现场各种料具应分规格码放整齐、稳固。预制圆孔板、大楼板、外墙板等大型构件和大模板存放时，场地应平整夯实，有排水措施，并设置围挡进行防护。

（4）施工现场的材料保管，应依据材料性能采取必要的防雨、防潮、防晒、防冻、防火、防爆、防损坏、防锈蚀等措施。贵重物品、易燃、易爆和有毒物品应及时入库，专库专管，加设明显标志，并建立严格的领退料手续。

（5）施工中使用的易燃易爆材料，严禁在结构内部存放，并严格以当日的需求量发放。

（6）施工现场应有用料计划，按计划进料，使材料不积压，减少退料；同时做到钢材、木材等料具合理使用，长料不短用，优材不劣用。

（7）材料进、出现场应有查验制度和必要手续。

（8）施工现场剩余料具（包括容器）应及时回收，堆放整齐并及时清退。水泥库内外散落灰必须及时清用，水泥袋认真打包、回收。

（9）保证施工现场清洁卫生。搅拌机四周、拌料处及施工现场内无废弃砂浆和混凝土；运输道路和操作面落地料及时清用；砂浆、混凝土倒用时，应用容器或铺垫板；浇筑混凝土时，应采取防撒落措施；砖、砂、石和其他散料应随用随清，不留料底；工人操作应做到活完料净脚下清。

（10）施工现场应设垃圾站，及时集中分拣、回收、利用、清运。垃圾清运出现场必须到批准的消纳场地倾倒，严禁乱倒乱卸。

（三）施工现场料具存放要求

1. 大堆材料的存放要求

（1）机砖码放应成丁（每丁为 200 块）、成行，高度不超过 1.5 m；加气混凝土块、空心砖等轻质砌块应成垛、成行，堆码高度不超过 1.8 m；耐火砖不得淋雨受潮；各种水泥方砖及平面瓦不得平放。

（2）砂、石、灰、陶粒等存放成堆，场地平整，不得混杂；色石渣要下垫上盖，分档存放。

2. 水泥的存放要求

（1）库内存放：水泥库要具备有效的防雨、防水、防潮措施；分品种、型号堆码整齐，离墙不小于 10 cm，严禁靠墙；垛底架空垫高，保持通风防潮，垛高不超过 10 袋；抄底使用，先进先出，库门上锁，专人管理。

（2）露天存放：临时露天存放必须具备可靠的盖、垫措施，下垫高度不低于 30 cm，做到防水、防雨、防潮、防风。

（3）散灰存放：应存放在固定容器（散灰罐）内，没有固定容器时应设封闭的专库存放，并具备可靠的防雨、防水、防潮等措施。

（4）袋装粉煤灰、白灰粉应存放在料棚内，或码放整齐后搭盖以防雨淋。

3. 钢材及金属材料的存放要求

（1）钢材及金属材料须按规格、品种、型号、长度分别挂牌堆放，底垫不小于 20 cm，做到防雨、防潮。

（2）有色金属、薄钢板、小口径薄壁管应存放在仓库或料棚内，不得露天存放。

（3）堆放要整齐，做到一头齐、一条线。盘条要靠码整齐，成品、半成品及剩余料应分类码放，不得混堆。

4. 油漆涂料及化工材料的存放要求

（1）油漆涂料及化工材料按品种、规格，存放在干燥、通风、阴凉的仓库内，严格与火源、电源隔离，温度应保持在 5~30 ℃。

（2）保持包装完整及密封，码放位置要平稳牢固，防止倾斜与碰撞；应先进先发，严格控制保存期；油漆应每月倒置一次，以防沉淀。

（3）应有严格的防火、防水措施，对于剧毒品、危险品（电石、氧气等）须设专库存放，并有明显标志。

5. 其他轻质装修材料的存放要求

（1）装修材料应分类码放整齐，底垫木不低于 10 cm，分层码放时高度不超过 1.8 m。

（2）应具备防水、防风措施，应进行围挡、上盖；石膏制品应存放在库房或料棚内，竖立码放。

6. 周转料具的存放要求

（1）周转料具应随拆、随整、随保养，码放整齐；各种扣件、配件集中堆放，并设围挡。

（2）钢支撑、钢跳板分层颠倒码放成方，高度不超过 1.8 m。

（3）组合钢模板应扣放（或顶层扣放）；大模板应对面立放，倾斜角不小于 70°，大模板需要搭插放架时，插放架的两个侧面必须做剪刀撑；清扫模板或刷隔离剂时，必须将模板支撑牢固，两模板之间有不小于 60 cm 的走道。

第二节　治安与环境管理

一、治安管理

治安管理就是为了维护施工现场正常的工作秩序，保障各项工作的顺利进行，保护企业财产和施工人员人身、财产的安全，预防和打击犯罪行为。

（一）治安保卫工作的任务

施工企业对施工现场治安保卫工作实行统一管理。企业有关部门负责监督、检查、指导施工现场落实治安保卫责任制。施工现场治安保卫工作的主要任务如下：

1. 贯彻方针，学习教育

认真贯彻执行国家、地方和行业治安保卫工作的法律、法规和规章。施工企业要结合施工现场特点，对施工现场有关人员开展社会主义法制教育、敌情教育、保密教育和防盗、防火、防破坏、防治安灾害事故教育等治安保卫工作的宣传，增强施工人员的法制观念和治安意识，提高警惕，动员和依靠群众积极同违法犯罪行为做斗争。

每月对职工进行一次治安教育，每季度召开一次治保会，定期组织保卫检查。

2. 制定制度，落实措施

制定和完善各项工作制度，落实各项具体措施，以维护施工现场的治安秩序。

（1）治安保卫人员管理

施工企业要加强治安保卫队伍建设，提高治安保卫人员和值班守卫人员的素质，保持治安保卫人员的相对稳定。积极和当地公安机关结合，搞好企业治安保卫队伍建设。由施工企业提出申请，经公安机关批准，可以建立经济民警、专职治安保卫组织，为施工现场治安保卫工作提供可靠的人员保证。

施工现场聘用的专职、兼职保卫人员，要身体健康、品行良好、具有相应的法律知识和安全保卫知识；施工现场任命的保卫组织负责人，应当具有安全保卫工作经验和一定的组织管理、指挥能力；重要岗位保卫人员应当按照公安机关制定的保卫人员上岗标准，经过培训，取得上岗合格证书，方可从事保卫工作；有违法犯罪记录的人员，不得从事保卫工作。

已聘用、任命的保卫人员、保卫组织负责人，不符合条件的，施工企业应当安排对其进行培训，限期达到规定条件；经培训仍不符合条件的，施工企业应当及时另行聘用或任命符合条件的人员担任保卫人员、保卫组织负责人。

（2）治安保卫制度管理

施工企业应当制定和完善各项治安保卫工作制度，建立一个治安保卫管理体系。根据国家有关规定，结合施工现场实际，建立以下有关制度：

1）门卫、值班、巡逻制度；

2）现金、票证、物资、产品、商品、重要设备和仪器、文物等安全管理制度；

3）易燃易爆物品、放射性物质、剧毒物品的生产、使用、运输、保管等安全管理制度；

4）机密文件、图纸、资料的安全管理和保密制度；

5）施工现场内部公共场所和集体宿舍的治安管理制度；

6）治安保卫工作的检查、监督的考核、评比、奖惩制度；

7）施工现场需要建立的其他治安保卫制度。

（3）治安保卫机构管理

施工现场的治安保卫工作，贯彻"依靠群众，预防为主，确保重点，打击犯罪，保障安全"的方针，坚持"谁主管、谁负责"的原则，实行综合治理，建立并落实治安保卫责任制，并纳入生产经营的目标管理中。治安保卫工作要因地制宜、自主管理，应纳入单位领导责任制。

治安保卫机构与其他机构合建的，治安保卫工作应当保持相对独立。现场应当设立专、兼职治安保卫人员。新建、改建、扩建的建设项目，建设施工现场应当同步规划防盗、防火、防破坏、防治安灾害事故等技术预防设施。重点建设项目的设计会审、竣工验收应当通知公安机关派人参加。重点建设项目的工程承包合同，应有工程治安保卫条款，明确建设施工现场的职责，落实工程治安保卫工作的经费和措施。

（4）加强安全管理

加强重点防范部位、贵重物品、危险物品等的安全管理。施工企业应当按照地方人民政府的有关规定正确划定施工现场的要害部门、部位；制定和落实要害部门、部位的各项治安保卫制度和措施，经常进行安全检查，消除隐患，堵塞漏洞；要害部门、部位的职工应当严格按照规定条件配备，经培训合格后方可上岗工作；要害部门、部位应当安装报警装置和其他技术防范装置。

（5）经费与设施管理

施工企业要为保卫组织配备必要的装备，并安排必要的业务经费；为施工现场配备安全技术防范设施和器材。

3.积极配合，组织活动

施工现场保卫组织是在施工企业领导和公安机关的监督、指导下，依照法律、法规规定的职责和权限，进行治安保卫工作。应积极配合当地公安机关组织的各项活动，加强治安信息工作，发现可疑情况、不安定事端及时报告公安、企业保卫部门；发生事故或案件，要保护刑事、治安案件和治安灾害事故现场，抢救受伤人员和物资，并及时向公安、企业保卫部门报告，协助公安机关、企业保卫部门做好侦破和处理工作；参加当地公安机关组织的治安联防、综合治理活动，协助公安机关查破刑事案件和查处治安案件、治安灾害事故。

4. 其他治安保卫工作

做好法律、法规和规章规定的其他治安保卫工作，办理人民政府及其公安机关交办的其他治安保卫事项。

施工现场治安保卫工作还包括：内部各施工队伍的治安管理；调解、疏导施工现场内部纠纷，消除、化解不安定因素，维护施工现场的内部稳定；提高警惕，对职责范围内的地区多巡视、勤检查，及时发现和消除治安隐患；对公安机关指出的治安隐患和提出的改进建议，在规定的期限内解决，并将结果报告公安机关；对暂时难以解决的治安隐患，采取相应的安全措施；防止发生偷窃或治安灾害事故的发生。

（二）治安保卫工作的落实

做好施工现场治安保卫工作，应从以下几个方面着手落实。

1. 实行双向承诺，明确责权，规范治安承诺

（1）总承包企业的项目经理部配合当地派出所，向施工现场的所有施工队伍公开承诺检查、防范等各项工作内容，各项责任追究及赔偿办法。

（2）所有施工队伍向派出所承诺，依照施工现场治安保卫条例，落实防范措施的内容及自负责任，互签治安承诺服务责任书，健全警方与企业主要责任人联席议事、赔偿责任金管理等制度，从而使双方各司其职，风险共担，责任共负。

通过签订双向治安承诺责任书，明确项目经理部和施工队伍的权利义务关系，促进监管防范措施的落实。项目经理部应将治安承诺责任书悬挂在施工现场门口，实行公开挂牌。

2. 专业保安驻场，阵地前移，落实治安承诺

驻场专业保安的任务是协助公司从门卫值班、安全教育到调查、处理纠纷，从四防检查到各类案件的防范等，主要做到"两建一查一提高"。

（1）"两建"

"两建"是建立一套行之有效的安全管理制度；建立内保自治队伍，并负责相关培训工作。

（2）"一查"

"一查"是指驻场专业保安与内部干部每天对各环节安全生产情况进行一次检查，对施工现场内部及周边各类纠纷及时调查、处理，做到"三个及时，稳妥调处"，即工地内部发生纠纷，责任区专业保安与内保干部及时赶到、及时调查、及时处理，不让纠纷久拖不决，不使纠纷扩大升级，保证不影响施工现场的正常生产经营。

（3）"一提高"

"一提高"是指聘请政法部门的领导和专家到场讲课，提高职工的法律意识。

3.构筑防范网络,固本强基,拓展治安承诺

扎实的防范工作是治安的基础平台。要牢固树立"管理就是服务"的思想,加强对施工现场安全防范工作的检查,指导、督促各项防范措施落实。

(1)通过认真分析施工现场的治安环境,建立由点到线、由线到面的立体防控体系,做到人防、物防和技防相结合,增大防范力度,提高防范效益。

(2)重点狠抓不同施工队伍的"单位互防",即由项目部组织施工现场成立联合巡逻队开展护场安全保卫工作,重点加强对要害部位、重要机械和原材料生产的安全保卫和夜间巡逻。

4.加强内保建设,群防群治,夯实治安承诺

治安保卫工作的实践告诉大家,要提高施工现场治安控制力,就必须加强以内保组织为核心的群防群治建设。

(1)加强内保组织建设。施工现场要建立保卫科,配齐、配强一名专职保卫科长,选取治安积极分子作为兼职内保员。保卫科定期召开会议研究解决工作中遇到的新情况、新问题,找出薄弱环节,有针对性地开展工作。

(2)加强规范化建设。保卫科要做到"八有",即有房子、有牌子、有章、有办公用品、有档案、有台账、有规章制度、有治安信息队伍。保卫科长与责任区民警合署办公,每月到派出所参加例会,总结汇报上月工作情况,接受新的工作部署和安排。

(3)发挥职能作用。内保组织要认真履行法制宣传、安全防范、调解纠纷和落实帮教等方面的职责,积极协助派出所做好预防和管理工作。

(三)现场治安管理制度

(1)项目部由安全负责人挂帅,成立由管理人员、工地门卫以及工人代表参加的治安保卫工作领导小组,对工地的治安保卫工作全面负责。

(2)及时对进场职工进行登记造册,主动到公安外来人口管理部门申请领取暂住证,门卫值班人员必须坚持日夜巡逻,积极配合公安部门做好本工地的治安联防工作。

(3)集体宿舍应做到定人定位,不得男女混居,杜绝聚众斗殴、赌博、嫖娼等违法事件发生,不准留宿身份不明的人员,外来人员留住工地必须经工地负责人同意,并登记备案,保证集体宿舍的安全。

(4)施工现场人员组成复杂,流动性较大,给施工现场管理工作带来诸多不利因素,考虑到治安和安全等问题,必须对暂住人员制定切实可行的管理制度,严格管理。

(5)成立治保组织或者配备专(兼)职治保人员,协助做好暂住人员管理工作。

(6)做好防火防盗等安全保卫工作,资金、危险品、贵重物品等必须妥善保管。

(7)经常对职工进行法律法制知识及道德教育,使广大职工知法、懂法,从而减少或避免违法案件的发生。

（8）严肃各项纪律制度，加强社会治安、综合治理工作，健全门卫制度和各项综合管理制度，增强门卫的责任心。门卫必须坚持对外来人员进行询问登记，身份不明者不准进入工地。

（9）夜间值班人员必须流动巡查，发现可疑情况，立即报告项目部进行处理。

（10）当班门卫一定要坚守岗位，不得在班中睡觉或做其他事情。

（11）发现违法乱纪行为，应及时予以劝阻和制止，对严重违法犯罪分子，应将其扭送或报告公安部门处理。

（12）夜间值班人员要做好夜间火情防范工作，一旦发现火情，立即发出警报，严重火情要及时报警。

（13）搞好警民联系，共同协作搞好社会治安工作。

（14）及时调解职工之间的矛盾和纠纷，防止矛盾激化，对严重违反治安管理制度人员进行严肃处理，确保全工程无刑事案件、无群体斗殴、无集体上访事件发生，以求一方平安，保证工程施工正常进行。

二、环境管理

（一）环境管理的特点与意义

1. 建设工程项目环境管理的特点

（1）复杂性

建筑产品的固定性和生产的流动性，决定了环境管理的复杂性。建筑产品生产过程中，生产人员、工具和设备总是在不断流动的，外加建筑产品受不同外部环境影响的因素多，使环境管理很复杂，稍有考虑不周就会出现问题。

（2）多样性

建筑产品生产过程的多样性和生产的单件性，决定了环境管理的多样性。每一个建筑产品都要根据其特定要求进行施工，因此，对于每个建设工程项目都要根据其实际情况，制订环境管理计划，不可相互套用。

（3）协调性

建筑产品不能像其他许多工业产品一样可以分解为若干部分同时生产，而必须在同一固定场地按严格程序连续生产，上一道程序不完成，下一道程序不能进行，上一道工序生产的结果往往会被下一道工序所掩盖，而且每一道程序由不同的人员和单位来完成。因此，在环境管理中要求各单位和各专业人员横向配合和协调，共同注意产品生产过程接口部分的环境管理的协调性。

（4）不符合性

产品的委托性决定了环境管理的不符合性。建筑产品在建造前就确定了买主，按建设单位特定的要求委托进行生产建造。而建设工程市场在供大于求的情况下，业主经常会压低标价，造成产品的生产单位对健康安全管理的费用投入减少，使得不符合环境管理有关规定的现象时有发生。这就要求建设单位和生产组织必须重视对环保费用的投入，不可不符合环境管理的要求。

（5）持续性

产品生产的阶段性决定了环境管理的持续性。建设工程项目从立项到投产使用要经历五个阶段，即设计前的准备阶段（包括项目的可行性研究和立项）、设计阶段、施工阶段、使用前的准备阶段（包括竣工验收和试运行）、保修阶段。这五个阶段都要十分重视项目的安全和环境问题，持续不断地对项目各个阶段可能出现的安全和环境问题实施管理。否则，一旦在某个阶段出现环境问题，就会造成投资的巨大浪费，甚至造成工程项目建设的失败。

（6）经济性

产品的时代性和社会性决定了环境管理的经济性。建设工程产品是时代政治、经济、文化、风俗的历史记录，表现了不同时代的艺术风格和科学文化水平，反映了一定社会的、道德的、文化的、美学的艺术效果，成为可供人们观赏和旅游的景观。建设工程产品是否适应可持续发展的要求，工程的规划、设计、施工质量的好坏，受益和受害的不仅是使用者，也是整个社会。因此，除了考虑各类建设工程的使用功能应相互协调外，还应考虑各类工程产品的时代性和社会性要求，其涉及的环境因素多种多样，应逐一加以评价和分析。

另外，建设工程不仅应考虑建造成本，还应考虑其寿命期内的使用成本。环境管理注重包括工程使用期内的成本，如能耗、水耗、维护、保养、改建更新的费用。并通过比较分析，判定工程是否符合经济要求，一般采用生命周期法可作为对其进行管理的参考。因此，环境管理的经济性体现在环境管理要求节约资源，并以减少资源消耗来降低环境污染，环境与资源二者是完全一致的。

2. 建设工程项目环境管理的意义

（1）保护和改善施工环境是保证人们身体健康和社会文明的需要。采取专项措施防止粉尘、噪声和水污染，保护好作业现场及其周围的环境，是保证职工和相关人员身体健康，体现社会总体文明的一项利国利民的重要工作。

（2）保护和改善施工现场环境是消除对外干扰，保证施工顺利进行的需要。随着人们法治观念和自我保护意识的增强，尤其在城市中，施工扰民问题反映突出，及时采取防治措施，减少对环境的污染和对市民的干扰，也是施工生产顺利进行的基本条件。

（3）保护和改善施工环境是现代化大生产的客观要求。现代化施工广泛应用新设备、新技术、新的生产工艺，对环境质量要求很高，如果粉尘、振动超标就可能损坏设备，影响功能发挥，使设备难以发挥作用。

（4）保护和改善施工环境是节约能源、保护人类生存环境、保证社会和建筑企业可持续发展的需要。人类社会即将面临环境污染和能源危机的挑战，为了保护子孙后代赖以生存的环境条件，每个公民和建筑企业都有责任和义务来保护环境。良好的环境和生存条件，也是建筑企业发展的基础和动力。

（二）环境管理方案的落实

建筑企业应根据环境管理体系运行的要求，结合环境管理方案，对所有可能对环境产生影响的人员进行相应培训，主要内容有：

（1）环境方针程序和环境管理体系要求的重要性；

（2）个人工作对环境可能产生的影响；

（3）在实现环境保护要求方面的作用与职责；

（4）违反规定的运行程序和规定，产生的不良后果。

建筑企业要组织有关人员，通过定期或不定期的安全文明施工大检查来审核环境管理方案的执行情况，对环境管理体系的运行实施监督检查。

对项目安全文明施工大检查中发现的环境管理的不符合项，由主管部门开出不符合报告，项目技术部门根据不符合项分析产生的原因，制定纠正措施，交专业工程师负责落实实施。

对环境管理过程进行的培训、检查、审核等所有工作都应进行记录。

（三）污染的防治

施工现场的环境保护从各类污染的防治着手。

1. 大气污染的防治

大气污染物的种类有数千种，已发现有危害作用的有100多种，其中大部分是有机物。大气污染物通常以气体状态和粒子状态存在于空气中。

施工现场空气污染的防治措施主要针对粒子状态污染物和气体状态污染物进行治理。

（1）施工现场的主要道路必须进行硬化处理，应指定专人定期洒水清扫，形成制度，防止道路扬尘；土方应集中堆放；裸露的场地和集中堆放的土方应采取覆盖、固化或绿化等措施。

（2）拆除建筑物、构筑物时，应采用隔离、洒水等措施，并应在规定期限内将废弃物清理完毕。

（3）施工现场土方作业应采取防止扬尘措施。

（4）土方、渣土和施工垃圾运输应采用密闭式运输车辆或采取覆盖措施；施工现场出入口处应采取保证车辆清洁的措施。车辆开出工地要做到不带泥砂，基本做到不洒土、不扬尘，减少对周围环境的污染。

（5）施工现场的材料和大模板等存放场地必须平整坚实。对于水泥和其他易飞扬的细颗粒建筑材料的运输、储存，要注意遮盖、密封，应密闭存放或采取覆盖等措施；现场砂石等材料砌池堆放整齐并加以覆盖，定期洒水，运输和卸运时防止遗撒。

（6）大城市市区的建设工程已普及预拌混凝土和砂浆，施工现场混凝土、砂浆搅拌场所应采取封闭、降尘措施控制工地粉尘污染。

（7）施工现场垃圾渣土要及时清理出现场。建筑物内施工垃圾的清运，必须采用相应容器或管道运输，严禁凌空抛掷。严禁利用电梯井或在楼层上向下抛撒建筑垃圾。

（8）施工现场应设置密闭式垃圾站，施工垃圾、生活垃圾应分类存放，并应及时洒水降尘和清运出场。

（9）城区、旅游景点、疗养区、重点文物保护地及人口密集区的施工现场应使用清洁能源。如工地茶炉应尽量采用电热水器；若只能使用烧煤茶炉和锅炉时，应选用消烟除尘型茶炉和锅炉；大灶应选用消烟节能回风炉灶，使烟尘降至允许排放的范围为止。

（10）施工现场的机械设备、车辆的尾气排放应符合国家环保排放标准的要求。

（11）施工现场严禁焚烧油毡、橡胶、塑料、皮革、树叶、枯草、各种包装物等各类废弃物以及其他会产生有毒、有害烟尘和恶臭气体的物质。

（12）建筑物外围立面采用密目安全网，降低楼层内风的流速，阻挡灰尘进入施工现场周围的环境。

2. 施工噪声污染的防治

噪声是指对人的生活和工作造成不良影响的声音，是影响与危害非常广泛的环境污染问题。噪声可以干扰人的睡眠与工作，影响人的心理状态与情绪，造成人的听力损失，甚至引起许多疾病。此外，噪声对人们的对话干扰也是相当大的。

建筑施工噪声是噪声的一种，如打桩机、推土机、混凝土搅拌机等发出的声音都属于施工噪声。建筑施工噪声具有普遍性和突发性。

对于建筑施工噪声污染的防治，应从生产技术和管理法规两个方面入手来采取有效的措施：

（1）从生产技术方面控制噪声

噪声控制技术可从声源控制、传播途径、接收者防护等方面来考虑。

1）声源控制

从声源上降低噪声，这是防止噪声污染的最根本措施。施工现场应采用先进施工机械、改进施工工艺、维护施工设备，从声源上降低噪声。

2）传播途径的控制

在传播途径上控制噪声的方法主要有以下几种：

①吸声

利用吸声材料（大多由多孔材料制成）或由吸声结构形成的共振结构（金属或木质薄板钻孔制成的空腔体）吸收声能，降低噪声。

②隔声

应用隔声结构，阻碍噪声向空间传播，将接收者与噪声声源分隔。隔声结构包括隔声室、隔声罩、隔声屏障、隔声墙等。工程施工时的外脚手架采用绿色安全网进行全部封闭，使其外观整洁，并且有效地减少噪声，减少对周围环境及居民的影响；对于施工现场的强噪声机械（如搅拌机、电锯、电刨、砂轮机等）要设置封闭的机械棚，以减少强噪声的扩散。

③消声

利用消声器阻止传播。允许气流通过的消声降噪器是防治空气动力性噪声的主要装置。

④减振降噪

对来自振动引起的噪声，可通过降低机械振动减小噪声。如将阻尼材料涂在振动源上，或改变振动源与其他刚性结构的连接方式等。

3）接收者的防护

让处于噪声环境下的人员使用耳塞、耳罩等防护用品，减少相关人员在噪声环境中的暴露时间，以减轻噪声对人体的危害。

（2）从管理与法规方面控制噪声

1）对强噪声作业控制，调整制定合理的作业时间

为有效控制施工单位夜晚连续作业（连续搅拌混凝土、支模板、浇筑混凝土等），应严格控制作业时间。当施工单位在居民稠密区进行强噪声作业时，晚间作业不超过22：00，早晨作业不早于6：00，在特殊情况下应缩短施工作业时间。另外，昼间可以将施工作业时间与居民的休息时间错开，中午避免进行高噪声的施工作业。

2）加强对施工现场的噪声监测

为了及时了解施工现场的噪声情况，掌握噪声值，应加强对施工现场环境噪声的长期监测。采用专人监测、专人管理的原则，根据测量结果填写"施工场地噪声记录表"，凡超过标准的，要及时对施工现场噪声超标的有关因素进行调整，力争达到施工噪声不扰民的目的。

3）完善法规内容，提高法规的可操作性

我国的现行法规体系中，虽然规定了建筑施工场界环境噪声排放限值，以及一些防治与治理原则，但实施起来仍然有一定难度。可将经济补偿的内容纳入相关规定中，为处理施工噪声扰民诉讼案件提供经济赔偿依据。这无疑也会促进建筑施工有关各方积极采取噪声污染防治措施。

4）加大环保观念的宣传与教育

加大在建筑业内外、全社会的环境保护宣传力度，提高作业人员、管理人员、社会居民、

执法人员与部门的环境保护意识，全社会共同努力营造城市良性生态环境。

3. 水污染的防治

水污染物的主要来源有工业污染源（各种工业废水向自然水体的排放）、生活污染源（食物废渣、食油、粪便、合成洗涤剂、杀虫剂、病原微生物等）、农业污染源（化肥、农药等）。

施工现场废水和固体废物随水流流入水体部分，包括泥浆、水泥、油漆、各种油类、混凝土外加剂、重金属、酸碱盐、非金属无机毒物等，造成施工现场的水污染。施工现场水污染物的防治措施包括：

（1）施工现场应统一规划排水管线，建立污水、雨水排水系统，设置排水沟及沉淀池，施工污水经沉淀合格后方可排入市政污水管网或河流。

（2）禁止将有毒有害废弃物用作土方回填，以免污染地下水和环境。

（3）施工现

场搅拌站、混凝土泵的废水，现制水磨石的污水，电石（碳化钙）的污水必须经沉淀池沉淀合格后再排放，最好将沉淀水用于工地洒水降尘或采取措施回收利用。沉淀池要经常清理。

（4）对于施工现场的临时食堂，污水排放时可设置简易有效的隔油池，定期清理，防止污染；不得将食物加工废料、食物残渣等废弃物倒入下水道。

（5）中心城市施工现场的临时厕所可采用水冲式厕所，并有防蝇、灭蛆措施，化粪池应采取防渗漏措施，防止污染水体和环境。现场厕所产生的污水经过分解、沉淀后通过施工现场内的管线排入化粪池，与市政排污管网相接。

（6）食堂、盥洗室、淋浴间的下水管线应设置过滤网，并应与市政污水管线连接，保证排水通畅。

（7）现场存放的油料和化学溶剂等物品应设有库房，地面应进行防渗处理，如采用防渗混凝土地面、铺油毡等措施。使用时，要采取防止油料跑、冒、滴、漏的措施，以免污染水体。废弃的油料和化学溶剂应集中处理，不得随意倾倒。

4. 固体废物污染的防治

固体废物是生产、建设、日常生活和其他活动中产生的固态、半固态废弃物质。固体废物是一个极其复杂的废物体系，按照其化学组成可分为有机废物和无机废物；按照其对环境和人类健康的危害程度可分为一般废物和危险废物。

施工工地上常见的固体废物有：建筑渣土，包括砖瓦、碎石、渣土、混凝土碎块、废钢铁、碎玻璃、废屑、废弃装饰材料等；废弃的散装建筑材料，包括散装水泥、石灰等；生活垃圾，包括炊厨废物、丢弃食品、废纸、生活用具、玻璃、陶瓷碎片、废电池、废旧日用品、废塑料制品、煤灰渣、废交通工具等；设备、材料等的废弃包装材料及粪便等。

固体废物处理的基本思想是采取资源化、减量化和无害化的处理，对固体废物产生的全过程进行控制。建筑工地固体废物的主要处理方法有：

（1）回收利用

回收利用是对固体废物进行资源化、减量化的重要手段之一。对建筑渣土可视其情况加以利用。废钢可按需要用作金属原材料。对废电池等废弃物应分散回收，集中处理。

（2）减量化处理

减量化是对已经产生的固体废物进行分选、破碎、压实浓缩、脱水等措施，减少其最终处置量，降低处理成本，减少对环境的污染。在减量化处理的过程中，也包括和其他处理技术相关的工艺方法，如焚烧、热解、堆肥等。

（3）焚烧技术

焚烧用于不适合再利用且不宜直接予以填埋处置的废物，尤其是对于受到病菌、病毒污染的物品，可用焚烧进行无害化处理。焚烧处理应使用符合环境要求的处理装置，注意避免对大气的二次污染。

（4）稳定和固化技术

利用水泥、沥青等胶结材料，将松散的废物包裹起来，减小废物的毒性和可迁移性，使得污染减少。

（5）填埋

填埋是固体废物处理的最终技术，经过无害化、减量化处理的废物残渣可集中到填埋场进行处置。填埋场应利用天然或人工屏障，尽量使需处置的废物与周围的生态环境隔离，并注意废物的稳定性和长期安全性。

5.施工照明污染的防治

随着城市建设的加快，人们的生活环境中出现了一种新的环境污染——光污染。光污染的危害日益严重，已成为危害人类的第五大污染。

光污染是一种新型的环境污染，泛指影响自然环境，对人类正常生活、工作、休息和娱乐带来不利影响，损害人们观察物体的能力，引起人体不适和损害人体健康的各种光。光污染具有极大的危害性，包括危害人体健康、破坏生态、增加交通事故、妨碍天文观测、给人们生活带来麻烦、浪费能源等。因此，必须采取相应的措施积极预防，包括建立相关法律法规、加强建设规划和管理手段。国际上一般把光污染分为三类，即白亮污染、人工白昼、彩光污染。

由于光污染不能通过分解、转化、稀释来消除，因此只能加强预防，以防为主，防治结合。这就需要弄清形成光污染的原因和条件，提出相应的防护措施和方法，并制定必要的法律和法规。

建筑工程施工照明污染也是光污染。减少施工照明污染的措施主要有：

（1）根据施工现场照明强度要求选用合理的灯具，"越亮越好"并不科学，也造成不必要的浪费。

（2）建筑工程应尽量多采用高品质、遮光性能好的荧光灯，其工作频率在 $20\,kHz$ 以上，使荧光灯的闪烁度大幅度下降，改善了视觉环境，有利于人体健康，少采用黑光灯、激光灯、探照灯、空中玫瑰灯等不利光源。这样既满足照明要求又不刺眼。

（3）施工现场应采取遮蔽措施，限制电焊眩光、夜间施工照明光、具有强反光性建筑材料的反射光等污染光源外泄，使夜间照明只照射施工区域而不影响周围居民休息。

（4）施工现场大型照明灯应采用俯视角度，不应将直射光线射入空中。应利用挡光、遮光板，或利用减光方法将投光灯产生的溢散光和干扰光降到最低限度。

（5）加强个人防护措施，对紫外线和红外线等这类看不见的辐射源，必须采取必要的防护措施，如电焊工要佩戴防护眼镜和防护面罩。光污染的防护镜有反射型防护镜、吸收型防护镜、反射–吸收型防护镜、光电型防护镜、变色微晶玻璃型防护镜等，可依据防护对象选择相应的防护镜。

（6）对有红外线和紫外线污染以及应用激光的场所，制定相应的卫生标准并采取必要的安全防护措施，注意张贴警告标志，禁止无关人员进入禁区内。

三、环境卫生与防疫

建筑工程施工现场条件差，人员流动性强，做好环境卫生与防疫工作非常重要。为防止或最大限度地减少疾病事故和传染病的流行，应搞好环境卫生与防疫工作。

（一）施工区卫生管理

为创造舒适的工作环境，养成良好的文明施工作风，保证职工身体健康，施工区域和生活区域应有明确划分，把施工区和生活区分成若干片，分片包干，建立责任区，从道路交通、消防器材、材料堆放到垃圾、厕所、厨房、宿舍、火炉、吸烟等都有专人负责，做到责任落实到人（名单上墙），使文明施工、环境卫生工作保持经常化、制度化。

施工区卫生管理措施如下：

（1）施工现场要天天打扫，保持整洁卫生，场地平整，各类物品堆放整齐，道路平坦畅通，无堆放物、散落物，做到无积水、无黑臭、无垃圾，有排水措施。生活垃圾与建筑垃圾要分别定点堆放，严禁混放，并应及时清运。

（2）施工现场严禁大小便，发现有随地大小便现象时要对责任区负责人进行处罚。施工区、生活区有明确划分，设置标志牌，标志牌上注明责任人姓名和管理范围。

（3）卫生区的平面图应按比例绘制，并注明责任区编号和负责人姓名。

（4）施工现场的零散材料和垃圾要及时清理，垃圾临时堆放不得超过三天，如违反本条规定要处罚工地负责人。

（5）楼内清理出的垃圾，要用容器或小推车，用塔式起重机或提升设备运下，严禁高空抛撒。

（6）施工现场的厕所，做到有顶、门窗齐全并有纱，坚持天天打扫，每周撒白灰或打一两次药，消灭蝇蛆，便坑须加盖。

（7）为了广大职工身体健康，施工现场必须设置保温桶（冬季）和开水（水杯自备），公用杯子必须采取消毒措施，茶水桶必须有盖并加锁。

（8）施工现场的卫生要定期进行检查，发现问题，限期改正。

（二）生活区卫生管理

1. 办公室卫生管理

（1）办公室的卫生由办公室全体人员轮流值班，负责打扫，排出值班表。

（2）值班人员负责打扫卫生、打水，做好来访记录，整理文具。文具应摆放整齐，做到窗明地净，无蝇、无鼠。

（3）冬季负责取暖炉看火的，落地炉灰及时清扫，炉灰按指定地点堆放，定期清理外运，防止发生火灾。

（4）未经许可一律禁止使用电炉及其他电加热器具。

2. 宿舍卫生管理

（1）职工宿舍要有卫生管理制度，实行室长负责制，规定一周内每天卫生值日名单张贴上墙，做到天天有人打扫，保持室内窗明地净、通风良好。

（2）宿舍内各类物品应堆放整齐，不到处乱放，做到整齐、美观。

（3）宿舍内保持清洁卫生，清扫出的垃圾在指定的垃圾站堆放，并及时清理。

（4）生活废水应有污水池，二楼以上也要有水源及水池，做到卫生区内无污水、无污物，废水不得乱倒、乱流。

（5）夏季宿舍应有消暑和防蚊虫叮咬措施。冬季取暖炉的防煤气中毒设施必须齐全、有效，建立验收合格证制度，经验收合格后，发证方准使用。

（6）未经许可一律禁止使用电炉及其他用电加热器具。

（三）食堂卫生管理

为加强建筑工地食堂管理，严防肠道传染病的发生，杜绝食物中毒，把关病从口入，各单位要加强对食堂的治理整顿。

1. 食品卫生

（1）采购运输

1）采购外地食品应向供货单位索取县以上食品卫生监督机构开具的检验合格证或检验单，必要时可请当地食品卫生监督机构进行复验。

2）采购食品使用的车辆、容器要清洁卫生，做到生熟分开，防尘、防蝇、防雨、防晒。

3）不得采购、制售腐败变质、霉变、生虫、有异味或禁止生产经营的食品。

（2）储存保管

1）食品不得接触有毒物、不洁物，建筑工程使用的防冻盐（亚硝酸钠）等有毒有害物质，各施工单位要设专人专库存放，严禁亚硝酸盐和食盐同仓共储，要建立健全管理制度。

2）储存食品要隔墙、离地，注意做到通风、防潮、防虫、防鼠。食堂内必须设置合格的密封熟食间，有条件的单位应设冷藏设备。主副食品、原料、半成品、成品要分开存放。

3）盛放酱油、盐等副食调料要做到容器物见本色，加盖存放，清洁卫生。

4）禁止用铝制品、非食用性塑料制品盛放熟菜。

（3）制售过程

1）制作食品的原料要新鲜、卫生，做到不用、不卖腐败变质的食品，各种食品要烧熟煮透，以免食物中毒。

2）制售过程及刀、墩、案板、盆、碗及其他盛器、筐、水池、抹布和冰箱等工具要严格做到生熟分开，售饭菜时要用工具销售直接入口的食品。

3）未经卫生监督管理部门批准，工地食堂禁止供应生吃凉拌菜，以防肠道传染疾病。剩饭、菜要回锅彻底加热再食用，一旦发现变质，不得食用。

4）共用食具要洗净消毒，防止交叉污染。应有上、下水洗手和餐具洗涤设备。

5）盛放丢弃食物的桶（缸）必须有盖，并及时清运。

2. 炊管人员卫生

（1）凡在岗位上的炊管人员，必须持有所在地区卫生防疫部门办理的健康证和岗位培训合格证，并且每年进行一次体检。

（2）凡患有痢疾、肝炎、伤寒、活动性肺结核、渗出性皮肤病以及其他有碍食品卫生的疾病，不得参加接触直接入口食品的制售及食品洗涤工作。

（3）炊管人员无健康证的不准上岗，否则予以经济处罚，责令关闭食堂，并追究有关领导的责任。

（4）炊管人员操作时必须穿戴好工作服、发帽，做到"三白"（白衣、白帽、白口罩），并保持清洁整齐，做到文明操作，不赤背、不光脚，禁止随地吐痰。

（5）炊管人员必须做好个人卫生，要坚持做到"四勤"（勤理发、勤洗澡、勤换衣、勤剪指甲）。

3. 集体食堂发放卫生许可证验收标准

（1）新建、改建、扩建的集体食堂，在选址和设计时应符合卫生要求，远离有毒有害场所，30 m 内不得有露天坑式厕所、暴露垃圾堆（站）和粪堆畜圈等污染源。

（2）需有与进餐人数相适应的餐厅、制作间和原料库等辅助用房。餐厅和制作间（含库房）建筑面积比例一般应为 1：1.5。其地面和墙裙的建筑材料，要用具有防鼠、防潮和便于洗刷的水泥等。有条件的食堂，制作间灶台及其周围要镶嵌白瓷砖，炉灶应有通风排烟设备。

（3）制作间应分为主食间、副食间、烧火间，有条件的可开设生间、摘菜间、炒菜间、冷荤间、面点间，做到生与熟，原料与成品、半成品，食品与杂物、毒物（亚硝酸盐、农药、化肥等）严格分开。冷荤间应具备"五专"（专人、专室、专容器用具、专消毒、专冷藏）。

（4）主、副食应分开存放。易腐食品应有冷藏设备（冷藏库或冰箱）。

（5）食品加工机械、用具、炊具、容器应有防蝇、防尘设备。用具、容器和食用苫布（棉被）要有生、熟及正、反面标记，防止食品污染。

（6）采购运输要有专用食品容器及专用车。

（7）食堂应有相应的更衣、消毒、盥洗、采光、照明、通风和防蝇、防尘设备，以及通畅的上、下水管道。

（8）餐厅设有洗碗池、残渣桶和洗手设备。

（9）公用餐具应有专用洗刷、消毒和存放设备。

（10）食堂炊管人员（包括合同工、临时工）必须按有关规定进行健康检查和卫生知识培训，并取得健康合格证和培训证。

（11）具有健全的卫生管理制度。单位领导要负责食堂管理工作，并将提高食品卫生质量、预防食物中毒列入岗位责任制的考核评奖条件中。

4. 职工饮水卫生规定

施工现场应供应开水，饮水器具要卫生。夏季要确保施工现场的凉开水或清凉饮料供应，暑伏天可增加绿豆汤，防止中暑脱水现象发生。

（四）厕所卫生管理

（1）施工现场要按规定设置厕所。厕所的设置要在食堂30 m以外，屋顶墙壁要严密，门窗齐全有效，便槽内必须铺设瓷砖。

（2）厕所要有专人管理，应有化粪池，严禁将粪便直接排入下水道或河流沟渠中，露天粪池必须加盖。

（3）厕所定期清扫制度：厕所设专人天天冲洗打扫，做到无积垢、垃圾及明显臭味，并应有洗手水源；市区工地厕所要有水冲设施，保持厕所清洁卫生。

（4）厕所灭蝇蛆措施：厕所按规定采取冲水或加盖措施，定期打药或撒白灰粉，消灭蝇蛆。

第三节　消防安全管理

一、消防安全职责

（一）加强消防安全管理的必要性

加强施工现场消防安全管理的必要性主要体现在以下几方面：

（1）可燃性临时建筑物多。在建设工程中，因受现场条件限制，仓库、食堂等临时性的易燃建筑物毗邻。

（2）施工现场可燃材料多。除了传统的油毡、木料、油漆等可燃性建材之外，还有许多施工人员不太熟悉的可燃材料，如聚苯乙烯泡沫塑料板、聚氨酯软质海绵、玻璃钢等。

（3）建筑施工手段的现代化、机械化，使施工离不开电源。卷扬机、起重机、搅拌机、对焊机、电焊机、聚光灯塔等大功率电气设备，其电源线的敷设大多是临时性的，电气绝缘层容易磨损，电气负荷容易超载，而且这些电气设备多是露天设置的，易绝缘老化、漏电或遭受雷击，造成火灾。

（4）施工过程交叉作业多。施工工序相互交叉，火灾隐患不易被发现。

（5）装修过程险情多。在装修阶段或者工程竣工后的维护过程，因场地狭小、操作不便，建筑物的隐蔽部位较多，如果用火、用电、喷涂油漆等，不加小心就会酿成火灾。

（6）施工人员流动性较大。农民工多，安全文化程度不一，安全意识薄弱。

（二）施工现场的消防安全组织

建立消防安全组织，明确各级消防安全管理职责，是确保施工现场消防安全的重要前提。施工现场消防安全组织包括：

1.消防安全领导小组，负责施工现场的消防安全领导工作；

2.消防安全保卫组（部），负责施工现场的日常消防安全管理工作；

3.义务消防队，负责施工现场的日常消防安全检查、消防器材维护和初期火灾扑救工作。

（三）消防安全组织人员及职责

1.消防安全负责人

项目消防安全负责人是工地防火安全的第一责任人，由项目经理担任，对项目工程生产经营过程中的消防工作负全面领导责任。应履行以下职责：

（1）贯彻落实消防方针、政策、法规和各项规章制度，结合项目工程特点及施工全过程的情况，制定本项目各消防管理办法或提出要求，并监督实施。

（2）根据工程特点确定消防工作管理体制和人员，并确定各业务承包人的消防保卫责任和考核指标，支持、指导消防人员工作。

（3）组织落实施工组织设计中的消防措施，组织并监督项目施工中消防技术交底和设备、设施验收制度的实施。

（4）领导、组织施工现场定期的消防检查，发现消防工作中的问题，制定措施，及时解决。对上级提出的消防与管理方面的问题，要定时、定人、定措施予以整改。

（5）发生事故时做好现场保护与抢救工作，及时上报，组织、配合事故调查，认真落实制订的整改措施，吸取事故教训。

（6）对外包队伍加强消防安全管理，并对其进行评定。

（7）参加消防检查，对施工中存在的不安全因素，从技术方面提出整改意见和方法并予以清除。

（8）参加并配合火灾及重大未遂事故的调查，从技术上分析事故原因，提出防范措施和意见。

2. 消防安全管理人

施工现场应确定一名主要领导为消防安全管理人，具体负责施工现场的消防安全工作。应履行以下职责：

（1）制定并落实消防安全责任制和防火安全管理制度，组织编制火灾的应急预案和落实防火、灭火方案以及火灾发生时应急预案的实施。

（2）拟订项目经理部及义务消防队的消防工作计划。

（3）配备灭火器材，落实定期维护、保养措施，改善防火条件，开展消防安全检查和火灾隐患整改工作，及时消除火险隐患。

（4）管理本工地的义务消防队和灭火训练，组织灭火和应急疏散预案的实施和演练。

（5）组织开展员工消防知识、技能的宣传教育和培训，使职工懂得安全用火、用电和其他防火、灭火常识，增强职工消防意识和自防自救能力。

（6）组织火灾自救，保护火灾现场，协助火灾原因调查。

3. 消防安全管理人员

施工现场应配备专、兼职消防安全管理人员（如消防干部、消防主管等），负责施工现场的日常消防安全管理工作。应履行以下职责：

（1）认真贯彻消防工作方针，协助消防安全管理人制订防火安全方案和措施，并督促落实。

（2）定期进行防火安全检查，及时消除各种火险隐患，纠正违反消防法规、规章的行为，并向消防安全管理人报告，提出对违章人员的处理意见。

（3）指导防火工作，落实防火组织、防火制度和灭火准备，对职工进行防火宣传教育。

（4）组织参加本业务系统召集的会议，参加施工组织设计的审查工作，按时填报各种报表。

（5）对重大火险隐患及时提出消除措施的建议，填发火险隐患通知书，并报消防监督机关备案。

（6）组织义务消防队的业务学习和训练。

（7）发生火灾事故，立即报警和向上级报告，同时要积极组织扑救，保护火灾现场，配合事故的调查。

4. 工长

（1）认真执行上级有关消防安全生产规定，对所管辖班组的消防安全生产负直接领导责任。

（2）认真执行消防安全技术措施及安全操作规程，针对生产任务的特点，向班组进行书面消防安全技术交底，履行签字手续，并经常检查规程、措施、交底的执行情况，随时纠正现场及作业中的违章、违规行为。

（3）经常检查所管辖班组作业环境及各种设备的消防安全状况，发现问题及时纠正、解决。

（4）定期组织所管辖班组学习消防规章制度，开展消防安全教育活动，接受安全部门或人员的消防安全监督检查，及时解决提出的不安全问题。

（5）对分管工程项目应用的符合审批手续的新材料、新工艺、新技术，要组织作业工人进行消防安全技术培训；若在施工中发现问题，必须立即停止使用，并上报有关部门或领导。

5. 班组长

（1）对本班组的消防工作负全面责任。认真贯彻执行各项消防规章制度及安全操作规程，认真落实消防安全技术交底，合理安排班组人员工作。

（2）熟悉本班组的火险危险性，遵守岗位防火责任制，定期检查班组作业现场消防状况，发现问题并及时解决。

（3）经常组织班组人员学习消防知识，监督班组人员正确使用个人劳动保护用品。对新调入的职工或变更工种的职工，在上岗之前进行防火安全教育。

（4）熟悉本班组消防器材的分布位置，加强管理，明确分工，发现问题及时反映，保证初期火灾的扑救。

（5）发生火灾事故，立即报警和向上级报告，组织本班组义务消防人员和职工扑救，保护火灾现场，积极协助有关部门调查火灾原因，查明责任者并提出改进意见。

6. 班组工人

（1）认真学习和掌握消防知识，严格遵守各项防火规章制度。

（2）认真执行消防安全技术交底，不违章作业，服从指挥、管理；随时随地注意消防安全，积极主动地做好消防安全工作。对不利于消防安全的作业要积极提出意见，并有权拒绝违章指挥。

（3）发扬团结友爱精神，在消防安全生产方面做到相互帮助、互相监督，对新工人要积极传授消防保卫知识，维护一切消防设施和防护用具，做到正确使用，不损坏，不私自拆改、挪用。

（4）发现有险情立即向领导反映，避免事故发生。发现火灾应立即向有关部门报告火警，不谎报。

（5）发生火灾事故时，有参加、组织灭火工作的义务，并保护好现场，主动协助领导查清起火原因。

二、消防设施管理

（一）施工现场的平面布置

1. 防火间距要求

施工现场的平面布局应以施工工程为中心，明确划分出用火作业区、禁火作业区（易燃、可燃材料的堆放场地等）、仓库区、现场生活区和办公区等区域。应设立明显的标志，将火灾危险性大的区域布置在施工现场常年主导风向的下风侧或侧风向，各区域之间的防火间距应符合消防技术规范和有关地方法规的要求。

（1）禁火作业区距离生活区应不小于 15 m，距离其他区域应不小于 25 m；

（2）易燃、可燃材料的仓库距离修建的建筑物和其他区域应不小于 20 m；

（3）易燃废品的集中场地距离修建的建筑物和其他区域应不小于 30 m；

（4）防火间距内，不应堆放易燃、可燃材料；

（5）临时设施的最小防火间距应符合《建筑设计防火规范》和《国务院关于工棚或临时宿舍防火和卫生设施的暂行规定》的相关要求。

2. 现场道路要求

（1）施工现场必须建立消防车通道，其宽度应不小于 3.5 m，禁止占用场内通道堆放材料，在工程施工的任何阶段都必须通行无阻。施工现场的消防水源处，还要修建有消防车能驶入的道路，如果不可能修建通道时，应在水源（池）一边铺砌停车和回车空地。

（2）临时性建筑物、仓库以及正在修建的建（构）筑物的道路旁，都应该配置适当种类和一定数量的灭火器，并布置在明显和便于取用的地点。

（3）夜间要有足够的照明设备。

3. 临时设施要求

临时宿舍、作业工棚等临时生活设施的规划和搭建，必须符合下列消防要求：

（1）临时生活设施应尽可能搭建在距离正在修建的建筑物 20 m 以外的地区。

（2）临时宿舍与厨房、锅炉房、变电所和汽车库之间的防火距离不应小于 15 m。

（3）临时宿舍等生活设施，距离铁路的中心线以及小量易燃品储藏室的间距不应小于 30 m。

（4）临时宿舍距离火灾危险性大的生产场所不得小于 30 m。

（5）临时生活设施禁止搭设在高压架空电线的下面，距离高压架空电线的水平距离不应小于 6 m。

（6）为储存大量的易燃物品、油料、炸药等所修建的临时仓库，与永久工程或临时宿舍之间的防火间距应根据所储存的数量，按照有关规定来确定。

（7）在独立的场地上修建成批的临时宿舍时，应当分组布置，每组最多不超过两幢，组与组之间的防火距离，在城市市区不小于 20 m，在农村不小于 10 m。作为临时宿舍的简易楼房的层高应当控制在两层以内，且每层应设置两个安全通道。

（8）生产工棚包括仓库，无论有无用火作业或取暖设备，室内最低高度一般不应小于 2.8 m，其门的宽度要大于 1.2 m，并且要双扇向外。

4. 消防用水要求

（1）施工现场要设有足够的消防水源（给水管道或蓄水池等），对有消防给水管道设计的工程，应在施工时先敷设好室外消防给水管道。

（2）现场应设消防水管网，配备消火栓。进水干管直径不小于 100 mm。较大工程要分区设置消火栓。施工现场消火栓处，日夜要设明显标志，配备足够水带，周围 3 m 内不准存放任何物品。

（二）消防设施与器材的布置

根据灭火的需要，建筑施工现场必须配置相应种类、数量的消防器材、设备、设施，如消防水池（缸）、消防梯、沙箱（池）、消火栓、消防桶、消防锹、消防钩（安全钩）及灭火器等。

1. 消防设施与器材的配备

（1）一般临时设施区域内，每 100 m² 配备两只 10 L 灭火器。

（2）大型临时设施总面积超过 1 200 m²，应备有专供消防用的积水桶（池）、黄沙池等器材、设施，上述设施周围不得堆放物品，并留有消防车道。

（3）临时木工间、油漆间，木、机具间等每 25 m² 配备一只种类合适的灭火器，油库、危险品仓库应配备足够数量、种类合适的灭火器。

（4）仓库或堆料场内应根据灭火对象的特征，分组布置酸碱、泡沫、清水、二氧化碳等灭火器，每组灭火器不应少于 4 个，每组灭火器之间的距离不应大于 30 m。

（5）高度为 24 m 以上的高层建筑施工现场，应设置具有足够扬程的高压水泵或其他防火设备和设施。

（6）施工现场的临时消火栓应分设于明显且便于使用的地点，并保证消火栓的充实水柱能达到工程的任何部位。

（7）室外消火栓应沿消防车道或堆料场内交通道路的边缘设置，消火栓之间的距离不应大于 50 m。

（8）采用低压给水系统，管道内的压力在消防用水量达到最大时不低于 0.1 MPa；采用高压给水系统，管道内的压力应保证两支水枪同时布置在堆场内最远和最高处的要求，水枪充实水 13 m，每支水枪的流量不应小于 5 L/s。

2. 消防设施与器材的日常管理

（1）各种消防梯应经常检查，保持完整、完好。

（2）水枪要经常检查，保持开关灵活，水流畅通，附件齐全、无锈蚀。

（3）水带应经常冲水防骤然折弯，不被油脂污染，用后清洗晒干，收藏时单层卷起，竖直放在架上。

（4）各种管接头和阀盖应接装灵便，松紧适度，无渗漏，不得与酸碱等化学品混放，使用时不得撞压。

（5）消火栓按室内外（地上、地下）的不同要求定期进行检查并及时加注润滑液，消火栓表面应经常清理。

（6）工地设有火灾探测和自动报警灭火系统时，应设专人管理，保持处于完好状态。

（7）消防水池与建筑物之间的距离一般不得小于 10 m，在水池的周围应留有消防车道。

（8）在冬季或寒冷地区，应对消防水池、消火栓和灭火器等做好防冻工作。

（三）焊接机具与燃器具的安全管理

施工现场的焊接机具和燃器具，特别是用于电焊、气焊和气割的设备，以及喷灯等，都是极易引发火灾的设备，必须加强防火安全管理。

1. 电焊设备

（1）每台电焊机均须设专用断路开关，并有与电焊机相匹配的过流保护装置，装在防火防雨的闸箱内。现场使用的电焊机，应设有防雨、防潮、防晒的机棚，并装设相应消防器材。

（2）每台电焊机应设独立的接地、接零线，其接点用螺钉压紧。电焊机的接线柱、接线孔等应装在绝缘板上，并有防护罩保护。

（3）3 台以上的电焊机要固定地点集中管理，统一编号。室内焊接时，电焊机的位置、线路敷设和操作地点的选择应符合防火安全要求，作业前必须进行检查。

（4）电焊钳应具有良好的绝缘和隔热能力。电焊钳握柄必须绝缘良好，握柄与导线连接牢靠，接触良好。

（5）电焊机导线应具有良好的绝缘性能，使用防水型的橡胶皮护套多股铜芯软电缆。不得将电焊机导线放在高温物体附近，不得搭在氧气瓶、乙炔瓶、乙炔发生器、煤气、液化气等易燃、易爆设备和带有热源的物品上；长度不宜大于 30 m，当需要加长时，应相应增加导线的截面。

（6）当长期停用的电焊机恢复使用时，其绝缘电阻不得小于 0.5 MΩ，接线部分不得有腐蚀和受潮现象。

2. 气焊、割设备

（1）氧气瓶与乙炔瓶是气焊和气割工艺的主要设备，属于易燃、易爆的压力容器。乙炔瓶必须配备专用的乙炔减压器和回火防止器，氧气瓶要安装高、低气压表，不得接近热源，瓶阀及其附件不得沾油脂。

（2）乙炔瓶、氧气瓶与气焊操作地点（含一切明火）的距离不应小于 10 m，焊、割作业时两者的距离不应小于 5 m，存放时的距离不小于 2 m。

（3）氧气瓶、乙炔瓶应立放固定，严禁倒放，夏季不得在日光下暴晒，不得放置在高压线下面，禁止在氧气瓶、乙炔瓶的垂直上方进行焊接。

（4）气焊工在操作前，必须对其设备进行检查，禁止使用保险装置失灵或导管有缺陷的设备。检查漏气时，要用肥皂水，禁止用明火试漏。

（5）冬季施工完毕后，要及时将乙炔瓶和氧气瓶送回存放处，并采取一定的防冻措施，以免冻结。如果冻结，严禁敲击和用明火烘烤，应用热水或蒸汽加热解冻。

（6）瓶内气体不得用尽，必须留有 0.1~0.2 MPa 的余压。

（7）储运时，瓶阀应戴安全帽，瓶体要有防震圈，应轻装轻卸，搬运时严禁滚动、撞击。

3. 喷灯

（1）喷灯加油要选择好安全地点，并认真检查喷灯是否有漏油或渗油的地方，发现漏油或渗油，应禁止使用。

（2）喷灯在使用过程中需要添油时，应首先把灯的火焰熄灭，然后慢慢地旋松加油防火盖放气，待放尽气和灯体冷却后再添油。严禁带火加油。

（3）喷灯连续使用时间不宜过长，发现灯体发烫时，应停止使用，进行冷却，防止气体膨胀发生爆炸引起火灾。

（4）喷灯使用一段时间后应进行检查和保养。煤油和汽油喷灯应有明显的标志，煤油喷灯严禁使用汽油燃料。

（5）使用后的喷灯，应冷却后将余气放掉，才能存放在安全地点，不应与废棉纱、手套、绳子等可燃物混放在一起。

三、施工防火与灭火

消防工作坚持"预防为主，防消结合"的方针。"预防为主"就是要把预防火灾的工作放在首要位置，如开展防火安全教育，提高人民群众对火灾的警惕性，健全防火组织，严密防火制度，进行防火检查，消除火灾隐患，贯彻建筑防火措施等；"防消结合"就是在积极做好预防工作的同时，在组织上、思想上、物质上和技术上做好灭火的准备。一旦发生火灾，就能迅速地赶赴现场，及时有效地将火灾扑灭。"防"和"消"是相辅相成的两个方面，缺一不可，这两个方面的工作都要积极做好。

（一）施工作业防火注意事项

1. 木工作业

（1）建筑工地的木工作业场所、木工间严禁动用明火，禁止吸烟。工作场地和个人工具箱内严禁存放油料和易燃、易爆物品。

（2）在操作各种木工机械前，应仔细检查电气设备是否完好。要经常对工作间内的电气设备及线路进行检查，若发现短路、电气打火和线路绝缘老化、破损等情况要及时找电工维修。

（3）使用电锯、电刨子等木工设备作业时，应注意勿使刨花、锯末等将电机盖上。熬水胶使用的炉子，应设在单独的房间里，用后要立即熄灭。

（4）木工作业要严格执行建筑安全操作规程，完工后必须做到现场清理干净，剩下的木料堆放整齐，锯末、刨花要堆放在指定的安全地点，并且不能在现场存放时间过长，防止其自燃起火。

（5）在工作完毕和下班时，须切断电源，关闭门窗，检查确无火险后方可离去。油棉丝、油抹布等不得随地乱扔，应放在铁桶内，定期处理。

2. 电工作业

（1）电工应经过专门培训，掌握安装与维修的安全技术，并经过考试合格后，方准独立操作。新设、增设的电气设备，必须由主管部门或人员检查合格后，方可通电使用。

（2）不可用纸、布或其他可燃材料作为无骨架的灯罩，灯泡距可燃物应保持一定距离。放置及使用易燃液、气体的场所，应采用防爆型电气设备及照明灯具。

（3）变（配）电室应保持清洁、干燥。变电室要有良好的通风。配电室内禁止吸烟、生火及保存与配电无关的物品（如食物等）。

（4）当电线穿过墙壁或与其他物体接触时，应在电线上套有磁管等非燃材料加以隔绝。

（5）电气设备和线路应经常检查，发现可能引起火花、短路、发热和绝缘损坏等情况时，必须立即修理。电气设备应安装在干燥处，各种电气设备应有妥善的防雨、防潮设施。

（6）各种机械设备的电闸箱内，必须保持清洁，不得存放其他物品，电闸箱应配锁。

3. 油漆作业

（1）油漆作业场地和临时存放油漆材料的库房，严禁动用明火。

（2）室内作业时，一定要有良好的通风条件，照明电气设备必须使用防爆灯头，周围的动火作业距离要在 10 m 以外。

（3）调油漆或加稀释料应在单独的房间进行，室内应通风；在室内和地下室油漆时，通风应良好，任何人不得在操作时吸烟，防止气体燃烧伤人。

（4）随领随用油漆溶剂，禁止乱倒剩余漆料溶剂，剩料要及时加盖，注意储存安全，不准到处乱放。

（5）工作时应穿不易产生静电的服装、鞋，所用工具以不打火花为宜。

（6）喷漆设备必须接地良好，禁止乱拉乱接电线和电气设备，下班时要拉闸断电。

4. 防水作业

（1）熬制沥青的地点不得设在电线的垂直下方，一般应距建筑物 25 m；锅与烟囱的距离应大于 80 cm，锅与锅之间的距离应大于 2 m；火口与锅边应有 70 cm 的隔离设施。临时堆放沥青、燃料的地方，离锅不小于 5 m。

（2）熬油必须由有经验的工人看守，要随时测量、控制油温，熬油量不得超过锅容量的 3/4，下料应慢慢溜放，严禁大块投放。下班时，要熄火，关闭炉门，盖好锅盖。

（3）配制冷底子油时，禁止用铁棒搅拌，以防碰出火星；下料应分批、少量、缓慢，不停搅拌，加料量不得超过锅容量的 1/2，温度不得超过 80 ℃；凡是配置、储存、涂刷冷底子油的地点，都要严禁烟火，绝对不允许在附近进行电焊、气焊或其他动火作业，要设专人监护。

（4）使用冷沥青进行防水作业时，应保持良好通风，人防工程及地下室必须采取强制通风，禁止吸烟和明火作业，应采用防爆的电气设备。冷防水施工作业量不宜过大，应分散操作。

（5）防水卷材采用热熔黏结，使用明火（如喷灯）操作时，应申请办理用火证，并设专人看火；应配有灭火器材，周围 30 m 以内不准有易燃物。

5. 防腐蚀作业

凡有酸、碱长期腐蚀的工业建筑与其他建筑，都必须进行防腐处理，如工业电镀厂房、化工厂房等。目前，采用的防腐蚀材料多为易燃、易爆的高分子材料，如环氧树脂、酚醛树脂、硫黄类、沥青类、煤焦油等材料，固化剂多为乙二胺等。

（1）硫黄类材料防火。熬制硫黄时，要严格控制温度，当发现冒蓝烟时要立即撤火降温，如果局部燃烧要采用石英粉灭火。硫黄的储存、运输和施工过程中，严禁与木炭、硝石相混，且要远离明火。

（2）树脂类材料防火。树脂类防腐蚀材料施工时要避开高温，不要长时间置于太阳下暴晒。作业场地和储存库都要远离明火，储存库要阴凉通风。

（3）固化剂防火。固化剂乙二胺，遇火种、高温和氧化剂时都有燃烧的危险，与醋酸、二硫化碳、氯磺酸、盐酸、硝酸、硫酸、过氧酸银等发生反应时非常剧烈。它是一种挥发性很强的化学物质，明露时通常冒黄烟，在空气中挥发到一定浓度时，遇明火还有爆炸的危险。因此，应储存在阴凉通风的仓库内，并远离火种、热源；应与酸类、氧化剂隔离存放；搬运时要轻装轻卸，防止破损；一旦发生火灾，要用泡沫、二氧化碳、干粉、砂土和雾状水扑灭。乙二胺能溶于多种化学品，并易挥发产生大量易燃气体。施工时，要随取随用，不要放置时间过长；储存、运输时要密封好；操作工人作业时严禁烟火，注意通风。

6. 脚手架作业

（1）施工现场不准使用可燃材料搭棚，必须使用时须经消防保卫部门和有关部门协商同意，选择适当地点搭设。

（2）在电、气焊及其他用火作业场所支搭架子及配件时，必须用铁丝绑扎，禁止使用麻绳。

（3）支搭满堂红架子时，应留出检查通道。

（4）搭完架子或拆除架子时，应将可燃材料清理干净，排木、铁管、铁丝及管卡等及时清理，码放整齐，不得影响道路畅通。

（5）禁止在锅炉房、茶炉房、食堂烧火间等用火部位使用可燃材料支搭临时设施。

（二）高层建筑与地下工程防火

1. 高层建筑施工防火

（1）建立防火管理责任制。把防火工作纳入高层建筑施工生产的全过程，在计划、布置、检查、总结评比施工生产的同时，要计划、布置、检查、总结评比防火工作。从上到下建立多层次的防火管理网络，配置专职防火人员，成立义务消防队，每个班组都要有一个义务消防员。

（2）严格控制火源，并对动火过程进行严格监控。每项工程都要划分动火级别，一般高层建筑施工动火划为二、三级，按照动火级别进行动火申请和审批。在复杂、危险性较大的场所进行焊割时，要编制专项的安全技术措施，并严格按预定方案操作。

（3）按规定配置防火器材。各种防火器材的布置要合理，并保证性能良好、安全有效。施工现场消火栓处日夜设明显标志，配备足够水带，20 层及以上的高层建筑应设置专用的高压水泵，每个楼层应安装防火栓和消防水龙带，大楼底层设蓄水池。当因层次高而水压不足时，在楼层中间应设接力泵，并且每个楼层按面积每 100 m² 设两个灭火器，同时备有通信报警装置，便于及时报告险情。

（4）已建成的建筑物楼梯不得封堵。施工脚手架内的作业层应畅通，并搭设不少于两处与主体建筑相衔接的通道口。建筑施工脚手架外挂的密目式安全网必须符合阻燃标准要求，严禁使用不阻燃的安全网。

（5）高层焊接作业，要根据作业高度、风力、风力传递的次数确定火灾危险区域，并将区域内的易燃、易爆物品转移到安全地方，无法移动的要采取切实的防护措施。高层焊接作业应当办理动火证，动火处应当配备灭火器，并设专人监护，若发现险情，应立即停止作业，并采取措施及时扑灭火源。

（6）高层建筑施工临时用电线路应使用绝缘良好的橡胶电缆，严禁将线路绑在脚手架上。施工用电机具和照明灯具的电气连接处应当绝缘良好，保证用电安全。

2. 地下工程防火

（1）施工现场的临时电源线不宜直接敷设在墙壁或土墙上，应用绝缘材料架空设置；配电箱应采取防护措施，潮湿地段或渗水部位照明灯具应采取相应措施或安装防潮灯具。

（2）施工现场应有不少于两个出入口或坡道，施工距离长时，应适当增加出入口的数量；施工区面积不超过 50 m^2，且施工人员不超过 20 人时，可只设一个直通地上的安全出口。

（3）安全出入口、疏散走道和楼梯的宽度应按其通行人数每 100 人不小于 1 m 的净宽计算；每个出入口的疏散人数不宜超过 250 人，安全出入口、疏散走道和楼梯的最小净宽度不应小于 1 m。

（4）疏散走道、楼梯及坡道内，不宜设置突出物或堆放施工材料和机具，应保证通道畅通，并设置疏散指示标志灯、火灾事故照明灯。

（5）施工区域应设置消防给水管道和消火栓，消防给水管道可以与施工用水管道合用。

（6）地下建筑室内不得储存易燃物品或作为木工加工作业区，不得在室内熬制或配置用于防腐、防水、装饰的危险化学品溶液。进行地下建筑装饰时，不得同时进行水暖、电气安装的焊割作业。

（7）地下建筑室内施工，施工人员应当严格遵守安全操作规程，易引发火灾的特殊作业应设监护人，并配置必备的气体检测仪和消防器材，必要时应当采取强制通风措施。

（三）施工现场灭火

1. 灭火现场的组织工作

（1）发现起火时，首先判明起火的部位和燃烧的物质，组织迅速扑救。如火势较大，应立即用电话等快速方法向消防队报警。报警时应详细说明起火的确切地点、部位和燃烧的物质。目前各城市通常采用的火警电话号码是"119"。

（2）在消防队没有到达前，现场人员应根据不同的起火物质，采用正确有效的灭火方法，如切开电源、撤离周围的易燃易爆物质、根据现场情况正确选择灭火用具等。

（3）灭火现场必须指定专人统一指挥，并保持高度的组织性和纪律性，行动必须协调一致，防止现场混乱。

（4）灭火时应注意防止发生触电、中毒、窒息、倒塌、坠落伤人等事故。

（5）为了便于查明起火原因，认真吸取教训，在灭火过程中，要尽可能地注意观察起火的部位、物质、蔓延方向等特点。在灭火后，要特别注意保护好现场的痕迹和遗留的物品，以便查找失火原因。

2. 主要的灭火方法

起火应具备的三个必要条件：一是存在能燃烧的物质。不论固体、液体、气体，凡能与空气中的氧或其他氧化剂起剧烈反应的物质，一般称为可燃物质，如木材、汽油、酒精等。二是要有助燃物。凡能帮助和支持燃烧的物质称为助燃物，如空气、氧气等。三是达到能使可燃物燃烧的着火源，如明火焰、火星、电火花等。只有这三个条件同时具备并相互作用才能起火。针对上述起火的必要条件，主要的灭火方法有：

（1）窒息灭火法

可燃物的燃烧必须在其最低氧气浓度以上进行，否则燃烧不能持续进行。窒息灭火法就是阻止助燃物（通常是空气）流入燃烧区，或用不燃物质（如不燃气体）冲淡空气，降低燃烧物周围的氧气浓度，使燃烧物质断绝氧气的助燃作用而使火熄灭。

（2）冷却灭火法

对一般可燃物来说，能够持续燃烧的条件之一就是它们在火焰或热的作用下达到了各自的着火点。冷却灭火法是扑救火灾常用的方法，即将灭火剂直接喷洒在燃烧物体上，使可燃物质的温度降低到燃点以下，从而终止燃烧。

（3）隔离灭火法

隔离灭火法是将燃烧物体和附近的可燃物质与火源隔离或疏散开，使燃烧失去可燃物质而停止。这种方法适用于扑救各种固体、液体或气体火灾。隔离灭火法的具体措施有：将燃烧区附近的可燃、易燃、易爆和助燃物质转移到安全地点；关闭阀门，阻止气体、液体流入燃烧区；设法阻拦流散的易燃、可燃气体或扩散的可燃气体；拆除与燃烧区相毗邻的可燃建筑物，形成防止火势蔓延的间距等。

（4）抑制灭火法

抑制灭火法与前三种灭火方法不同，它使灭火剂参与燃烧反应过程，并使燃烧过程中产生的游离基消失，而形成稳定分子或低活性的游离基，这样燃烧反应就将停止。目前，抑制法灭火常用的灭火剂有1211、1202、1301灭火剂。

上述四种灭火方法所采用的具体灭火措施是多种多样的。在实际灭火中，应根据可燃物质的性质、燃烧特点、火场具体条件以及消防技术装备性能等，选择不同的灭火方法。

3. 电气、焊接设备火灾的扑灭

（1）电气火灾的扑灭

扑灭电气火灾时，首先应切断电源，及时用适合的灭火器材灭火。充油的电气设备灭火时，应采用干燥的黄沙覆盖住火焰，使火熄灭。

扑灭电气火灾时，应使用绝缘性能良好的灭火剂，如干粉灭火器、二氧化碳灭火器、1211 灭火器等，严禁采用直接导电的灭火剂进行喷射，如使用喷射水流、泡沫灭火器等。

（2）焊接设备火灾的扑灭

电石桶、电石库房着火时，只能用干砂、干粉灭火器和二氧化碳灭火器进行扑灭，不能用水或含有水分的灭火器（如泡沫灭火器）来灭火，也不能用四氯化碳灭火器来灭火。

乙炔发生器着火时，首先要关闭出气管阀门，停止供气，使电石与水脱离接触，再用二氧化碳灭火器或干粉灭火器扑灭，不能用水、泡沫灭火器和四氯化碳灭火器来灭火。

电焊机着火时，首先要切断电源，然后再扑灭。在未切断电源前，不能用水或泡沫灭火器来灭火，只能用干粉灭火器、二氧化碳灭火器、四氯化碳灭火器或 1211 灭火器进行扑灭，因为用水或泡沫灭火器扑灭时容易触电伤人。

第八章 建筑施工专项安全管理

第一节 高处作业安全管理

一、高处作业的定义、事故隐患与基本规定

（一）高处作业的定义

所谓坠落高度基准面，是指通过可能坠落范围内最低处的水平面。如从作业位置可能坠落到的最低点的地面、楼面、楼梯平台、相邻较低建筑物的屋面、基坑的底面、脚手架的通道板等。

以作业位置为中心，6 m 为半径，划出垂直于水平面的柱形空间的最低处与作业位置间的高度差称为基础高度。

以作业位置为中心，以可能坠落范围的半径画成的与水平面垂直的柱形空间，称为可能坠落范围。高处作业可能坠落范围用坠落半径表示，用以确定不同高度作业时，其安全平网的防护宽度。

作业区各作业位置至相应坠落高度基准面的垂直距离的最大值，称为该作业区的高处作业高度，简称作业高度。高处作业高度分为 2~5 m、5~15 m、15~30 m 及 30 m 以上 4 个区段。

（二）高处作业的事故隐患

高处作业极易发生高处坠落事故，也容易因高处作业人员违章或失误，发生物体打击事故。高处作业的事故隐患主要包括以下几项：

（1）安全网未取得有关部门的准用证。

（2）上下传递物件抛掷。

（3）安全网规格材质不符合要求。

（4）立体交叉作业未采取隔离防护措施。

（5）未每隔四层并不大于 10 m 张设平网。

（6）未按高挂低用要求正确系好安全带。

（7）未采用定型化、工具化安全防护设施。

（8）在建工程未用密目式安全网封闭。

（9）未设置上杆 1.2 m、下杆 0.5~0.6 m 的上下两道防护栏杆。

（10）框架结构施工作业面（点）无防护或防护不完善。

（11）阳台楼板屋面临边无防护或防护不牢固。

（12）25 cm × 25 cm 以上洞口不按规定设置防护栏、盖板、安全网。

（13）未按规定安装防护门或护栏，安装后高度低于 1.5 m。

（14）出入口未搭设防护棚或搭设不符合相关规范要求。

（15）使用钢模板和其他板厚小于 5 cm 的板料作为脚手板。

（16）安全帽、安全网、安全带未进行定期检查。

（17）护栏高度低于 1.2 m，未上下设置栏杆并没有密目网遮挡。

（18）未按规定安装高度 1.8 m 的防护门。

（19）恶劣天气进行高空起重吊装作业。

（三）高处作业的基本安全规定

高处作业中临边、洞口、攀登、悬空、操作平台及交叉等项作业，以及属于高处作业的各类洞、坑、沟、槽等工程施工的安全要求有明确规定。其中，高处作业的基本安全规定如下。

（1）建筑施工中凡涉及临边与洞口作业、攀登与悬空作业、操作平台、交叉作业及安全网搭设的，应在施工组织设计或施工方案中制定高处作业安全技术措施。

（2）高处作业施工前，应按类别对安全防护设施进行检查、验收，验收合格后方可进行作业，并应做验收记录。验收可分层或分阶段进行。

（3）高处作业施工前，应对作业人员进行安全技术交底，并应记录。应对初次作业人员进行培训。

（4）应根据要求将各类安全警示标志悬挂于施工现场各相应部位，夜间应设红灯警示。高处作业施工前，应检查高处作业的安全标志、工具、仪表、电气设施和设备，确认其完好后，方可进行施工。

（5）高处作业人员应根据作业的实际情况配备相应的高处作业安全防护用品，并应按规定正确佩戴和使用相应的安全防护用品、用具。

（6）对施工作业现场可能坠落的物料，应及时拆除或采取固定措施。高处作业所用的物料应堆放平稳，不得妨碍通行和装卸。工具应随手放入工具袋；作业中的走道、通道板和登高用具，应随时清理干净；拆卸下的物料及余料和废料应及时清理运走，不得随意放置或向下丢弃。传递物料时不得抛掷。

（7）在雨、霜、雾、雪等天气进行高处作业时，应采取防滑、防冻和防雷措施，并应及时清除作业面上的水、冰、雪、霜。

遇有6级及以上强风、浓雾、沙尘暴等恶劣气候，不得进行露天攀登与悬空高处作业。雨、雪天气后，应对高处作业安全设施进行检查，当发现有松动、变形、损坏或脱落等现象时，应立即修理完善，维修合格后方可使用。

（8）对需临时拆除或变动的安全防护设施，应采取可靠措施，作业后应立即恢复。

（9）安全防护设施验收应包括下列主要内容：

1）防护栏杆的设置与搭设；

2）攀登与悬空作业的用具与设施搭设；

3）操作平台及平台防护设施的搭设；

4）防护棚的搭设；

5）安全网的设置；

6）安全防护设施、设备的性能与质量、所用的材料、配件的规格；

7）设施的节点构造，材料配件的规格、材质及其与建筑物的固定、连接状况。

（10）安全防护设施验收资料应包括下列主要内容：

1）施工组织设计中的安全技术措施或施工方案；

2）安全防护用品用具、材料和设备产品合格证明；

3）安全防护设施验收记录；

4）预埋件隐蔽验收记录；

5）安全防护设施变更记录。

（11）应有专人对各类安全防护设施进行检查和维修保养，发现隐患应及时采取整改措施。

（12）安全防护设施宜采用定型化、工具化设施，防护栏应为黑黄或红白相间的条纹标示，盖件应为黄或红色标示。

二、安全帽、安全带、安全网

进入施工现场必须戴安全帽，登高作业必须戴安全带，在建建筑物四周必须用绿色的密目式安全网全部封闭，这些是多年来在建筑施工中对安全生产的规定。安全帽、安全带、安全网一般被称为"救命三宝"。目前，这三种防护用品都有产品标准，在使用时，也应选择符合建筑施工要求的产品。

（一）安全帽

安全帽是用来避免或减轻外来冲击和碰撞对头部造成伤害的防护用品，由帽壳、帽衬、下须带、附件组成。安全帽必须满足耐冲击、耐穿透、耐低温、侧向刚性、电绝缘性、阻燃性等基本技术性能的要求。

安全帽的佩戴要符合标准，使用要符合规定。如果佩戴和使用不正确，就起不到充分的防护作用。一般应注意下列事项：

（1）新领的安全帽，首先检查是否有"LA"标志及产品合格证，再看是否破损、薄厚不均，缓冲层及调整带和弹性带是否齐全有效。不符合规定要求的要立即调换。

（2）每次佩戴之前应检查安全帽的外观是否有裂纹、碰伤痕迹、凹凸不平、磨损，帽衬是否完整，帽衬的结构是否处于正常状态。安全帽上如存在影响其性能的明显缺陷就应及时报废，以免影响防护作用。任何受过重击、有裂痕的安全帽，无论有无损坏现象，均应报废。

（3）应注意在有效期内使用安全帽，植物枝条编织的安全帽有效期为两年，塑料安全帽的有效期限为两年半，玻璃钢（包括维纶钢）和胶质安全帽的有效期限为三年半，超过有效期的安全帽应报废。

（4）戴安全帽前应将帽后调整带按自己头型调整到适合的位置，然后将帽内弹性带系牢。缓冲衬垫的松紧由带子调节，人的头顶和帽体内顶部的空间垂直距离一般为25~50mm。佩戴者在使用时一定要将安全帽戴正、戴牢，不能晃动，要系紧下须带。

（5）使用者不得随意在安全帽上打孔、拆卸或添加附件，不能随意调节帽衬的尺寸。不要把安全帽歪戴，也不要把帽檐戴在脑后方。

（6）施工人员在现场作业中，不得将安全帽脱下，搁置一旁，或当坐垫使用。

（7）平时使用安全帽时应保持整洁，不能接触火源，不要任意涂刷油漆。

（8）安全帽不能在有酸、碱或化学试剂污染的环境中存放，不能放置在高温、日晒或潮湿的场所中，以免其老化变质。

（二）安全带

安全带是预防高处作业人员坠落事故的个人防护用品，由带子、绳子和金属配件组成，总称安全带。

1. 安全带的日常管理规定

（1）安全带采购回来后必须经过专职安全员检查并报验监理单位验收合格后才能使用，进场时查验是否具备合格证、厂家检验报告，是否附有永久标志。不合格的安全防具用品一律不准进入施工现场。

（2）安全带在每次使用前都应进行外观检查。外观检查的项目主要包括：组件完整、无短缺、无伤残破损；绳索、编带无脆裂、断股或扭结；皮革配件完好、无伤残；所有缝纫点的针线无断裂或者磨损；金属配件无裂纹、焊接无缺陷、无严重锈蚀；挂钩的钩舌咬口平整不移位，保险装置完整可靠。

（3）对使用中的安全带每周进行一次外观检查。

（4）安全带每年要进行一次静负荷重试验。

（5）安全带每次受力后，必须做详细的外观检查和静负荷重试验，不合格的不得继续使用。

（6）使用频繁的绳，要经常做外观检查，发现异常时，应立即更换新绳，更换新绳时要注意加绳套。

（7）安全带上的各种部件不得任意拆掉。

（8）安全带使用 2 年以后，使用单位应按购进批量的大小，选择一定比例的数量，做一次抽检，即用 80 kg 的沙袋做自由落体试验，若未破断可继续使用，但抽检的样带应更换新的挂绳才能使用；如试验不合格，购进的这批安全带就应报废。

（9）安全带的使用期为 3~5 年，若使用期间发现异常，应提前报废；超过使用规定年限后，必须报废。

2. 安全带的使用和维护

（1）安全带上的各种部件不得任意拆掉。

（2）安全带使用时必须高挂低用，且悬挂点高度不应低于自身腰部。

（3）使用时要防止摆动碰撞，严禁使用打结和继接的安全绳，不准将钩直接挂在安全绳上使用，应将钩挂在连接环上用。

（4）悬挂安全带必须有可靠的锚固点，即安全带要挂在牢固可靠的地方，禁止挂在移动及带尖锐角、不牢固的物件上。

（5）安全绳的长度限制在 1.5~2.0 m，使用 3 m 以上长绳应加缓冲器。

（6）在温度较低的环境中使用安全带时，要注意防止安全绳的硬化割裂。

（7）使用后，将安全带、绳卷成盘放在无化学试剂、阳光的场所中，切不可折叠。应在金属配件上涂些机油，以防生锈。

（8）安全带不使用时要妥善保管，不可接触高温、明火、强酸、强碱或尖锐物体，不要存放在潮湿的仓库中保管。

（三）安全网

安全网是用来防止人、物坠落，或用来避免、减轻坠落物击伤人的网具。

安全网按构造形式可分为平网（P）、立网（L）、密目网（ML）三种。平网是指其安装平面平行于水平面，主要用来承接人和物的坠落。每张平网的质量一般不小于 5.5 kg，不超过 15 kg，并要能承受 800 N 的冲击力。立网是指其安装平面垂直于水平面，主要用来阻止人和物的坠落。每张立网的质量一般不小于 2.5 kg。平网和立网主要由网绳、边绳、系绳、筋绳组成。密目网，又称"密目式安全立网"，是指网目密度大于 2 000 目 /100 cm² 、垂直于水平面安装、施工期间包围整个建筑物、用于防止人员坠落及坠物伤害的有色立式网。密目网主要由网体、边绳、环扣及附加系绳构成。每张密目网的质量一般不小于 3 kg。立网、密目网不能代替平网。

一般情况下，安全网的使用应符合下列规定：

（1）施工现场使用的安全网必须有产品质量检验合格证，旧网必须有允许使用的证明书。

（2）安装前必须对网及支撑物（架）进行检查，要求支撑物（架）有足够的强度、刚性和稳定性，且系网处无撑角及尖锐边缘，确认无误时方可安装。

（3）安全网搬运时，禁止使用钩子，禁止把网拖过粗糙的表面或锐边。

（4）在施工现场，安全网的支搭和拆除要严格按照施工负责人的安排进行，不得随意拆除安全网。

（5）在使用过程中不得随意向网上乱抛杂物或撕坏网片。

（6）安装时，在每个系结点上，边绳应与支撑物（架）靠紧，并用一根独立的系绳连接，系结点沿网边均匀分布，其距离不得大于 750 mm。系结点应符合打结方便，连接牢固又容易解开、受力后又不会散脱的原则。有筋绳的网在安装时，也必须将筋绳连接在支撑物（架）上。

（7）多张网连接使用时，相邻部分应靠紧或重叠，连接绳材料与网相同时，强力不得低于网绳强力。

（8）凡高度在 4 m 以上的建筑物，首层四周必须支搭固定 3 m 宽的平网。安装平网应外高里低，以 15° 为宜。平网网面不宜绷得过紧，平网内或下方应避免堆积物品，平网与下方物体表面的距离不应小于 3 m，两层平网间的距离不得超过 10 m。

（9）装立网时，安装平面应与水平面垂直，立网底部必须与脚手架全部封严。

（10）要保证安全网受力均匀，必须经常清理网上落物，网内不得有积物。

（11）安全网安装后，必须经专人检查验收合格签字后才能使用。

（12）安全网暂时不用时应存放在通风、避光、隔热、无化学品污染的仓库或专用场所。

三、洞口作业与临边作业

（一）洞口作业

1.洞口作业的含义

洞口作业是指孔、洞口旁边的高处作业，包括施工现场及通道旁深度在 2 m 及 2 m 以上的桩孔、沟槽与管道、孔洞等边沿上的作业。

孔与洞的区分，则以其大小作为划分界限，水平方向与铅直方向也略有不同。孔是指楼板、屋面、平台等水平方向的面上，短边尺寸小于 250 mm 的孔洞；在墙体等铅直方向的面上，高度小于 750 mm 的孔洞。洞是指楼板、屋面、平台等水平方向的面上，短边尺寸等于或大于 250 mm 的孔洞；在墙体等铅直方向的面上，高度等于或大于 750 mm 的孔洞。

凡深度在 2 m 及 2 m 以上的桩孔、沟槽与管道等孔洞边沿上的高处作业都属于洞口作业范围。如因特殊工序需要而产生使人与物有坠落危险及危及人身安全的各种洞口，都应该按洞口作业加以防护。

建筑施工现场常见的洞口，即通常所称的"四口"，主要有楼梯口、电梯井口、预留洞口、通道口等。

2. 洞口作业安全防护的方式

（1）板与墙的洞口，必须设置牢固的盖板、防护栏杆、安全网或其他防坠落的防护设施。

（2）电梯井口必须设防护栏杆或固定栅门，高度不得低于 1.8 m；电梯井内应每隔两层并最多每隔 10 m 设一道安全网。

（3）钢管桩、钻孔桩等桩孔上口，杯形基础、条形基础上口，未填土的坑槽以及天窗、地板门等处，均应按洞口防护设置稳固的盖件或防护栏杆。

（4）施工现场通道附近的各类洞口与坑槽等处，除设置防护设施与安全标志外，夜间还应设红灯示警。

3. 洞口作业安全防护设施的要求

洞口根据具体情况采取设防护栏杆、加盖件、张挂安全网与装栅门等措施时，必须符合下列要求。

（1）楼板、屋面和平台等面上短边尺寸小于 250 mm，但大于 25 mm 的孔口，必须用坚实的盖板覆盖，盖板应防止挪动移位。

（2）楼板面等处边长为 250~500 mm 的洞口、安装预制构件时的洞口以及其他临时形成的洞口，可用竹、木等用作盖板，盖住洞口，盖板须能保持四周搁置均衡，并有固定其位置的措施。

（3）边长为 500~1 500 mm 的洞口，必须设置以扣件连接钢管而成的网格，并在其上满铺脚手板。也可采用贯穿于混凝土板内的钢筋构成防护网，钢筋网格间距不得大于200 mm。

（4）边长在 1 500 mm 以上的洞口，四周设防护栏杆，洞口下张挂安全平网。

（5）垃圾井道和烟道，应随楼层的砌筑或安装而消除洞口，或参照预留洞口进行防护；管道井施工时，除按上述要求设置防护外，还应加设明显的标志，如有临时性拆移，须经施工负责人核准，工作完毕后必须恢复防护设施。

（6）位于车辆行驶道旁的洞口、深沟与管道坑、槽，所加盖板应能承受不小于当地额定卡车后轮有效承载力两倍的荷载。

（7）墙面等处的竖向洞口，凡落地的洞口应加装开关式、工具式或固定式的防护门，栅门网格的间距不应大于 150 mm，也可采用防护栏杆，下设挡脚板（笆）。

（8）下边沿至楼板或底面低于 800 mm 的窗台等竖向洞口，如侧边落差大于 2 m 时，应加设 1.2 m 高的临时护栏。

（9）对邻近的人与物有坠落危险性的其他竖向的孔、洞口，均应予以覆盖或加以防护，并有固定其位置的措施。

（10）洞口防护设施应进行必要的力学验算，此项计算应纳入施工组织设计的内容。

（11）洞口防护设施的构造形式一般可分为防护栏杆、防护网和防护门三种。

1）洞口防护栏杆，通常采用钢管。

2）利用混凝土楼板，采用钢筋防护网等。

3）垂直方向的电梯井口与洞口，可设木栏门、铁栅门等各种形式的防护门。

4. "四口" 防护措施

（1）楼梯口

1）焊接简易楼梯栏杆：可用直径为 12 mm、长度为 1 200 mm 的钢筋，垂直焊接在楼梯踏步的预埋件上，上端焊接与楼梯坡度平行钢筋，也可安装预制楼梯扶手进行防护。

2）绑扎栏杆：在两段楼梯的缝中，两端各立一根站杆（接在楼梯顶部），沿楼梯坡度绑扎高 1.2 m 的水平杆，最顶部的梯头横头也应绑上栏杆。

3）由于某种原因楼梯没跟上施工的高度，这个部位就形成一个大孔洞，这时应在每层铺一片大网，将空洞封严。

（2）电梯井口

1）电梯门口防护用直径为 12 mm 钢筋，根据电梯门口的尺寸焊接单扇门或双扇门，高度为 1.2 m。将门焊接在墙板的钢筋上，一般一次性焊接固定，不宜做活门。

2）电梯井内每隔两层且不大于 10 m 处应设置安全平网防护。

（3）预留洞口

1）一般 1 m 以下预留洞口，可用直径 10 mm 钢筋焊接钢筋网，固定在预留口上面，网孔边长不大于 200 mm，最好在 80 mm 左右，以防止掉物；也可以在上面满铺木方或用有标志的盖板盖严。

2）较大的预留洞口，应按尺寸做成防护围栏，高度为 1.2 m。围栏周围有登高作业，可设大网将下面的预留口封严。

3）特殊型预留洞口，要采用脚手杆及跳板将预留口封严。

（4）通道口

1）主要通道口搭设防护棚。防护棚的材质、长度应符合规范要求，宽度应大于通道口宽度，两侧应采取封闭措施。

2）一般通道口下方可架设大网，大网上面铺盖席子，侧边设防护栏杆。

3）不经常使用的通道口，可用木杆封闭，避免人员随意出入。

（二）临边作业

1.临边作业的含义

临边作业是指施工作业时，工作面边沿没有围护设施或围护设施的高度低于 800 mm 时的高处作业。建筑施工现场常见的临边，即通常所称的"五临边"，主要有楼层周边、楼梯侧边、平台或阳台边、屋面周边和沟、坑、槽、深基础周边等。

2.临边作业的防护措施

（1）基坑周边，尚未安装栏杆或栏板的阳台、卸料台与悬挑平台周边，雨篷与挑檐边，无外脚手架的屋面与楼层周边及水箱与水塔周边等处，都必须设置防护栏杆。

（2）底层墙高度超过 3.2 m 的二层楼面周边，以及无外脚手架的高度超过 3.2 m 的楼层周边，必须在外围架设安全平网一道。

（3）梯段旁边，必须设置两道防护栏杆。

（4）井架与施工用电梯和脚手架等与建筑物通道的两侧边，必须设防护栏杆；地面通道上部应装设安全防护棚；双笼井架通道中间，应予以分隔封闭。

（5）各种垂直运输卸料平台，除两侧设防护栏杆外，平台口还应设置安全门或活动防护栏杆。

3.临边防护栏杆杆件的搭设

（1）防护栏杆的材质、规格及连接要求

1）毛竹横杆小头有效直径不应小于 70 mm，栏杆柱小头直径不应小于 80 mm，并必须用不小于 16 号的镀锌钢丝绑扎，不应少于 3 圈，并无滑动。

2）原木横杆上栏杆梢直径不应小于 70 mm，下栏杆梢直径不应小于 60 mm，栏杆柱梢直径不应小于 75 mm，并必须用相应长度的圆钉钉紧，或用不小于 12 号的镀锌钢丝绑扎，要求表面平顺和稳固无动摇。

3）钢筋横杆上杆直径不应小于 16 mm，下杆直径不应小于 14 mm，栏杆柱直径不应小于 18 mm，采用电焊或镀锌钢丝绑扎固定。

4）钢管栏杆及栏杆柱均采用 $\phi 8 \times 3.5$ mm 的管材，以扣件或电焊固定。

5）以其他钢材如角钢等作为防护栏杆杆件时，应选用强度相当的规格，以电焊固定。

（2）防护栏杆的搭设要求

1）防护栏杆应由上、下两道横杆及栏杆柱组成，上栏杆距离地面高度为 1.0~1.2 m，下栏杆距离地面高度为 0.5~0.6 m；坡度大于 1 ∶ 2.2 的层面，防护栏杆应高于 1.5 m，并加挂安全立网。除经设计计算外，横杆长度大于 2 m 时，必须加设栏杆柱。

2）当在基坑四周固定栏杆柱时，可采用钢管并打入地面 500~700 mm 深。钢管与基坑边的距离不应小于 500 mm，当基坑周边采用板桩时，钢管可打在板桩外侧。

3）当在混凝土楼面、屋面或墙面固定栏杆柱时，可用预埋件与钢管或钢筋焊牢。采用竹、木栏杆时，可在预埋件上焊接 300 mm 长的 L50×5 角钢，其上下各钻一孔，然后用 10 mm 螺栓与竹、木等杆件固定牢固。

4）当在砖或砌块等砌体上固定栏杆柱时，可预先砌入规格相适应的 L80×6 预埋扁钢作预埋铁的混凝土块，然后用上项方法固定。

5）栏杆柱的固定及其与横向栏杆的连接，其整体构造应使防护栏杆在上横杆任何处，都能经受任何方向 1 000 N 的外力。当栏杆所处位置有发生人群拥挤、车辆冲击或物件碰撞等可能时，应加大横杆截面或加密柱距。

6）防护栏杆必须自上而下用安全立网封闭，或在栏杆下边设置严密固定的高度不低于 180 mm 的挡脚板或 400 mm 的挡脚竹笆。挡脚板与挡脚竹笆上如有孔眼，不应大于 25 mm。板与竹笆下边距离底面的空隙不应大于 10 mm。

7）卸料平台两侧的防护栏杆，必须自上而下加挂安全立网或满扎竹笆。

8）当临边的外侧面临街道时，除防护栏杆外，敞口立面必须采取满挂安全网或其他可靠措施进行全封闭处理。

9）临边防护栏杆应进行抗弯强度、挠度等力学验算，此项计算应纳入施工组织设计的内容。

四、攀登作业与悬空作业

（一）攀登作业

攀登作业是指在施工现场，借助于登高用具或登高设施，在攀登的条件下进行的高处作业。

1.登高用梯的安全技术要求

攀登作业经常使用的工具是梯子。不同类型的梯子都有相应的国家标准和要求，如角度、斜度、宽度、高度、连接措施和受力性能等。对梯子的要求主要有以下内容：

（1）攀登的用具，结构构造上必须牢固可靠。供人上下的踏板，其使用荷载不应小于 1 100 N。

（2）固定式直爬梯应用金属材料制成。梯宽不应大于 500 mm，支撑应采用不小于 L70×6 的角钢，埋设与焊接均必须牢固。梯子顶端的踏板应与攀登的顶面齐平，并加设 1~1.5 m 高的扶手。

（3）移动式梯子均应按现行的国家标准验收其质量。

（4）梯脚底部应坚实，不得垫高使用。梯子的上端应有固定措施。立梯工作角度以 75°±5° 为宜，踏板上下间距以 300 mm 为宜，不得有缺挡。

（5）梯子如需接长使用，必须有可靠的连接措施，且接头不得超过一处。连接后梯梁的强度，不应低于单梯梯梁的强度。

（6）折叠梯使用时，上部夹角以 35°~45° 为宜，铰链必须牢固，并应有可靠的拉撑措施。

（7）柱、梁和行车梁等构件吊装所需的直爬梯及其他登高用拉攀件，应在构件施工图或说明中做出规定。

（8）使用直爬梯进行攀登作业时，攀登高度以 5 m 为宜。超过 2 m 时，宜加设护笼，超过 8 m 时，必须设置梯间平台。

（9）上下梯子时，必须面向梯子，且不得手持器物。

（10）钢柱安装登高时，应使用钢挂梯或设置在钢柱上的爬梯。

2. 钢屋架安装的安全要求

（1）在屋架上下弦登高操作时，对于三角形屋架应在屋脊处，梯形屋架应在两端，设置攀登时上下的梯架。材料可选用毛竹或原木等，踏步间距不应大于 400 mm，毛竹梢径不应小于 70 mm。

（2）屋架吊装以前，应在上弦设置防护栏杆。

（3）屋架吊装以前，应预先在下弦挂设安全网。吊装完毕后，即将安全网铺设固定。

3. 其他要求

（1）在施工组织设计中应确定用于现场施工的登高和攀登设施。现场登高应借助建筑结构或脚手架上的登高设施，也可采用载人的垂直运输设备。进行攀登作业时可使用梯子或采用其他攀登设施。

（2）作业人员应从规定的通道上下，不得在阳台之间等非规定通道进行攀登，也不得任意利用吊车臂架等施工设备进行攀登。

（3）钢柱的接柱施工，应使用梯子或操作台。对于操作台横杆高度，当无电焊防风要求时，不宜小于 1 m，有电焊防风要求时，其高度不宜小于 1.8 m。

（4）登高安装钢梁时，应视钢梁高度，在两端设置挂梯或搭设钢管脚手架。

（5）在梁面上行走时，其一侧的临时护栏横杆可采用钢索，当改用扶手绳时，绳的自然下垂度不应大于 1/20，并应控制在 100 mm 以内。

（二）悬空作业

悬空作业是指无立足点或无牢靠立足点的条件下进行的高处作业。

建筑施工现场的悬空作业，主要是指从事建筑物或构筑物结构主体和相关装修施工的悬空操作，一般包括构件吊装与管道安装、模板支撑与拆卸、钢筋绑扎和安装钢筋骨架、混凝土浇筑、预应力现场张拉、门窗安装作业六类。

1. 悬空作业的基本安全要求

（1）悬空作业处应有牢靠的立足处，并视具体情况，配置防护栏网、栏杆或其他安全设施。

（2）悬空作业所用的索具、脚手板、吊篮、吊笼、平台等设备，均须经过技术鉴定或检证合格后，方可使用。

2. 构件吊装和管道安装悬空作业的安全要求

（1）钢结构吊装前应尽可能先在地面上组装构件，同时，还要搭好悬空作业所需的安全防护设施，并随组装后的钢构件同时起吊就位。对拆卸时的安全措施，也应一并考虑并予以落实。吊装预应力混凝土屋架等大型构件前，也应搭好悬空作业所需的安全防护设施。

（2）悬空安装大模板、吊装第一块预制构件、吊装单独的大中型预制构件时，必须站在操作平台上操作。

（3）安装管道时，必须有已完结构或操作平台为立足点，严禁在安装中的管道上站立和行走。

3. 模板支撑和拆卸时悬空作业的安全要求

（1）支模应按规定的作业程序进行，模板未固定前不得进行下一道工序。严禁在连接件和支撑件上攀登上下，并严禁在上下同一垂直面上装、拆模板。结构复杂的模板，安装和拆卸应严格按照施工组织设计的措施进行。

（2）支设高度在 3 m 以上的柱模板，四周应设斜撑，并应设立操作平台。低于 3 m 的可使用马凳等设施操作。

（3）支设悬挑形式的模板时，应有稳固的立足点。支设临空构筑物模板时，应搭设支架或脚手架。模板上有预留洞时，应在安装后将洞口覆盖。混凝土板上拆模后形成的临边或洞口，应按有关规定进行防护。

（4）拆除模板的高处作业，应配置登高用具或搭设支架，并设置警戒区域，由专人看护。

4. 钢筋绑扎和安装钢筋骨架悬空作业时的安全要求

（1）绑扎钢筋和安装钢筋骨架时，必须搭设脚手架和马道。

（2）绑扎圈梁、挑梁、挑檐、外墙和边柱等钢筋时，应搭设操作台架和张挂安全网。

（3）悬空大梁钢筋的绑扎，必须在满铺脚手板的支架或操作平台上操作。

（4）在深坑下或较密的钢筋中绑扎钢筋时，照明应采用低压电源，并禁止将高压电线悬挂在钢筋上。

（5）绑扎立柱和墙体钢筋时，不得站在钢筋骨架上或攀登骨架上下。3 m 以内的柱钢筋，可在地面或楼面上绑扎，整体竖立；绑扎 3 m 以上的柱钢筋，必须搭设操作平台。

5. 混凝土浇筑悬空作业的安全要求

（1）浇筑离地 2 m 以上的框架、过梁、雨篷和小平台时，应设操作平台，不得直接站在模板或支撑件上操作。

（2）浇筑拱形结构，应自两边拱脚对称地相向进行。浇筑储仓，下口应先进行封闭，并搭设脚手架以防人员坠落。

（3）特殊情况下如无可靠的安全设施，必须系好安全带并扣好保险钩，或架设安全网。

6. 预应力现场张拉悬空作业的安全要求

（1）预应力筋放张时混凝土强度、弹性模量和龄期应符合设计要求。放张之前应将限制构件位移的模板拆除。

（2）预应力筋的放张顺序应符合设计要求。设计无要求时，应分阶段、对称、相互交错地放张。

（3）放张应采用楔块或千斤顶整体放张，并符合设计要求。

（4）预应力筋的放张速度不宜过快。

（5）放张后预应力筋的切断顺序，应由放张端开始，逐次切向另一端。

7. 门窗安装悬空作业的安全要求

（1）安装门、窗，油漆及安装玻璃时，严禁操作人员站在窗樘、阳台栏板上操作。门窗临时固定、封填材料未达到强度，以及电焊时，严禁手拉门窗进行攀登。

（2）在高处外墙安装门、窗，无外脚手时，应张挂安全网。无安全网时，操作人员应系好安全带，其保险钩应挂在操作人员上方的可靠物件上。

（3）进行各项窗口作业时，操作人员的重心应位于室内，不得在窗台上站立，必要时应系好安全带进行操作。

五、操作平台作业与交叉作业

（一）操作平台作业

操作平台是指在建筑施工现场，用以站人、卸料，并可进行操作的平台。操作平台有移动式钢平台和悬挑式钢两种。操作平台作业是指供施工操作人员在操作平台上进行砌筑、绑扎、装修以及粉刷等的高处作业。操作平台的安全性能直接影响操作人员的安危。

1. 移动式操作平台的安全要求

（1）操作平台应由专业技术人员按现行的相应规范进行设计，计算书及图样应编入施工组织设计。

（2）操作平台的面积不应超过 10 m²，高度不应超过 5 m，还应进行稳定验算，并采用措施减少立柱的长细比。

（3）装设轮子的移动式操作平台，轮子与平台的接合处应牢固可靠，立柱底端离地面不得超过 80 mm。

（4）操作平台可用 φ48 mm × 3.5 mm（或 φ5l mm × 3.0 mm）的钢管，以扣件连接，也可采用门架式或承插式钢管脚手架部件，按产品使用要求进行组装。平台的次梁，间距不应大于 400 mm；台面应满铺竹笆或不小于 30 mm 厚的木板。

（5）操作平台四周必须按临边作业要求设置防护栏杆，并应布置登高扶梯。

2. 悬挑式钢平台的安全要求

（1）悬挑式钢平台应按现行的相应规范进行设计，其结构构造应能防止左右晃动，计算书及图样应编入施工组织设计。

（2）悬挑式钢平台的搁支点与上部连接点，必须位于建筑物上，不得设置在脚手架等施工设备上。

（3）斜拉杆或钢丝绳，构造上宜设前后两道，两道中的每一道均应进行单道受力计算。

（4）应设置四个经过验算的吊环。吊运平台时应使用卡环，不得使吊钩直接钩挂吊环。吊环应用 Q235 牌号沸腾钢制作。

（5）钢平台安装时，钢丝绳应采用专用的挂钩挂牢，采取其他方式时，卡头的卡子不得少于三个。建筑物锐角利口围系钢丝绳处应加软垫物，钢平台外口应略高于内口。

（6）钢平台左右两侧必须装置固定的防护栏杆。

（7）钢平台吊装，须待横梁支撑点电焊固定，接好钢丝绳，调整完毕，经过检查验收后，方可移去起重吊钩，上下操作。

（8）钢平台使用时，应有专人进行检查，发现钢丝绳有锈蚀或损坏应及时调换，焊缝脱焊应及时修复。

（9）操作平台上应显著地标明容许荷载值。操作平台上人员和物料的总重量，严禁超过设计的容许荷载，应配备专人加以监督。

（10）操作平台可以 $\phi48\,mm \times 3.5\,mm$ 镀锌钢管作为次梁与主梁，上铺厚度不小于 30 mm 的木板作铺板。铺板应予固定，并以 $\phi48\,mm \times 3.5\,mm$ 的钢管作立柱。

在上述操作平台上进行高处作业时，还应满足临边高处作业的相关安全技术要求。

（二）交叉作业

交叉作业是指在施工现场的不同层次，于空间贯通状态下同时进行的高处作业。

交叉作业时，必须满足以下安全要求：

（1）支模、粉刷、砌墙等各工种进行上下立体交叉作业时，不得在同一垂直方向上操作。下层作业的位置，必须处于依据上层高度确定的可能坠落范围半径之外。不符合以上条件时，应设置安全防护层。

（2）钢模板、脚手架等拆除时，下方不得有其他操作人员。

（3）钢模板部件拆除后，临时堆放处外边缘距离楼层边沿不应小于 1 m，堆放高度不得超过 1 m。楼层临边口、通道口、脚手架边缘等处，严禁堆放任何拆下物件。

（4）结构施工自二层起，凡人员进出的通道口（包括井架、施工用电梯的进出通道口），均应搭设安全防护棚，高度超过 24 m 的层次上的交叉作业，应设双层防护，且高层建筑的防护棚长度不得小于 6 m。

（5）由于上方施工可能坠落物件处或处于起重机悬臂回转范围之内的通道处，在其受影响的范围内，必须搭设顶部能防止穿透的双层防护棚。

第二节　季节施工安全管理

一、冬期施工

冬期施工，主要是制定防火、防滑、防冻、防煤气中毒、防亚硝酸钠中毒等安全措施。

（一）防火要求

（1）加强冬季防火安全教育，提高全体人员的防火意识。将普遍教育与特殊防火工种的教育相结合，根据冬期施工防火工作的特点，入冬前对电气焊工、司炉工、木工、油漆工、电工、炉火安装和管理人员、警卫巡逻人员进行有针对性的教育和考试。

（2）冬期施工中，国家级重点工程、地区级重点工程、高层建筑工程及起火后不易扑救的工程，禁止使用可燃材料作为保温材料，应采用不燃或难燃材料进行保温。

（3）一般工程可采用可燃材料进行保温，但必须进行严格管理。使用可燃材料进行保温的工程，必须设专人进行监护、巡逻检查。人员的数量应根据使用可燃材料的数量、保温的面积而定。

（4）冬期施工中，保温材料定位以后，禁止一切用火、用电作业，且照明线路、照明灯具应远离可燃的保温材料。

（5）冬期施工中，保温材料使用完后，要随时进行清理，集中进行存放保管。

（6）冬季现场供暖锅炉房宜建造在施工现场的下风方向，远离在建工程、易燃可燃建筑、露天可燃材料堆场、料库等。锅炉房应不低于二级耐火等级。

（7）烧蒸汽锅炉的人员必须经过专门培训，取得司炉证后才能独立作业。烧热水锅炉的人员也要经过培训合格后方能上岗。

（8）冬期施工的加热采暖方法，应尽量使用暖气。如果用火炉，必须事先提出方案和防火措施，经消防保卫部门同意后方能开火。但在油漆、喷漆、油漆调料间以及木工房、料库、使用高分子装修材料的装修阶段，禁止使用火炉采暖。

（9）各种金属与砖砌火炉，必须完整良好，不得有裂缝。各种金属火炉与模板支柱、斜撑、拉杆等可燃物和易燃保温材料的距离不得小于 1 m，已做保护层的火炉距可燃物的距离不得小于 70 cm。各种砖砌火炉壁厚不得小于 30 cm。在没有烟囱的火炉上方不得有拉杆、斜撑等可燃物，必要时须架设铁板等非燃材料隔热，其隔热板应比炉顶外围的每一边都多出 15 cm 以上。

（10）在木地板上安装火炉，必须设置炉盘。有脚的火炉炉盘厚度不得小于 12 cm，无脚的火炉炉盘厚度不得小于 18 cm。炉盘应伸出炉门前 50 cm，伸出炉后左右各 15 cm。

（11）各种火炉应根据需要设置高出炉身的火档。各种火炉的炉身、烟囱和烟囱出口等部分与电源线和电气设备应保持 50 cm 以上的距离。

（12）炉火必须由受过安全消防常识教育的专人看守。每人看管火炉的数量不应过多。

（13）火炉看火人应严格执行检查值班制度和操作程序。火炉着火后，不准离开工作岗位，值班时间不允许睡觉或做无关的事情。

（14）移动各种加热火炉时，必须先将火熄灭后方准移动。掏出的炉灰必须随时用水浇灭后倒在指定地点。禁止用易燃、可燃液体点火。放的煤不应过多，以不超出炉口上沿为宜，防止热煤掉出引起可燃物起火。不准在火炉上熬炼油料、烘烤易燃物品等。

（15）工程的每层都应配备灭火器材。

（16）用热电法施工，要加强检查和维修，防止触电和火灾。

（二）防滑要求

（1）冬期施工中，在施工作业前，对斜道、通行道、爬梯等作业面上的霜冻、冰块、积雪要及时清除。

（2）冬期施工中，现场脚手架搭设接高前必须将钢管上的积雪清除，等到霜冻、冰块融化后再施工。

（3）冬期施工中，若通道防滑条有损坏要及时补修。

（三）防冻要求

（1）入冬前，按照冬期施工方案材料要求提前备好保温材料，对施工现场怕受冻的材料和施工作业面（如现浇混凝土）按技术要求采用保温措施。

（2）冬期施工工地（指北方的），应尽量安装地下消火栓，在入冬前应进行一次试水，加少量润滑油。

（3）消火栓用草帘、锯末等覆盖，做好保温工作，以防冻结。

（4）冬天下雪时，应及时扫除消火栓上的积雪，以免雪化后将消火栓井盖冻住。

（5）高层临时消防竖管应进行保温或将水放空，消防水泵内应考虑采暖措施，以免冻结。

（6）入冬前，应做好消防水池的保温工作，随时进行检查，发现冻结时应进行破冻处理。一般方法是在水池上盖上木板，木板上再盖上不小于 40~50 cm 厚的稻草、锯末等。

7. 入冬前应将泡沫灭火器、清水灭火器等放入有采暖的地方，并套上保温套。

（四）防中毒要求

（1）冬季取暖炉的防煤气中毒设施必须齐全、有效，建立验收合格证制度，经验收合格发证后，方准使用。

（2）冬期施工现场加热采暖和宿舍取暖用火炉时，要注意经常通风换气。

（3）对亚硝酸钠要加强管理，严格发放制度，要按定量改革小包装并加上水泥、细砂、粉煤灰等，将其改变颜色，以防止误食中毒。

二、雨期施工

雨期施工，主要应制定防触电、防雷、防坍塌、防火等安全措施。

（一）防触电要求

（1）雨期施工到来之前，应对现场每个配电箱、用电设备、外敷电线、电缆进行一次彻底的检查，采取相应的防雨、防潮保护。

（2）配电箱必须防雨、防水，电器布置符合规定，电器元件不应破损，严禁带电明露。机电设备的金属外壳，必须采取可靠的接地或接零保护。

（3）外敷电线、电缆不得有破损。电源线不得使用裸导线和塑料线，也不得沿地面敷设，防止因短路造成起火事故。

（4）雨期到来前，应检查手持电动工具漏电保护装置是否灵敏。工地临时照明灯、标志灯，其电压不超过 36 V。特别潮湿的场所以及金属管道和容器内的照明灯不超过 12 V。

（5）阴雨天气，电气作业人员应尽量避免露天作业。

（二）防雷要求

（1）雨季到来前，塔式起重机、外用电梯、钢管脚手架、井字架、龙门架等高大设施，以及在施工的高层建筑工程等应安装可靠的避雷设施。

（2）塔式起重机的轨道，一般应设两组接地装置；对较长的轨道应每隔 20 m 补做一组接地装置。

（3）高度在 20 m 及以上的井字架、门式架等垂直运输的机具金属构架上，应将一侧的中间立杆接高，高出顶端 2 m 作为接闪器，在该立杆的下部设置接地线与接地极相连，同时应将卷扬机的金属外壳可靠接地。

（4）在建高大建筑工程的脚手架，沿建筑物四角及四边利用钢脚手本身加高 2~3 m 做接闪器，下端与接地极相连，接闪器间距不应超过 24 m。如施工的建筑物中都有突出高点，也应做类似避雷针。随着脚手架的升高，接闪器也应及时加高。防雷引下线不应少于两处以下。

（5）雷雨季节拆除烟囱、水塔等高大建（构）筑物脚手架时，应待正式工程防雷装置安装完毕并已接地之后，再拆除脚手架。

（6）塔式起重机等施工机具的接地电阻应不大于 4 Ω，其他防雷接地电阻一般不大于 10 Ω。

（三）防坍塌要求

（1）暴雨、台风前后，应检查工地临时设施、脚手架、机电设施有无倾斜，基土有无变形、下沉等现象，发现问题及时修理加固，有严重危险的，应立即排除。

（2）雨季中，应尽量避免挖土方、管沟等作业，已挖好的基坑和沟边应采取挡水措施和排水措施。

（3）雨后施工前，应检查沟槽边有无积水，坑槽有无裂纹或土质松动现象，防止积水渗漏，造成塌方。

（四）防火要求

（1）雨期中，生石灰、石灰粉的堆放应远离可燃材料，防止因受潮或雨淋产生高热引起周围可燃材料起火。

（2）雨期中，稻草、草帘、草袋等堆垛不宜过大，垛中应留通气孔，顶部应防雨，防止因受潮、遇雨发生自燃。

（3）雨期中，电石、乙炔瓶、氧气瓶、易燃液体等应在库内或棚内存放，禁止露天存放，防止因受雷雨、日晒发生起火事故。

三、暑期施工

夏季气候火热，高温时间持续较长，应制定防火防暑降温安全措施：

（1）合理调整作息时间，避开中午高温时间工作，严格控制工人加班加点，工人的工作时间要适当缩短，保证工人有充足的休息和睡眠时间。

（2）对容器内和高温条件下的作业场所，要采取措施，搞好通风和降温。

（3）对露天作业集中和固定的场所，应搭设歇凉棚，防止热辐射，并要经常洒水降温。高温、高处作业的工人，需经常进行健康检查，发现有职业禁忌证者应及时调离高温和高处作业岗位。

（4）要及时供应合乎卫生要求的茶水、清凉含盐饮料、绿豆汤等。

（5）要经常组织医护人员深入工地进行巡回医疗和预防工作。重视年老体弱、患过中暑者和血压较高的工人的身体情况的变化。

（6）及时给职工发放防暑降温的急救药品和劳动保护用品。

第三节　脚手架工程安全管理

一、脚手架工程的事故隐患与基本安全要求

（一）脚手架工程的事故隐患

脚手架是高处作业设施，在搭设、使用和拆除过程中，为确保作业人员的安全，重点应落实好预防脚手架垮塌、防电、防雷击、预防人员坠落的措施。

脚手架工程的事故隐患主要包括以下内容：

（1）20 m 以上高层脚手未采用刚性连墙件与建筑物可靠连接。

（2）将外径 48 mm 和 51 mm 的钢管混合使用或采用钢竹混搭。

（3）搭拆作业区域和警戒区无监护人。

（4）脚手架高度超过相关规范规定未进行设计计算。

（5）脚手板、脚手笆不满铺固定，有探头板。

（6）特殊脚手架无专项方案，搭设方法、设计计算书未经上级审批。

（7）步距、立杆的纵距、横距、连墙件的设置部位和间距不符合，连墙件未设置在距离主节点 30 cm 内。

（8）剪刀撑未按规定与脚手同步搭设，设置欠缺不连续。

（9）施工层缺 1.2 m 防护栏杆或少于三排高于 18 cm 的挡脚板。

（10）脚手架外侧未设置密目网，或密封不严。

（11）脚手架离结构处未按规定设置隔离。

（12）脚手架与建筑物未按规定设置连墙件（包括首步拉结）。

（13）脚手架搭设前地基处理不当。

（14）脚手架钢管、扣件、脚手笆、脚手板、密目网材质不符合要求。

（15）雨、雪、大风、雷雨等恶劣天气，高压线，恶劣环境附近搭拆作业。

（16）剪刀撑设置角度过大或过小，斜杆下端未支撑在垫块或垫板上。

（17）脚手各杆件扣件力矩未达到 45 N · m。

（18）临边处脚手架安装人员无防护措施。

（19）脚手架用料选材不严。

（20）拆架不按安全规定操作。

（21）脚手架未按规定高于作业面 1.5 m。

（22）作业层的施工负载超过规定要求。

（23）脚手架立柱采用搭接（顶排除外）。

（24）搭设前无交底，搭设时无分阶段验收合格挂牌使用。

（25）落地式脚手架搭设前地基不平整，地基无排水，未做验收。

（26）拆除作业未由上而下逐层进行，未做到一步一清。

（27）落地式脚手底座、垫板和立杆间距不符合规定。

（28）用脚手固定模板、固定混凝土砂浆泵管、悬挂起重设备。

（29）脚手架一次搭设高度超过连墙件两步。

（30）卸料平台无设计计算，搭设投入使用未按规定验收挂牌。

（31）结构、构造、材料、安装不符合设计要求。

（32）拆除连墙件整层和数层再拆脚手，分段拆除高差大于两步。

（33）高层脚手架未按规定设置避雷措施。

（34）脚手架未按规定设置上下登高，斜道未设防滑条。

（35）悬挑脚手架作业层以下无平网或其他安全防护措施。

（36）脚手架堆载不均匀，负荷超过规定。

（37）架子工作业无可靠的立足点，未系好安全带。

（38）落地式脚手架未按规定设置纵横向扫地杆。

（39）落地式脚手架基础开挖未采取加固措施。

（40）两挂脚手架之间的空隙未加设有效盖板。

（41）卸料平台支撑系统和脚手架相连。

（二）脚手架工程的基本安全技术要求

1. 脚手架防护要求

（1）搭设过程中必须严格按照脚手架专项安全施工组织设计和安全技术措施交底要求设置安全网和采取安全防护措施。

（2）脚手架搭至两步及以上时，必须在脚手架外立杆内侧设置 1.2 m 高的防护栏杆。

（3）架体外侧必须用密目式安全网封闭，网体与操作层不应有大于 10 mm 的缝隙；网间不应有大于 25 mm 的缝隙。

（4）施工操作层及以下连续三步应铺设脚板和 180 mm 高的挡脚板。

（5）施工操作层以下每隔 10 m 应用平网或其他措施封闭隔离。

（6）施工操作层脚手架部分与建筑物之间应用平网或竹笆等实施封闭，当脚手架里立杆与建筑物之间的距离大于 200 mm 时，还应自上而下做到四步一隔离。

（7）操作层的脚手板应设护栏和挡脚板。脚手板必须满铺且固定，护栏高度为 1 m，挡脚板应与立杆固定。

2. 脚手架技术要求

（1）无论搭设哪种类型的脚手架，脚手架所用的材料和加工质量必须符合规定要求，绝对禁止使用不合格材料搭设脚手架，以防发生意外事故。

（2）一般脚手架必须按脚手架安全技术操作规程搭设，对于高度超过 15 m 的高层脚手架，必须有设计、有计算、有详图、有搭设方案、有上一级技术负责人审批、有书面安全技术交底，然后才能搭设。

（3）对于危险性大而且特殊的吊、挑、挂、插口、堆料等架子也必须经过设计和审批，编制单独的安全技术措施，才能搭设。

（4）施工队伍接受任务后，必须组织全体人员，认真领会脚手架专项安全施工组织设计和安全技术措施交底，研讨搭设方法，并派技术好、有经验的技术人员负责搭设技术指导和监护。

3. 脚手架使用要求

（1）作业层上的施工荷载应符合设计要求，不得超载。

（2）不得将模板支架、缆风绳、泵送混凝土和砂浆的输送管等固定在脚手架上；严禁悬挂起重设备。

（3）在脚手架使用期间，严禁拆除主节点处的纵横向水平杆和扫地杆、连墙件。如因施工确须拆除，应事先办理拆除申请手续。有关拆除加固方案应经工程技术负责人和原脚手架工程安全技术措施审批人书面同意后，方可实施。

（4）在脚手架上进行电、气焊作业时，必须有防火措施和专人监护。

（5）工地临时用电线路的架设及脚手架接地、避雷措施等，应按有关规定执行。

（6）遇六级以上大风或大雾、雨雪等恶劣天气时应暂停脚手架作业。

4. 脚手架搭设要求

（1）搭设时，认真处理好地基，确保地基具有足够的承载力，垫木应铺设平稳，不能有悬空，避免脚手架发生整体或局部沉降。

（2）确保脚手架整体平稳牢固，并具有足够的承载力，作业人员搭设时必须按要求与结构拉接牢固。

（3）搭设时，必须按规定的间距搭设立杆、横杆、剪刀撑、栏杆等。

（4）搭设时，必须按规定设连墙杆、剪刀撑和支撑。脚手架与建筑物之间的连接应牢固，脚手架的整体应稳定。

（5）搭设时，脚手架必须有供操作人员上下的阶梯、斜道。严禁施工人员攀爬脚手架。

（6）脚手架的操作面必须满铺脚手板，不得有空隙和探头板。木脚手板有腐朽、劈裂、大横透节、活动节子的均不能使用。使用过程中严格控制荷载，确保有较大的安全储备，避免因荷载过大造成脚手架倒塌。

（7）金属脚手架应设避雷装置。遇有高压线必须保持大于 5 m 或相应的水平距离，搭设隔离防护架。

（8）六级以上大风、大雪、大雾天气下应暂停脚手架的搭设及在脚手架上作业。斜边板要钉防滑条，如有雨水、冰雪，要采取防滑措施。

（9）脚手架搭好后，必须进行验收，合格后方可使用。使用中，遇台风、暴雨以及使用期较长时，应定期检查，及时排除安全隐患。

（10）因故闲置一段时间或发生大风、大雨等灾害性天气后，重新使用脚手架时必须认真检查加固后方可使用。

5. 脚手架拆除要求

（1）施工人员必须听从指挥，严格按方案和操作规程进行拆除，防止脚手架大面积倒塌和物体坠落砸伤他人。

（2）脚手架拆除时要划分作业区，周围用栏杆围护或竖立警戒标志，地面设有专人指挥，并配备良好的通信设施。警戒区内严禁非专业人员入内。

（3）拆除前检查吊运机械是否安全可靠，吊运机械不允许搭设在脚手架上。

（4）拆除过程中建筑物所有窗户必须关闭锁严，不允许向外开启或向外伸挑物件。

（5）所有高处作业人员，应严格按高处作业安全规定执行，上岗后，先检查、加固松动部分，清除各层留下的材料、物件及垃圾块。清理物品应安全输送至地面，严禁高处抛掷。

（6）运至地面的材料应按指定地点，随拆随运，分类堆放，当天拆当天清，拆下的扣件或钢丝等要集中回收处理。

（7）脚手架拆除过程中不能碰坏门窗、玻璃、水落管等物品，也不能损坏已做好的地面和墙面等。

（8）在脚手架拆除过程中，不得中途换人，如必须换人时，应将拆除情况交代清楚后方可离开。

（9）拆除时要统一指挥，上下呼应，动作协调，当解开与另一人有关的结扣时，应先通知对方，以防坠落。

（10）在大片架子拆除前应将预留的斜道、上料平台等先行加固，以便拆除后能确保其完整、安全和稳定。

（11）脚手架拆除程序，应由上而下按层按步骤进行拆除，先拆护身栏、脚手板和横向水平杆，再依次拆剪刀撑的上部扣件和接杆。拆除全部剪刀撑、抛撑以前，必须搭设临时加固斜支撑，预防脚手架倾倒。

（12）拆脚手架杆件，必须由2~3人协同操作，拆纵向水平杆时，应由站在中间的人向下传递，严禁向下抛掷。

（13）拆除大片架子应加临时围栏。作业区内电线及其他设备有妨碍时，应事先与有关部门联系拆除、转移或加防护栏。

（14）脚手架拆至底部时，应先加临时固定措施后，再拆除。

（15）夜间拆除作业，应有良好照明。遇大风、雨、雪等特殊天气，不得进行拆除作业。

二、扣件式钢管脚手架

（一）一般安全要求

（1）脚手架必须有足够的强度、刚度和稳定性，在允许施工荷载作用下，确保不变形、不倾斜、不摇晃。

（2）脚手架搭设前应清除障碍物，平整场地，夯实基土，做好排水，根据脚手架专项安全施工组织设计（施工方案）和安全技术措施交底的要求，基础验收合格后，放线定位。

（3）垫板宜采用长度不少于2跨、厚度不小于5 cm的木板，也可采用槽钢，底座应准确放在定位位置上。

（4）扣件安装应符合下列规定：

1）扣件规格必须与钢管外径相同。

2）螺栓拧紧扭力矩不应小于40 N·m，且不应大于65 N·m。

3）在主节点处固定横向水平杆、纵向水平杆、剪刀撑、横向斜撑等用的直角扣件、旋转扣件的中心点的相互距离不应大于1 150 mm。

4）对接扣件开口应朝上或朝内。

5）各杆件端头伸出扣件盖板边缘的长度不应小于100 mm。

（5）脚手板的铺设应符合下列规定：

1）脚手板应铺满、铺稳，离开墙面的距离不应大于150 mm。

2）脚手板探头应用直径3.2 mm的镀锌钢丝固定在支承杆件上。

3）在拐角、斜道平台口处的脚手板，应用镀锌钢丝固定在横向水平杆上，防止滑动。

4）脚手板下用安全网双层兜底。施工层以下每隔10 m用安全网封闭。

（6）脚手架必须配合施工进度搭设，一次搭设高度不应超过相邻连墙件两步。

（7）每搭完一步脚手架后，应按规定校正步距、纵距、横距及立杆的垂直度。

（二）搭设安全要求

1. 立杆搭设

（1）严禁将外径48 mm与51 mm的钢管混合使用。

（2）相邻立杆的对接扣件不得在同一高度内。

（3）开始搭设立杆时，应每隔6跨设置一根抛撑，直至连墙件安装稳定后，方可根据情况拆除。

（4）当搭至有连墙件的构造点时，在搭设完该处的立杆、纵向水平杆、横向水平杆后，应立即设置连墙件。

（5）立杆接长除顶层顶部外，其余各层各步接头必须采用对接扣件连接。

（6）立杆顶端宜高出女儿墙上皮1 m，高出檐口上皮1.5 m。

2. 纵向水平杆搭设

（1）纵向水平杆宜设置在立杆内侧，其长度不宜小于3跨。

（2）纵向水平杆接长宜采用对接扣件连接，也可采用搭接。

（3）纵向水平杆的对接扣件应交错布置，两根相邻纵向水平杆的接头不宜设置在同步或同跨内。

（4）不同步或不同跨两个相邻接头在水平方向错开的距离不应小于500 mm。各接头中心至最近主节点的距离不宜大于纵距的1/3。

（5）搭接长度不应小于1 m，应等间距设置三个旋转扣件固定，端部扣件盖板边缘至搭接纵向水平杆杆端的距离不应小于100 mm

（6）当使用冲压钢脚手板、木脚手板、竹串片脚手板时，纵向水平杆应作为横向水平杆的支座，用直角扣件固定在立杆上。

（7）当使用竹笆脚手板时，纵向水平杆应采用直角扣件固定在横向水平杆上，并应等间距设置，间距不应大于400 mm。

（8）在封闭型脚手架的同一步中，纵向水平杆应四周交圈设置，用直角扣件与内外角部立杆固定。

3. 横向水平杆搭设

（1）主节点处必须设置一根横向水平杆，用直角扣件扣接且严禁拆除。

（2）作业层上非主节点处的横向水平杆，宜根据支承脚手板的需要等间距设置，最大间距不应大于纵距的1/2。

（3）当使用冲压钢脚手板、木脚手板、竹串片脚手板时，双排脚手架的横向水平杆两端均应采用直角扣件固定在纵向水平杆上。单排脚手架的横向水平杆的一端，应用直角扣件固定在纵向水平杆上，另一端应插入墙内，插入长度不应小于180 mm。

（4）使用竹笆脚手板时，双排脚手架的横向水平杆两端，应用直角扣件固定在立杆上。单排脚手架的横向水平杆的一端，应用直角扣件固定在立杆上，另一端应插入墙内，插入长度也不应小于180 mm。

（5）双排脚手架横向水平杆的靠墙一端至墙装饰面的距离不宜大于100 mm。

（6）单排脚手架的横向水平杆不应设置在下列部位。

1）留脚手眼的部位。

2）过梁上与过梁两端成60°角的三角形范围内及过梁净跨度1/2的高度范围内。

3）宽度小于1 m的窗间墙。

4）梁或梁垫下及其两侧各500 mm的范围内。

5）砖砌体的门窗洞口两侧200 mm和转角处450 mm的范围内，其他砌体的门窗洞口两侧300 mm和转角处600 mm的范围内。

6）独立或附墙砖柱。

4.门洞搭设

（1）单、双排脚手架门洞宜采用上升斜杆、平行弦杆桁架结构形式，斜杆与地面的倾角应为45°~60°。

（2）单排脚手架门洞外，应在平面桁架的每一节间设置一根斜腹杆。双排脚手架门洞处的空间桁架，除下弦平面外，应在其余5个平面内设置一根斜腹杆。

（3）斜腹杆宜采用旋转扣件固定在与之相交的横向水平杆的伸出端上，旋转扣件中心线至主节点的距离不宜大于150 mm。

（4）当斜腹杆在1跨内跨越2个步距时，宜在相交的纵向水平杆处，增设一根横向水平杆，将斜腹杆固定在其伸出端上。

（5）斜腹杆宜采用通长杆件，当必须接长使用时，宜采用对接扣件连接，也可采用搭接。

（6）单排脚手架过窗洞时，应增设立杆或一根纵向水平杆。

（7）门洞桁架下的两侧立杆应为双管立杆，副立杆高度应高于门洞口1~2步。

（8）门洞桁架中伸出上下弦杆的杆件端头，均应增设一个防滑扣件，该扣件宜紧靠主节点处的扣件。

5.剪刀撑与横向斜撑搭设

（1）双排脚手架应设剪刀撑与横向斜撑，单排脚手架应设剪刀撑。

（2）剪刀撑、横向斜撑搭设应随立杆、纵向和横向水平杆等同步搭设。

（3）每道剪刀撑宽度不应小于4跨，并且不应小于6 m，斜杆与地面的倾角宜为45°~60°。

（4）高度在24 m以下的单、双排脚手架，均必须在外侧两端、转角及中间间隔不超过15 m的立面上，各设置一道剪刀撑，并应由底至顶连续设置。

（5）高度在24 m以上的双排脚手架，应在外侧立面全面连续设置剪刀撑。

（6）剪刀撑斜杆的接长宜采用搭接。

（7）剪刀撑斜杆应用旋转扣件固定在与其相交的横向水平杆的伸出端或立杆上，旋转扣件中心线至主节点的距离不宜大于150 mm。

（8）横向斜撑的设置应符合下列规定：

1）横向斜撑应在同一节间，由底至顶呈之字形连续布置。

2）开口型双排脚手架两端必须设置横向斜撑。

3）高度在24 m以下的封闭型双排脚手架可不设横向斜撑，高度在24 m以上的封闭型脚手架，除拐角应设置横向斜撑外，中间应每隔6跨设置一道。

6.斜道搭设

（1）人行道并兼作材料运输的斜道的形式宜按下列要求确定：

1）高度不大于6 m的脚手架，宜采用一字形斜道。

2）高度大于 6 m 的脚手架，宜采用之字形斜道。

（2）斜道宜附着外脚手架或建筑物设置。

（3）运料斜道宽度不应小于 1.5 m，坡度不应大于 1 ：6。人行斜道宽度不应小于 1 m，坡度不应大于 1 ：3。

（4）拐弯处应设置平台，其宽度不应小于斜道宽度。

（5）斜道两侧及平台外围均应设置栏杆及挡脚板。栏杆高度应为 1.2 m，挡脚板高度不应小于 180 mm。

（6）运料斜道两侧、平台外围和端部均应按规范规定设置连墙件。每两步应加设水平斜杆，并按规范规定设置剪刀撑和横向斜撑。

（7）斜道脚手板构造应符合下列规定。

1）脚手板横铺时，应在横向水平杆下增设纵向支托杆，纵向支托杆间距不应大于 500 mm。

2）脚手板顺铺时，接头应采用搭接，下面的板头应压住上面的板头，板头的凸棱处宜采用三角木填顺。

3）人行斜道和运料斜道的脚手板上应每隔 250~300 mm 设置一根防滑木条，木条厚度宜为 20~30 mm。

7. 栏杆和挡脚板搭设

（1）栏杆和挡脚板均应搭设在外立杆的内侧。

（2）上栏杆上皮高度应为 1.2 m。

（3）挡脚板高度不应小于 180 mm。

（4）中栏杆应居中设置。

8. 纵向、横向扫地杆搭设

（1）脚手架必须设置纵、横向扫地杆。

（2）纵向扫地杆应采用直角扣件固定在距底座上皮不大于 200 mm 处的立杆上。

（3）横向扫地杆也应采用直角扣件固定在紧靠纵向扫地杆下方的立杆上。

（4）当立杆基础不在同一高度上时，必须将高处的纵向扫地杆向低处延长两跨与立杆固定，高低差不应大于 1 m。

（5）靠边坡上方的立杆轴线到边坡的距离不应小于 500 mm。

9. 连墙件搭设

（1）应靠近主节点设置，偏离主节点的距离不应大于 300 mm。

（2）应从底层第一步纵向水平杆处开始设置，当该处设置有困难时，应采用其他可靠措施固定。

（3）应优先采用菱形布置，也可采用方形、矩形布置。

（4）开口形脚手架的两端必须设置连墙件，连墙件的垂直间距不应大于建筑物的层高，并不应大于 4 m。

（5）连墙件必须采用可承受拉力和压力的构造。对高度 24 m 以上的双排脚手架，必须采用刚性连墙件与建筑物可靠连接。

（6）连墙件中的连墙杆或拉筋宜呈水平设置，当不能水平设置时，应向脚手架一端下斜连接。

（7）当脚手架下部暂不能设连墙件时，应采取防倾覆措施，当搭设抛撑时，抛撑应采用通长杆件并用旋转扣件固定在脚手架上，与地面的倾角应为 45°~60°，连接点中心至主节点的距离不应大于 300 mm，抛撑应在连墙件搭设后，方可拆除。

（三）拆除安全要求

（1）拆除脚手架前应全面检查脚手架的扣件连接、连墙件、支撑体系等是否符合构造要求。

（2）应根据检查结果，补充完善施工组织设计中的拆除顺序和措施，经主管部门批准后，方可实施拆除。

（3）拆除脚手架前应由单位工程负责人进行拆除安全技术交底。

（4）拆除脚手架前，应清除脚手架上杂物及地面障碍物。

（5）拆除作业必须由上而下逐层进行，严禁上下同时作业。

（6）连墙件必须随脚手架逐层拆除，严禁先将连墙件整层或数层拆除后，再拆脚手架。分段拆除高差大于两步时，应增设连墙件加固。

（7）当脚手架拆至下部最后一根长立杆的高度（约为 6.5 m）时，应先在适当位置搭设临时抛撑加固后，再拆除连墙件。

（8）当脚手架采取分段、分立面拆除时，对不拆除的脚手架两端，应先设置连墙件和横向斜撑加固。

（9）架体拆除作业应设专人指挥，当有多人同时操作时，应明确分工，统一行动，并且应具有足够的操作面。

（10）拆除的各构配件严禁抛掷至地面。

（11）运至地面的构配件应按规定及时检查、整修与保养，并按品种、规格随时码堆存放。

三、门式钢管脚手架

（一）施工准备

（1）脚手架搭设前，工程技术负责人应按相关规程和施工组织设计要求向搭设和使用人员做技术和安全作业要求的交底。

（2）对门架、配件、加固件应按相关要求进行检查、验收。严禁使用不合格的门架、配件。

（3）对脚手架的搭设场地应进行清理、平整，并做好排水。

（二）地基与基础安全要求

在搭设前，应先在基础上标出门架立杆位置线，垫板、底座安放位置应准确，标高应一致。

（三）门式钢管脚手架的搭设安全要求

1.门式脚手架与模板支架搭设程序应符合的规定

（1）门式脚手架的搭设应与施工进度同步，一次搭设高度不宜超过最上层连墙件两步，且自由高度不应大于 4 m。

（2）门架的组装应自一端向另一端延伸，应自下而上按步架设，并应逐层改变搭设方向；不应自两端相向搭设或自中间向两端搭设。

（3）每搭设完两步门架后，应校验门架的水平度及立杆的垂直度。

2.搭设门架及配件应符合的要求

（1）交叉支撑、脚手板应与门架同时安装。

（2）连接门架的锁臂、挂钩必须处于锁住状态。

（3）钢梯的设置应符合专项施工方案组装布置图的要求，底层钢梯底部应加设钢管，并应采用扣件扣紧在门架立杆上。

（4）在施工作业层外侧周边应设置 180 mm 高的挡脚板和两道栏杆，上道栏杆高度应为 1.2 m，下道栏杆应居中设置。挡脚板和栏杆均应设置在门架立杆的内侧。

3.加固杆的搭设应符合的规定

（1）水平加固杆、剪刀撑加固杆必须与门架同步搭设。

（2）水平加固杆应设于门架立杆内侧，剪刀撑应设于门架立杆外侧。

4.门式脚手架连墙件的安装必须符合的规定

（1）连墙件的安装必须随脚手架搭设同步进行，严禁滞后安装。

（2）当脚手架操作层高出相邻连墙件以上两步时，在连墙件安装完毕前，必须采用确保脚手架稳定的临时拉结措施。

5.加固杆、连墙件等杆件与门架采用扣件连接时应符合的规定

（1）扣件规格应与所连接钢管的外径相匹配。

（2）扣件螺栓拧紧扭力矩值应为 40~65 N·m。

（3）杆件端头伸出扣件盖板边缘长度不应小于 100 mm。

（四）门式钢管脚手架的拆除安全要求

（1）拆除作业必须符合下列规定：

1）架体的拆除应从上而下逐层进行，严禁上下同时作业。

2）同一层的构配件和加固件必须按先上后下、先外后内的顺序进行拆除。

3）连墙件必须随脚手架逐层拆除，严禁先将连墙件整层或数层拆除后再拆架体。拆除作业过程中，当架体的自由高度大于两步时，必须加设临时拉结。

4）连接门架的剪刀撑等加固杆件必须在拆卸该门架时拆除。

（2）拆卸连接部件时，应先将止退装置旋转至开启位置，然后拆除，不得硬拉，严禁敲击。在拆除作业中，严禁使用手锤等硬物击打、撬别。

（3）当门式脚手架需分段拆除时，架体不拆除部分的两端应采取加固措施后再拆除。

（4）门架与配件应采用机械或人工运至地面，严禁抛投。

（5）拆卸的门架与配件、加固杆等不得集中堆放在未拆架体上，并应及时检查、整修与保养，并宜按品种、规格分别存放。

四、碗扣式钢管脚手架

（一）施工准备

（1）脚手架施工前必须制订施工设计或专项方案，保证其技术可靠和使用安全。经技术审查批准后方可实施。

（2）脚手架搭设前，工程技术负责人应按脚手架施工设计或专项方案的要求对搭设和使用人员进行技术交底。

（3）对进入现场的脚手架构配件，使用前应对其质量进行复检。

（4）构配件应按品种、规格分类放置在堆料区内或码放在专用架上，清点好数量备用。脚手架堆放场地排水应畅通，不得有积水。

（5）连墙件如采用预理方式，应提前与设计协商，并保证预埋件在混凝土浇筑前埋入。

（6）脚手架搭设场地必须平整、坚实、排水措施得当。

（二）地基与基础处理安全要求

（1）脚手架地基基础必须按施工设计进行施工，按地基承载力要求进行验收。

（2）地基高低差较大时，可利用立杆 0.6 m 节点位差调节。

（3）土壤地基上的立杆必须采用可调底座。

（4）脚手架基础经验收合格后，应按施工设计或专项方案的要求放线定位。

（三）脚手架搭设安全要求

（1）底座和垫板应准确地放置在定位线上。垫板宜采用长度不少于 2 跨，厚度不小于 50 mm 的木垫板。底座的轴心线应与地面垂直。

（2）脚手架搭设应按立杆、横杆、斜杆、连墙件的顺序逐层搭设，每次上升高度不大于 3 m。底层水平框架的纵向直线度应 ≤ $L/200$，横杆间水平度应 ≤ $L/400$（L 为测量节距）。

（3）脚手架的搭设应分阶段进行，第一阶段的搭底高度一般为 6 m，搭设后必须经检查验收后方可正式投入使用。

（4）脚手架的搭设应与建筑物的施工同步上升，每次搭设高度必须高于即将施工楼层 1.5 m。

（5）脚手架全高的垂直度应小于 $L/500$，最大允许偏差应小于 100 mm。

（6）脚手架内外侧加挑梁时，挑梁范围内只允许承受人行荷载，严禁堆放物料。

（7）连墙件必须随架子高度上升及时在规定位置处设置，严禁任意拆除。

（8）作业层设置应符合下列要求：

1）必须满铺脚手板，外侧应设挡脚板及护身栏杆。

2）护身栏杆可用横杆在立杆的 0.6 m 和 1.2 m 的碗扣接头处搭设两道。

3）作业层下的水平安全网应按安全技术规范规定设置。

（9）脚手架搭设到顶时，应组织技术、安全、施工人员对整个架体结构进行全面的检查和验收，及时解决存在的结构缺陷。

（四）脚手架拆除安全要求

（1）应全面检查脚手架的连接、支撑体系等是否符合构造要求，按技术管理程序批准后方可实施拆除作业。

（2）脚手架拆除前现场工程技术人员应对在岗操作工人进行有针对性的安全技术交底。

（3）脚手架拆除时必须划出安全区，设置警戒标志，派专人看管。

（4）拆除前应清理脚手架上的器具及多余的材料和杂物。

（5）拆除作业应从顶层开始，逐层向下进行，严禁上下层同时拆除。

（6）连墙件必须拆到该层时方可拆除，严禁提前拆除。

（7）拆除的构配件应成捆用起重设备吊运或人工传递到地面，严禁抛掷。

（8）脚手架采取分段、分立面拆除时，必须事先确定分界处的技术处理方案。

（9）拆除的构配件应分类堆放，以便于运输、维护和保管。

（五）检查与验收

（1）进入现场的碗扣架构配件应具备以下证明资料

1）主要构配件应有产品标志及产品质量合格证。

2）供应商应配套提供管材、零件、铸件、冲压件等材质、产品性能检验报告。

（2）构配件进场质量检查的重点：钢管管壁厚度，焊接质量，外观质量，可调底座和可调托撑丝杆直径与螺母配合间隙及材质。

（3）脚手架搭设质量应按阶段检验：

1）首段以高度为 6 m 进行第一阶段的检查与验收。

2）架体应随施工进度定期进行检查，达到设计高度后进行全面的检查与验收。

3）遇六级以上大风、大雨、大雪后特殊情况的检查。

4）停工超过一个月恢复使用前的检查。

（4）对整体脚手架应重点检查以下内容

1）保证架体几何不变形的斜杆、连墙件、十字撑等设置是否完善。

2）基础是否有不均匀沉降，立杆底座与基础面的接触有无松动或悬空情况。

3）立杆上碗扣是否可靠锁紧。

4）立杆连接销是否安装、斜杆扣接点是否符合要求、扣件拧紧程度。

（5）搭设高度在 20 m 以下（含 20 m）的脚手架，应由项目负责人组织技术、安全及监理人员进行验收；对于高度超过 20 m 脚手架超高、超重、大跨度的模板支撑架，应由其上级安全生产主管部门负责人组织架体设计及监理等人员进行检查验收。

（6）脚手架验收时，应具备下列技术文件：

1）施工组织设计及变更文件。

2）高度超过 20 m 的脚手架的专项施工设计方案。

3）周转使用的脚手架构配件使用前的复验合格记录。

4）搭设的施工记录和质量检查记录。

（7）高度大于 8 m 的模板支撑架的检查、验收要求与脚手架相同。

（六）安全管理与维护

（1）作业层上的施工荷载应符合设计要求，不得超载，不得在脚手架上集中堆放模板、钢筋等物料。

（2）混凝土输送管、布料杆及塔架拉结缆风绳不得固定在脚手架上。

（3）大模板不得直接墩放在脚手架上。

（4）遇六级及以上大风、雨雪、大雾天气时，应停止脚手架的搭设与拆除作业。

（5）脚手架使用期间，严禁擅自拆除架体结构杆件，如需拆除必须报请技术主管同意，确定补救措施后方可实施。

（6）严禁在脚手架基础及邻近处进行挖掘作业。

（7）使用后的脚手架构配件应清除表面黏结的灰渣，校正杆件变形，表面做防锈处理后待用。

五、承插型盘扣式钢管脚手架

（一）施工准备

（1）脚手架施工前必须制订专项施工方案，保证其技术可靠和使用安全。经技术审查批准后方可实施。

（2）承插型盘扣式钢管脚手架施工前应结合工程具体情况选用钢管支架型号，并编制专项施工方案。

（3）承插型盘扣式钢管脚手架的搭设高度不宜大于 24 m。

（4）脚手架施工前应根据施工对象情况、地基承载力、搭设高度，按规程的基本要求编制专项施工方案，并应经审核批准后方可实施。

（5）搭设操作人员必须经过专业技术培训及专业考试合格，持证上岗。模板支架及脚手架搭设前工程技术负责人应按专项施工方案的要求对搭设作业人员进行技术和安全作业交底。

（6）对进入施工现场的钢管支架及构配件应进行验收。使用前应对其外观进行检查，并应核验其检验报告以及出厂合格证，严禁使用不合格的产品。

（7）经验收合格的构配件应按品种、规格分类码放，并标挂数量规格铭牌备用。构配件堆放场地排水应畅通，无积水。

（8）当采用预埋方式设置脚手架连墙件时，应确保预埋件在混凝土浇筑前埋入。

（二）地基与基础处理安全要求

（1）脚手架搭设场地必须坚实、平整，排水措施得当。

（2）直接支承在土体上的脚手架，立杆底部应设置可调底座，土体应采取压实、铺设块石或浇筑混凝土垫层等加固措施防止不均匀沉陷，也可在立杆底部垫设垫板，垫板的长度不宜少于 2 跨。

（3）当地基高差较大时，可利用可调底座调整立杆，使相邻立杆上安装同一根水平杆的连接盘在同一水平面。

（4）脚手架地基基础验收合格方可使用。

（三）脚手架的搭设与拆除安全要求

（1）脚手架立杆应定位准确，搭设必须配合施工进度，一次搭设高度不应超过相邻连墙件以上两步距。

（2）连墙件必须随脚手架高度上升在规定位置处设置，严禁任意拆除。

（3）作业层设置应符合下列要求：

1）必须满铺脚手板；脚手架外侧应设挡脚板及护身栏杆；护身栏杆可用水平杆在立

杆的 0.5 m 和 1.0 m 的盘扣节点处布置上、中两道水平杆，并应在外侧满挂密目安全网。

　　2）作业层与主体结构间的空隙应设置内侧防护网。

　　（4）加固件、斜杆必须与脚手架同步搭设。

　　（5）当架体搭设至顶层时，外侧防护栏杆高出顶层作业层的高度不应小于 1 500 mm。

　　（6）当搭设悬挑外脚手架时，立杆的套管连接接长部位必须采用螺栓作为立杆连接件固定。

　　（7）脚手架可分段搭设分段使用，应由工程项目技术负责人组织相关人员进行验收，符合专项施工方案后方可使用。

　　（8）脚手架应经单位工程负责人确认并签署拆除许可令后方可拆除。

　　（9）脚手架拆除时必须画出安全区，设置警戒标志，派专人看管。

　　（10）拆除前应清理脚手架上的器具及多余的材料和杂物。

　　（11）脚手架拆除必须按照后装先拆、先装后拆的原则进行，严禁上下同时作业。连墙件必须随脚手架逐层拆除，严禁先将连墙件整层或数层拆除后再拆脚手架，分段拆除高度差不应大于两步距；如高度差大于两步距，必须增设连墙件加固。

　　（12）拆除的脚手架构件应安全地传递至地面，严禁抛掷。

（四）检查与验收

　　（1）对进入现场的钢管支架构配件的检查与验收应符合下列规定

　　1）应有钢管支架产品标志及产品质量合格证。

　　2）应有钢管支架产品主要技术参数及产品使用说明书。

　　3）应对进入现场的构配件的管径、构件壁厚等抽样核查，还应进行外观检查。

　　4）如有必要可对支架杆件进行质量抽检和试验。

　　（2）对脚手架的检查与验收应重点检查以下内容

　　1）连墙件应设置完善。

　　2）立杆基础不应有不均匀沉降，立杆可调底座与基础面的接触不应有松动或悬空现象。

　　3）斜杆和剪刀撑设置应符合要求。

　　4）外侧安全立网和内侧层间水平网应符合专项施工方案的要求。

　　5）周转使用的支架构配件使用前复检合格记录。

　　6）搭设的施工记录和质量检查记录应及时、齐全。

（五）安全管理与维护

　　（1）脚手架搭设和拆除的人员应参加住房城乡建设主管部门组织的建筑施工特种作

业培训且考核合格，取得上岗资格证。

（2）支架搭设作业人员必须正确戴安全帽、系安全带、穿防滑鞋。

（3）脚手架使用期间，严禁擅自拆除架体结构杆件，如需拆除必须报请工程项目技术负责人以及总监理工程师同意，确定防控措施后方可实施。

（4）严禁在脚手架基础及邻近处进行挖掘作业。

（5）脚手架应与架空输线电路保持安全距离。

第四节　施工用电安全管理

一、施工用电基本要求与事故隐患

（一）施工用电组织设计

1.临时用电组织设计范围

临时用电设备在 5 台及 5 台以上或设备总容量在 50 kW 及 50 kW 以上者，应编制临时用电施工组织设计，临时用电设备在 5 台以下或设备总容量在 50 kW 以下者，应制定安全用电技术措施及电气防火措施。

2.临时用电组织设计的主要内容

（1）现场勘测。

（2）确定电源进线、变电所或配电室、配电装置、用电设备位置及线路走向。

（3）进行负荷计算。

（4）选择变压器。

（5）设计配电系统。主要内容包括设计配电线路、配电装置和接地装置等。

（6）设计防雷装置。

（7）确定防护措施。

（8）制订安全用电措施和电气防火措施。

3.临时用电组织设计程序

（1）临时用电工程图纸应单独绘制。临时用电工程应按图施工。

（2）临时用电组织设计及变更时，必须履行"编制、审核、批准"程序，由电气工程技术人员组织编制，经相关部门审核及具有法人资格企业的技术负责人批准后实施。变更用电组织设计时应补充有关图纸资料。

（3）临时用电工程必须经编制、审核、批准部门和使用单位共同验收，合格后方可投入使用。

4.临时用电施工组织设计审批手续

（1）施工现场临时用电施工组织设计必须由施工单位的电气工程技术人员编制，技术负责人审核。封面上要注明工程名称、施工单位、编制人并加盖单位公章。

（2）临时用电施工组织设计必须在开工前15日内报上级主管部门审核，批准后方可进行临时用电施工。施工时要严格执行审核后的施工组织设计，按图施工。当需要变更施工组织设计时，应补充有关图纸资料。同样，需要上报主管部门批准，待批准后，按照修改前、后的临时用电施工组织设计对照施工。

（二）施工用电的人员要求与安全技术交底

1.施工用电的人员要求

（1）电工必须经过国家现行标准考核合格后，方可持证上岗工作；其他用电人员必须通过相关安全教育培训和技术交底，考核合格后方可上岗工作。

（2）安装、巡检、维修或拆除临时用电设备和线路，必须由电工完成，并应有人监护。

（3）电工等级应同工程的难易程度和技术复杂性相适应。

（4）各类用电人员应掌握安全用电基本知识和所用设备的性能。

（5）使用电气设备前必须按规定穿戴和配备好相应的劳动防护用品，并应检查电气装置和保护设施，严禁设备带"缺陷"运转。

（6）用电人员负责保管和维护所用设备，发现问题及时报告解决。

（7）现场暂时停用设备的开关箱必须分断电源隔离开关，并应关门上锁。

（8）用电人员移动电气设备时，必须经电工切断电源并做妥善处理后进行。

2.施工用电的安全技术交底

对于现场中一些固定机械设备的防护，应和操作人员进行如下交底：

（1）开机前，认真检查开关箱内的控制开关设备是否齐全、有效，漏电保护器是否可靠，发现问题及时向工长汇报，工长派电工处理。

（2）开机前，仔细检查电气设备的接零保护线端子有无松动。严禁赤手触摸一切带电绝缘导线。

（3）严格执行安全用电规范。凡一切属于电气维修、安装的工作，必须由电工来操作。严禁非电工进行电工作业。

（4）施工现场临时用电施工，必须执行施工组织设计和安全操作规程。

（三）施工用电安全技术档案

（1）施工现场临时用电必须建立安全技术档案，并应包括下列内容：

1）用电组织设计的全部资料。

2）修改用电组织设计的资料。

3）用电技术交底资料。

4）用电工程检查验收表。

5）电气设备的试验、检验凭单和调试记录。

6）接地电阻、绝缘电阻和漏电保护器漏电动作参数测定记录表。

7）定期检（复）查表。

8）电工安装、巡检、维修、拆除工作记录。

（2）安全技术档案应由主管现场的电气技术人员负责建立与管理。其中，电工安装、巡检、维修、拆除工作记录可指定电工代管，每周由项目经理审核认可，并应在临时用电工程拆除后统一归档。

（3）临时用电工程应定期检查。定期检查时，应复查接地电阻值和绝缘电阻值。

（4）临时用电工程定期检查应按分部分项工程进行，对安全隐患必须及时处理，并应履行复查验收手续。

（四）用电作业存在的事故隐患

（1）施工现场临时用电未建立安全技术档案。

（2）未按要求使用安全电压。

（3）停用设备未拉闸断电，并锁好开关箱。

（4）电气设备设施采用不合格产品。

（5）灯具金属外壳未做保护接零。

（6）电箱内的电器和导线有带电明露部分，相线使用端子板连接。

（7）电缆过路无保护措施。

（8）36 V 安全电压照明线路混乱和接头处未用绝缘胶布包扎。

（9）电工作业未穿绝缘鞋，作业工具绝缘破坏。

（10）用铝导体、带肋钢作接地体或垂直接地体。

（11）配电不符合三级配电二级保护的要求。

（12）搬迁或移动用电设备未切断电源，未经电工妥善处理。

（13）施工用电设备和设施线路裸露，电线老化破皮未包。

（14）照明线路混乱，接头未绝缘。

（15）停电时未挂警示牌。带电作业现场无监护人。

（16）保护零线和工作零线混接。

（17）配电箱的箱门内无系统图，开关电器未标明用途，无专人负责。

（18）未使用五芯电缆，使用四芯加一芯代替五芯电缆。

（19）外电与设施设备之间的距离小于安全距离又无防护或防护措施不符合要求。

（20）电气设备发现问题未及时请专业电工检修。

（21）在潮湿场所不使用安全电压。

（22）闸刀损坏或闸具不符合要求。

（23）电箱无门、无锁、无防雨措施。

（24）电箱安装位置不当，周围杂物多，没有明显的安全标志。

（25）高度小于 2.4 m 的室内未用安全电压。

（26）现场缺乏相应的专业电工，电工未掌握所有用电设备的性能。

（27）接触带电导体或接触与带电体（含电源线）连通的金属物体。

（28）用其他金属丝代替熔丝。

（29）开关箱无漏电保护器或失灵，漏电保护装置参数不匹配。

（30）各种机械未做保护接零或无漏电保护器。

二、配电系统安全技术

施工现场临时用电必须采用三级配电系统。三级配电是指施工现场从电源进线开始至用电设备之间，应经过三级配电装置配送电力，即由总配电箱（一级箱）或配电室的配电柜开始，依次经由分配电箱（二级箱）、开关箱（三级箱）到用电设备。

（一）配电系统设置规则

三级配电系统应遵守四项规则，即分级分路规则、动照分设规则、压缩配电间距规则和环境安全规则。

1. 分级分路

（1）从一级总配电箱（配电柜）向二级分配电箱配电可以分路。

（2）从二级分配电箱向三级开关箱配电同样也可以分路。

（3）从三级开关箱向用电设备配电实行所谓"一机一闸"制，不存在分路问题。

按照分级分路规则的要求，在三级配电系统中，任何用电设备均不得越级配电，即其电源线不得直接连接分配电箱或总配电箱，任何配电装置不得挂接其他临时用电设备；否则，三级配电系统的结构形式和分级分路规则将被破坏。

2. 动照分设

（1）动力配电箱与照明配电箱宜分别设置。若动力与照明合置于同一配电箱内共箱配电，则动力与照明应分路配电。

（2）动力开关箱与照明开关箱必须分箱设置，不存在共箱分路设置问题。

3. 压缩配电间距

压缩配电间距规则是指除总配电箱、配电室（配电柜）外，分配电箱与开关箱之间，开关箱与用电设备之间的空间间距应尽量缩短。压缩配电间距规则可用以下三个要点说明：

（1）分配电箱应设在用电设备或负荷相对集中的场所。

（2）分配电箱与开关箱的距离不得超过 30 m。

（3）开关箱与其供电的固定式用电设备的水平距离不宜超过 3 m。

4. 环境安全

环境安全规则是指配电系统对其设置和运行环境安全因素的要求。主要是指对易燃易爆物、腐蚀介质、机械损伤、电磁辐射、静电等因素的防护要求，防止由其引发设备损坏、触电和电气火灾事故。

（二）配电室及自备电源

1. 配电室的位置要求

（1）靠近电源。

（2）靠近负荷中心。

（3）进出线方便。

（4）周边道路畅通。

（5）周围环境灰尘少、潮气少、振动少、无腐蚀介质、无易燃易爆物、无积水。

（6）避开污染源的下风侧和易积水场所的正下方。

2. 配电室的布置

配电室的布置主要是指配电室内配电柜的空间排列。

（1）配电柜正面的操作通道宽度，单列布置或双列背对背布置时不小于 1.5 m；双列面对面布置时不小于 2 m。

（2）配电柜后面的维护通道宽度，单列布置或双列面对面布置时不小于 0.8 m；双列背对背布置时不小于 1.5 m；个别地点有建筑物结构凸出的空地，则此点通道宽度可减少 0.2 m。

（3）配电柜侧面的维护通道宽度不小于 1 m，配电室顶棚与地面的距离不低于 3 m。

（4）配电室内设值班室或检修室时，该室边缘与配电柜的水平距离大于 1 m，并采取屏障隔离。

（5）配电室内的裸母线与地面通道的垂直距离不小于 2.5 m，小于 2.5 m 时应采取遮栏隔声，遮栏下面的通道高度不小于 1.9 m。

（6）配电室围栏上端与其正上方带电部分的净距不小于 75 mm。

（7）配电装置上端（包括配电柜顶部与配电母线）距离天棚不小于 0.5 m。

（8）配电室经常保持整洁，无杂物。

3. 配电室的照明

配电室的照明应包括两个彼此独立的照明系统，一是正常照明；二是事故照明。

4. 自备电源的设置

施工现场设置自备电源主要是基于以下两种情况：

（1）正常用电时，由外电线路电源供电，自备电源仅作为外电线路电源停止供电时的后备接续供电电源。

（2）正常用电时，无外电线路电源可用，自备电源即作为正常用电的电源。

（三）配电箱及开关箱

1. 配电箱和开关箱的安装要求

（1）位置选择

总配电箱位置应综合考虑便于电源引入、靠近负荷中心、减少配电线路等因素确定。

分配电箱应考虑用电设备分布状况，分片装在用电设备或负荷相对集中的地区，一般分配电箱与开关箱距离应不超过 30 m。

（2）环境要求

配电箱、开关箱应装设在干燥通风及常温场所，无严重瓦斯、烟气、蒸汽、液体及其他有害介质，无外力撞击和强烈振动、液体浸溅及热源烘烤的场所，否则应做特殊处理。

配电箱、开关箱周围应有足够两人同时工作的空间和通道，附近不应堆放任何妨碍操作、维修的物品，不得有灌木、杂草。

（3）安装高度

固定式配电箱、开关箱的中心点与地面垂直距离应为 1.4~1.6 m；移动式分配电箱、开关箱中心点与地面的垂直距离宜为 0.8~1.6 m。

2. 配电装置的选择

（1）总配电箱，应装设总隔离开关和分路隔离开关、总熔断器和分熔断器（或自动开关和分路自动开关）以及漏电保护器。若漏电保护器同时具备短路、过载、漏电保护功能，则可不设总路熔断器或分路自动开关。

总配电箱应设电压表、总电流表、总电度表及其他仪器。

（2）分配电箱，应装设总隔离开关和分路隔离开关总熔断器和分熔断器（或自动开关和分路自动开关）。

（3）每台用电设备，应有各自的开关箱，箱内必须装有隔离开关和漏电保护器。漏电保护器应安装在隔离开关的负荷侧，严禁用同一个开关电器直接控制两台及两台以上用电设备（包括插座）（即"一机一闸一防一箱"）。

（4）关于隔离开关，隔离开关一般多用于高压变配电装置中。考虑到施工现场实际情况，规定了总配电箱、分配电箱以及开关箱中，都要装设隔离开关，满足在任何情况下都可以使用电设备实现电源隔离。

隔离开关必须是能使工作人员可以看见的在空气中有一定间隔的断路点。一般可将闸刀开关、闸刀型转换开关和熔断器用作电源隔离开关。但空气开关（自动空气断路器）不能用作隔离开关。

一般隔离开关没有灭弧能力，绝对不可带负荷拉闸合闸，否则会造成电弧伤人和其他事故。因此在操作中，必须在负荷开关切断后，才能拉开隔离开关；只有在先合上隔离开关后，再合负荷开关。

3. 其他要求

（1）配电箱、开关箱应采用冷轧钢板或阻燃绝缘材料制作，钢板厚度应为 1.2~2.0 mm，其中开关箱箱体钢板厚度不得小于 1.2 mm，配电箱箱体钢板厚度不得小于 1.5 mm，箱体表面应做防腐处理。

（2）配电箱、开关箱应装设端正、牢固。固定式配电箱、开关箱的中心点与地面垂直距离应为 1.4~1.6 m。移动式分配电箱、开关箱中心点与地面的垂直距离宜为 0.8~1.6 m。

（3）配电箱、开关箱内的电器（包括插座）应先安装在金属或非木质阻燃绝缘电器安装板上，然后方可整体固定在配电箱、开关箱箱体内。

（4）配电箱、开关箱内的电器（包括插座）应按其规定位置固定在电器安装板上，不得歪斜和松动。

（5）配电箱的电器安装板上必须分设 N 线端子板和 PE 线端子板。N 线端子板必须与金属电器安装板绝缘；PE 线端子板必须与金属电器安装板做电气连接。进出线中的 N 线必须通过 N 线端子板连接，PE 线必须通过 PE 线端子板连接。

（6）配电箱金属箱体及箱内不应带电金属体都必须做保护接零，保护零线应通过接线端子连接。

（7）配电箱、开关箱的电源进线端严禁采用插头和插座做活动连接。

（8）配电箱、开关箱的导线的进线和出线应设在箱体的下端，严禁设在箱体的上顶面、侧面、后面或箱门处。进、出线应加护套，分路成束并做防水套，导线不得与箱体进出口直接接触。

（9）所有的配电箱均应标明其名称、用途并做出分路标记。

（10）所有的配电箱、开关箱应每月进行检查和维修一次。检查、维修人员必须是专业电工。检查维修时必须按规定穿戴绝缘鞋、手套，必须使用电工绝缘工具。

（11）对配电箱、开关箱进行检查、维修时，必须将其前一级相应的电源分闸断电，并悬挂"禁止合闸，有人工作"的停电标志牌，严禁带电作业。

（12）现场停止作业 1 小时以下时，应将动力开关箱断电上锁。

（13）所有配电箱、开关箱在使用过程中必须按照下述操作顺序：

1）送电操作顺序为：总配电箱—分配电箱—开关箱。

2）停电操作顺序为：开关箱—分配电箱—总配电箱。

（四）配电线路

1. 配电线的选择

（1）架空线的选择

架空线的选择主要是选择架空线路导线的种类和导线的截面，其选择依据主要是线路敷设的要求和线路负荷计算的计算电流值。

架空线中各导线截面与线路工作制的关系为：三相四线制工作时，N 线和 PE 线截面不小于相线（L 线）截面的 50%；单相线路的零线截面与相线截面相同。

架空线的材质为：绝缘铜线或铝线，优先采用绝缘铜线。

（2）电缆的选择

电缆的选择主要是选择电缆的类型、截面和芯线配置，其选择依据主要是线路敷设的要求和线路负荷计算的计算电流值。

根据基本供配电系统的要求，电缆中必须包含线路工作所需要的全部工作芯线和 PE线。特别需要指出，需要三相四线制配电的电缆线路必须采用五芯电缆，而采用四芯电缆外加一条绝缘线等配置方法都是不规范的。

（3）室内配线的选择

室内配线必须采用绝缘导线或电缆，其选择要求基本与架空线路或电缆线路相同。

除以上三种配线方式外，在配电室里还有一个配电母线问题。由于施工现场配电母线常常采用裸扁铜板或裸扁铝板制作成所谓裸母线，因此其安装时，必须用绝缘子支撑固定在配电柜上，以保持对地绝缘和电磁（力）稳定性。母线规格主要由总负荷计算电流确定。

2. 架空线路的敷设

（1）架空线路的组成

架空线路的组成一般包括四部分，即电杆、横担、绝缘子和绝缘导线。

（2）架空线相序排列顺序

1）动力线、照明线在同一横担上架设时，导线相序排列顺序是：面向负荷从左侧起依次为 L_1、N、L_2、L_3、PE。

2）动力线、照明线在二层横担上分别架设时，导线相序排列顺序是：上层横担面向负荷从左侧起依次为 L_1、L_2、L_3；下层横担面向负荷从左侧起依次为 L_1、N、L_2、L_3、PE。

（3）架空线路电杆、横担、绝缘子、导线的选择和敷设方法应符合规定。严禁集束缠绕，严禁架设在树木、脚手架及其他设施上或从其中穿越。

3. 电缆线路的敷设

电缆敷设应采用埋地或架空两种方式，严禁沿地面明设，以防机械损伤和介质腐蚀。架空电缆应沿电杆、支架、墙壁敷设，并用绝缘子固定，绝缘线绑扎。严禁沿树木、脚手架及其他设施敷设或从其中穿越。

电缆埋地宜采用直埋方式,埋设深度不应小于 0.7 m,直埋电缆在穿越建筑物,构筑物,道路、易受机械损伤、介质腐蚀场所及引出地面从 2 m 高到地下 0.2 m 处必须加设防护套管,防护套管内径不应小于电缆外径的 1.5 倍。埋地电缆的接头应设在地面以上的接线盒内,电缆接线盒应能防水、防尘、防机械损伤,并远离易燃、易爆、易腐蚀场所。

4. 室内配线的敷设

安装在现场办公室、生活用房、加工厂房等暂设建筑内的配电线路,通称为室内配电线路,简称室内配线。

室内配线可分为明敷设和暗敷设两种。它们具有以下特点:

（1）明敷设可采用瓷瓶、瓷（塑料）夹配线,嵌绝缘槽配线和钢索配线等方式,不得悬空乱拉。明敷主干线的距地高度不得小于 2.5 m。

（2）暗敷设可采用绝缘导线穿管埋墙或埋地方式和电缆直埋墙或直埋地方式。

（3）暗敷设线路部分不得有接头。

（4）暗敷设金属穿管应做等电位联结,并与 PE 线相连接。

（5）潮湿场所或埋地非电缆（绝缘导线）配线必须穿管敷设,管口和管接头应密封。严禁将绝缘导线直埋墙内或地下。

三、施工照明、保护系统及外电防护安全技术

（一）施工照明

1. 施工照明的一般安全规定

（1）在坑、洞、井内作业、夜间施工,或厂房、道路、仓库、办公室、食堂、宿舍、料具堆放场及自然采光差的场所,应设一般照明、局部照明或混合照明。在一个工作场所内,不得只装设局部照明。停电后,操作人员须及时撤离施工现场,必须装设自备电源的应急照明。

（2）照明器的选择必须按下列环境条件确定:

1）正常湿度的一般场所,选用开启式照明器。

2）潮湿或特别潮湿的场所,选用密闭型防水照明器或配有防水灯头的开启式照明器。

3）含有大量尘埃但无爆炸和火灾危险的场所,选用防尘型照明器。

4）有爆炸和火灾危险的场所,按危险场所等级选用防爆型照明器。

5）存在较强振动的场所,选用防振型照明器。

6）有酸碱等强腐蚀介质的场所,采用耐酸碱型照明器。

（3）照明器具和器材的质量应符合国家现行有关强制性标准的规定,不得使用绝缘老化或破损的器具和器材。

（4）无自然采光的地下大空间施工场所，应编制单项照明用电方案。

2. 照明供电安全规定

（1）一般场所宜选用额定电压为 220 V 的照明器。

（2）下列特殊场所应使用安全特低电压照明器：

1）隧道、人防工程、高温、有导电灰尘、比较潮湿或灯具离地面高度低于 2.5 m 等场所的照明，电源电压不应大于 36 V；

2）潮湿和易触及带电体场所的照明，电源电压不得大于 24 V；

3）特别潮湿的场所、导电良好的地面、锅炉或金属容器内的照明，电源电压不得大于 12 V。

（3）使用行灯应符合下列要求：

1）电源电压不大于 36 V。

2）灯体与手柄应坚固、绝缘良好并耐热、耐潮湿。

3）灯头与灯体结合牢固，灯头无开关。

4）灯泡外部有金属保护网。

5）金属网、反光罩、悬吊挂钩固定在灯具的绝缘部位上。

（4）照明变压器必须使用双绕组型安全隔离变压器，严禁使用自耦变压器。

（5）照明系统宜使三相负荷平衡，其中每一个单相回路上，灯具和插座数量不宜超过 25 个，负荷电流不宜超过 15 A。

（6）携带式变压器的一次侧电源线应采用橡皮护套或塑料护套软电缆；中间不得有接头，长度不宜超过 3 m，其中绿/黄双色线只可作 PE 线使用，电源插销应有保护触头。

（7）工作零线截面应按下列规定选择：

1）单相二线及二相二线线路中，零线截面与相线截面相同。

2）三相四线制线路中，当照明器为白炽灯时，零线截面不小于相线截面的 50%；当照明器为气体放电灯时，零线截面按最大负载的电流选择。

3）在逐相切断的三相照明电路中，零线截面与最大负载相线截面相同。

3. 照明装置安全规定

（1）照明灯具的金属外壳必须与 PE 线相连接。照明开关箱内必须装设隔离开关、短路与过载保护器和漏电保护器。

（2）室外 220 V 灯具距地面不得低于 3 m，室内 220 V 灯具距地面不得低于 2.5 m。普通灯具与易燃物距离不宜小于 300 mm；聚光灯、碘钨灯等高热灯具与易燃物距离不宜小于 500 mm，且不得直接照射易燃物。达不到规定安全距离时，应采取隔热措施。

（3）路灯的每个灯具应单独装设熔断器保护。灯头线应做防水弯。

（4）荧光灯管应采用管座固定或用吊链悬挂。荧光灯的镇流器不得安装在易燃的结构物上。

（5）碘钨灯及钠等金属卤化物灯具的安装高度宜在 3 m 以上，灯线应固定在杆线上，不得靠近灯具表面。

（6）螺口灯头及其接线应符合下列要求：

1）灯头的绝缘外壳无损伤、无漏电。

2）相线接在与中心触头相连的一端，零线接在与螺纹口相连的一端。

（7）灯具内的接线必须牢固。灯具外的接线必须做可靠的防水绝缘包扎。

（8）暂设工程的照明灯具宜采用拉线开关控制。开关安装位置宜符合下列要求：

1）拉线开关距离地面高度为 2~3 m，与出入口的水平距离为 0.15~0.2 m。拉线的出口应向下。

2）其他开关距离地面高度为 1.3 m，与出入口的水平距离为 0.15~0.2 m。

（9）灯具的相线必须经开关控制，不得将相线直接引入灯具。

（10）对于夜间影响飞机或车辆通行的在建工程及机械设备，必须安装醒目的红色信号灯。其电源应设在施工现场电源总开关的前侧，并应设置外电线路停止供电时应急自备电源。

（二）保护系统

1. 保护系统的种类

施工现场临时用电必须采用 TN-S 接地、接零保护系统，二级漏电保护系统，过载、短路保护系统三种保护系统。

（1）TN-S 接地、接零保护系统

接地是指将电气设备的某一可导电部分与大地之间用导体作为电气连接，简单地说，是设备与大地做金属性连接。接零是指电气设备与零线连接。TN-S 接地、接零保护系统，简称 TN-S 系统，即变压器中性点接地、保护零线 PE 与工作零线 N 分开的三相五线制低压电力系统。其特点是变压器低压侧中性点直接接地，变压器低压侧引出 5 条线（3 条相线、1 条工作零线、1 条保护零线）。TN-S 符号的含义是：T 表示接地，N 表示接零，S 表示保护零线与工作零线分开。

（2）二级漏电保护系统

二级漏电保护是指在整个施工现场临时用电工程中，总配电箱中必须装设漏电保护器，开关箱中也必须装设漏电保护器。这种由总配电箱和所有开关箱中的漏电保护器所构成的漏电保护系统称为二级漏电保护系统。

（3）过载、短路保护系统

预防过载、短路故障危害的有效技术措施就是在基本供配电系统中设置过载、短路保护系统。过载、短路保护系统可通过在总配电箱、分配电箱、开关箱中设置过载、短路保护电器实现。这里需要指出，过载、短路保护系统必须按三级设置，即在总配电箱、分配电箱、开关箱及其各分路中都要设置过载、短路保护电器。用作过载、短路保护的电器主要有各种类型的断路器和熔断器。

2. 接零接地及防雷存在的事故隐患

（1）固定式设备未使用专用开关箱，未执行"一机、一闸、一漏、一箱"的规定。

（2）施工现场的电力系统利用大地作相线和零线。

（3）电气设备的不带电的外露导电部分，未做保护接零。

（4）使用绿/黄双色线作为负荷线。

（5）现场专用中性点直接接地的电力线路未采用 TN-S 接零保护系统。

（6）做防雷接地的电气设备未同时做重复接地。

（7）保护零线未单独敷设，并作他用。

（8）电力变压器的工作接地电阻大于 4 Ω。

（9）塔式起重机（含外用电梯）的防雷冲击接地电阻值大于 10 Ω。

（10）保护零线装设开关或熔断器，零线有拧缠式接头。

（11）同一供电系统一部分设备作保护接零，另一部分设备保护接地（除电梯、塔式起重机设备外）。

（12）保护零线未按规定在配电线路做重复接地。

（13）重复接地装置的接地电阻值大于 1。

（14）潮湿和条件特别恶劣的施工现场的电气设备未采用保护接零。

3. 接零与接地的一般规定

（1）在施工现场专用变压器供电的 TN-S 接零保护系统中，电气设备的金属外壳必须与保护零线连接。保护零线应由工作接地线、配电室（总配电箱）电源侧零线或总漏电保护器电源侧零线处引出。

（2）当施工现场与外电线路共用同一供电系统时，电气设备的接地、接零保护应与原系统保持一致，不得一部分设备做保护接零，另一部分设备做保护接地。

（3）采用 TN 系统做保护接零时，工作零线（N 线）必须通过总漏电保护器，保护零线（PE 线）必须由电源进线零线重复接地处或总漏电保护器电源侧零线处，引出形成局部 TN-S 接零保护系统。

（4）在 TN 接零保护系统中，通过总漏电保护器的工作零线与保护零线之间不得再做电气连接。

（5）在 TN 接零保护系统中，PE 零线应单独敷设。重复接地线必须与 PE 线相连接，严禁与 N 线相连接。

（6）使用一次侧由 50 V 以上电压的接零保护系统供电，二次侧为 50 V 及以下电压的安全隔离变压器时，二次侧不得接地，并应将二次线路用绝缘管保护或采用橡皮护套软线。

（7）当采用普通隔离变压器时，其二次侧一端应接地，且变压器正常不带电的外露可导电部分应与一次回路保护零线相连接。

（8）变压器应采取防直接接触带电体的保护措施。

（9）施工现场的临时用电电力系统严禁利用大地做相线或零线。

（10）TN 系统中的保护零线除必须在配电室或总配电箱处做重复接地外，还必须在配电系统的中间处和末端处做重复接地。

（11）在 TN 系统中，严禁将单独敷设的工作零线再做重复接地。

（12）接地装置的设置应考虑土壤干燥或冻结及季节变化的影响。但防雷装置的冲击接地电阻值只考虑在雷雨季节中土壤干燥状态的影响。

（13）保护零线必须采用绝缘导线。

（14）配电装置和电动机械相连接的 PE 线应为截面不小于 2.5 mm^2 的绝缘多股铜线；手持式电动工具的 PE 线应为截面不小于 1.5 mm^2 的绝缘多股铜线。

（15）PE 线上严禁装设开关或熔断器，严禁通过工作电流且严禁断线。

4. 接零与接地的安全技术要点

（1）保护接零

1）在 TN 系统中，下列电气设备不带电的外露可导电部分应做保护接零。

①电机、变压器、电器、照明器具、手持式电动工具的金属外壳。

②电气设备传动装置的金属部件。

③配电柜与控制柜的金属框架。

④配电装置的金属箱体、框架及靠近带电部分的金属围栏和金属门。

⑤电力线路的金属保护管、敷线的钢索、起重机的底座和轨道、滑升模底板金属操作平台等。

⑥安装在电力线路杆（塔）上的开关、电容器等电气装置的金属外壳及支架。

2）城防、人防、隧道等潮湿或条件特别恶劣施工现场的电气设备必须采用保护接零。

3）在 TN 系统中，下列电气设备不带电的外露可导电部分，可不做保护接零。

①在木质、沥青等不良导电地坪的干燥房间内，交流电压 380 V 及以下的电气装置金属外壳（当维修人员可能同时触及电气设备金属外壳和接地金属物件时除外）。

②安装在配电柜、控制柜金属框架和配电箱的金属箱体上，且与其可靠电气连接的电气测量仪表、电流互感器、电器的金属外壳。

（2）接地与接地电阻

1）单台容量超过 100 kV•A 或使用同一接地装置并联运行且总容量超过 100 kV•A 的电力变压器或发电机的工作接地电阻值不得大于 4 Ω。

2）单台容量不超过 100 kV•A 或使用同一接地装置并联运行且总容量不超过 100 kV•A 的电力变压器或发电机的工作接地电阻值不得大于 10 Ω。

3）在土壤电阻率大于 1 000 Ω·m 的地区，当接地电阻值达到 10 Ω 有困难时，工作接地电阻值可提高到 30 Ω。

4）在 TN 系统中，保护零线每一处重复接地装置的接地电阻值不应大于 10 Ω。在工作接地电阻值允许达到 10 Ω 的电力系统中，所有重复接地的等效电阻值不应大于 10 Ω。

5）每一接地装置的接地线应采用 2 根及以上导体，在不同点与接地体做电气连接。

6）不得采用铝导体作为接地体或地下接地线。垂直接地体宜采用角钢、钢管或光面圆钢，不得采用螺纹钢。

7）接地可利用自然接地体，但应保证其电气连接和热稳定。

8）移动式发电机供电的用电设备，其金属外壳或底座应与发电机电源的接地装置有可靠的电气连接。

9）在有静电的施工现场内，对集聚在机械设备上的静电应采取接地泄漏措施。每组专设的静电接地体的接地电阻值不应大于 100 Ω，高土壤电阻率地区不应大于 1 000 Ω。

5. 防雷安全技术

（1）在土壤电阻率低于 200 Ω·m 区域的电杆，可不另设防雷接地装置，但在配电室的架空进线或出线处应将绝缘子铁脚与配电室的接地装置相连接。

（2）施工现场内的起重机、井字架、龙门架等机械设备，以及钢脚手架和正在施工的在建工程等的金属结构，当在相邻建筑物、构筑物等设施的防雷装置接闪器的保护范围以外时，应安装防雷装置。

当最高机械设备上避雷针（接闪器）的保护范围能覆盖其他设备且又最后退出现场，则其他设备可不设防雷装置。

（3）机械设备或设施的防雷引下线可利用该设备或设施的金属结构体，但是应保证电气连接。

（4）机械设备上的避雷针（接闪器）长度应为 1~2 m。塔式起重机可另设避雷针（接闪器）。

（5）安装避雷针（接闪器）的机械设备，所有固定的动力、控制、照明、信号及通信线路，应采用钢管敷设。钢管与该机械设备的金属结构体应做电气连接。

（6）施工现场内所有防雷装置的冲击接地电阻值不得大于 30 Ω。

（7）做防雷接地机械上的电气设备，所连接的 PE 线必须同时做重复接地。同一台机械电气设备的重复接地和机械的防雷接地可共用同一接地体。但是接地电阻应符合重复接地电阻值的要求。

（三）外电防护安全技术

在施工现场周围往往存在一些高、低压电力线路，这些不属于施工现场的外界电力线路统称为外电线路。外电线路一般为 10 kV 以上或 220 V/380 V 的架空线路，个别现场也会遇到电缆线路。由于外电线路的位置已固定，因而其与施工现场的相对距离也难以改变，这就给施工现场作业安全带来了一个不利影响因素。如果施工现场距离外电线路较近，往往会因施工人员搬运物料、器具（尤其是金属料具）或操作不慎意外触及外电线路，从而发生直接接触触电伤害事故。因此，当施工现场邻近外电线路作业时，为了防止外电线路对施工现场作业人员可能造成的危害，施工现场必须对其采取相应的防护措施。这种对外电线路可能引起触电伤害的防护称为外电线路防护，简称外电防护。

1. 外电线路存在的安全隐患

（1）起重机和吊物边缘与架空线的最小水平距离小于安全距离，未搭设安全防护设施，未悬挂醒目的警告标示牌。

（2）在高低压线路下施工、搭设作业棚、建造生活设施或堆放构件、架体和材料。

（3）机动车道和架空线路交叉，垂直距离小于安全距离。

（4）土方开挖非热管道与埋地电缆之间的距离小于 0.5 m。

（5）架设外电防护设施无电气工程技术人员和专职安全员负责监护。

（6）外电架空线路附近开沟槽时无防止电杆倾倒措施。

（7）在建工程和脚手架外侧边缘与外电架空线路的边线未达到安全距离且并未采取防护措施。并未悬挂醒目的警告标示牌。

2. 外电防护

直接接触防护的基本措施是绝缘、屏护、安全距离、限制放电能量、采用 24 V 及以下安全特低电压。上述五项基本措施具有普遍适用的意义。但是外电防护这种特殊的防护对于施工现场，其防护措施主要应是做到绝缘、屏护、安全距离。概括来说，第一，保证安全操作距离；第二，架设安全防护设施；第三，无足够安全操作距离且无可靠安全防护设施的施工现场暂停作业。

（1）保证安全操作距离

1）在建工程不得在外电架空线路正下方施工、搭设作业棚、建造生活设施或堆放构件、架具、材料及其他杂物等。

2）在建工程（含脚手架）的周边与外电架空线路的边线之间应保持的最小安全操作距离为：

①距 1 kV 以下线路，不小于 4.0 m；

②距 1~10 kV 线路，不小于 6.0 m；

③距 35~110 kV 线路，不小于 8.0 m；

④距 220 kV 线路，不小于 10 m；

⑤距 330~500 kV 线路，不小于 15 m。

应当注意，上、下脚手架的斜道不宜设在有外电线路的一侧。

3）施工现场的机动车道与外电架空线路交叉时，架空线路的最低点与路面之间应保持的最小距离为：

①距 1 kV 以下线路，不小于 6.0 m；

②距 1~10 kV 线路，不小于 7.0 m；

③距 35 kV 线路，不小于 7.0 m。

4）起重机严禁越过无防护设施的外电架空线路作业。

5）施工现场开挖沟槽时，如临近地下存在外电埋地电缆，则开挖沟槽与电缆沟槽之间应保持不小于 0.5 m 的距离。

如果上述安全操作距离不能保证，则必须在在建工程与外电线路之间架设安全防护。

（2）架设安全防护设施

外电线路防护，可通过采用木、竹或其他绝缘材料增设屏障、遮栏、围栏、保护网等防护设施与外电线路实现强制性绝缘隔离。防护设施应坚固稳定，能防止直径为 2.5 mm 以上的固体异物穿越，并应在防护隔离处悬挂醒目的警告标志牌。架设安全防护设施须与有关部门沟通，由专业人员架设，架设时应有监护人和保安措施。

（3）无足够安全操作距离，且无可靠安全防护设施时的处置

当施工现场与外电线路之间既无足够的安全操作距离，又无可靠的安全防护设施时，必须首先暂停作业，继而采取相关外电线路暂时停电、改线或改变工程位置等措施。在未采取任何安全措施的情况下严禁强行施工。

参 考 文 献

[1] 陶杰，彭浩明，高新 . 土木工程施工技术 [M]. 北京：北京理工大学出版社，2020.

[2] 刘景春，刘野，李江 . 建筑工程与施工技术 [M]. 长春：吉林科学技术出版社，2019.

[3] 王喜 . 建筑工程施工技术 [M]. 银川：阳光出版社，2018.

[4] 要永在 . 装饰工程施工技术 [M]. 北京：北京理工大学出版社，2018.

[5] 刘勇，高景光，刘福臣 . 地基与基础工程施工技术 [M]. 郑州：黄河水利出版社，2018.

[6] 鲁雷，高始慧，刘国华 . 建筑工程施工技术 [M]. 武汉：武汉大学出版社，2016.

[7] 罗意云，杨光 . 装饰工程施工技术 [M]. 北京：北京理工大学出版社，2016.

[8] 付厚利，王清标，赵景伟 . 地下工程施工技术 [M]. 武汉：武汉大学出版社，2016.

[9] 常建立，曹智 . 建筑工程施工技术下 [M]. 北京：北京理工大学出版社，2017.

[10] 韩俊强，袁自峰 . 土木工程施工技术 [M].2 版 . 武汉：武汉大学出版社，2017.

[11] 蔡军兴，王宗昌，崔武文 . 建设工程施工技术与质量控制 [M]. 北京：中国建材工业出版社，2018.

[12] 何升，胡世春 . 地质灾害治理工程施工技术 [M]. 成都：西南交通大学出版社，2018.

[13] 刘鉴秋 . 建筑工程施工 BIM 应用 [M]. 重庆：重庆大学出版社，2018.

[14] 李欢秋，刘飞，郭进军 . 城市基坑工程设计施工实践与应用 [M]. 武汉：武汉理工大学出版社，2019.

[15] 杨丽平，宋永涛，刘萍 . 建筑工程结构与施工技术应用 [M]. 哈尔滨：哈尔滨工程大学出版社，2019.

[16] 刘俊伟 . 静压混凝土管桩施工效应研究及工程应用 [M]. 青岛：中国海洋大学出版社，2016.

[17] 陈大川 . 土木工程施工技术 [M]. 长沙：湖南大学出版社，2020.

[18] 殷为民，杨建中 . 土木工程施工 [M].2 版 . 武汉：武汉理工大学出版社，2019.

[19] 崔光耀 . 地下工程施工技术 [M]. 北京：中国建材工业出版社，2020.

[20] 苏晓华，白东丽，刘宇 . 钢筋混凝土工程施工 [M]. 北京：北京理工大学出版社，2020.

[21] 曹磊，赵淑萍 . 屋面与防水工程施工 [M].2 版 . 重庆：重庆大学出版社，2019.

[22] 周太平 . 建筑工程施工技术 [M]. 重庆：重庆大学出版社，2019.

[23] 罗筠 . 基础工程施工 [M]. 重庆：重庆大学出版社，2019.

[24] 叶爱崇，生金根 . 主体结构工程施工 [M]. 北京：北京理工大学出版社，2019.

[25] 申成军 . 钢结构工程施工 [M].2 版 . 北京：北京理工大学出版社，2020.

[26] 张志国，刘亚飞 . 土木工程施工组织 [M]. 武汉：武汉大学出版社，2018.

[27] 李一新 . 工程施工管理手册 [M]. 南昌：江西科学技术出版社，2018.

[28] 张春姝 . 土木工程施工技术 [M]. 北京：航空工业出版社，2017.

[29] 刘宇，赵继伟，赵莉 . 屋面与装饰工程施工 [M]. 北京：北京理工大学出版社，2018.

[30] 续晓春 . 土木工程施工组织 [M]. 北京：北京理工大学出版社，2019.